中国石油和化学工业优秀教材奖

"十二五"普通高等教育本科规划教材

实验设计与数据处理

SHIYAN SHEJI YU SHUJU CHULI　　　刘振学　王 力　等编

第二版

化学工业出版社

·北京·

本书主要包括三部分内容，即数据处理基础、实验设计与统计应用和计算机程序简介。分别介绍测量值与误差、偶然误差的分布、误差传递等误差理论中的内容；介绍统计检验、方差分析、回归分析、主成分分析和聚类分析等数据处理方法与应用；介绍提高分析化学准确度的方法及质量控制方法；介绍正交实验设计、多因素序贯实验设计、随机化区组和拉丁方设计、析因设计和响应面设计的方法与应用；最后，对现时最流行的大型统计软件之一——SPSS（statistical product and service solutions）进行了简要介绍，并用该软件对前述各章中的部分例题进行了分析处理。书末附有习题及常用的统计数表和常用正交表。

　　本书着重介绍基本概念和基本理论，并在此基础上结合专业特点，介绍了各种统计方法在化学化工、医药、环境检测、矿物加工等多方面的应用。本书把误差与数据处理、质量控制和实验设计作为重点。

　　本书适合工艺、工程类大学生和理工类研究生教学使用，尤其适合化学化工、矿物加工、医学和环境学等学科的本科生和研究生使用，也可供广大分析化学工作者自学应用。

图书在版编目（CIP）数据

实验设计与数据处理/刘振学，王力等编． —2 版．—北京：化学工业出版社，2015.2（2024.11重印）
　　"十二五"普通高等教育本科规划教材
　　ISBN 978-7-122-22593-1

　　Ⅰ.①实… Ⅱ.①刘…②王… Ⅲ.①试验设计-教材②实验数据-数据处理-教材 Ⅳ.①O212.6

　　中国版本图书馆 CIP 数据核字（2014）第 302911 号

责任编辑：杨　菁　　　　　　　　　　　　文字编辑：徐雪华
责任校对：宋　玮　　　　　　　　　　　　装帧设计：韩　飞

出版发行：化学工业出版社（北京市东城区青年湖南街 13 号　邮政编码 100011）
印　　刷：三河市航远印刷有限公司
装　　订：三河市宇新装订厂
787mm×1092mm　1/16　印张 15¼　字数 380 千字　　2024 年 11 月北京第 2 版第 11 次印刷

购书咨询：010-64518888　　　　　　　　　售后服务：010-64518899
网　　址：http://www.cip.com.cn
凡购买本书，如有缺损质量问题，本社销售中心负责调换。

定　　价：42.00 元　　　　　　　　　　　　　　　　版权所有　违者必究

前　言

　　本教材是在 2005 年出版的《实验设计与数据处理》一书的基础上，加入了编者近几年的最新成果和经验，并对原有内容进行了扩充，进而修订而成。本教材第一版出版后，受到了社会的普遍关注，不少读者提出了中肯的意见和建议，为本教材的修订提供了大量思路，编者在此表示感谢；还有一些读者特意指出了教材中的个别文字、数字的错误，编者在此对他们的认真态度致以诚挚的敬意。

　　本教材第一版出版已有九年多的时间了，在此期间国内外形势都发生了巨大变化。这些变化是我们随时随地都能体会到的。由于我国目前所处的发展时期比较特殊，我国在管理政策上进行了很大的调整，因此本教材修订时充分考虑到这一特殊国情，对相关内容进行了修订，以做到与时俱进。如关于离群值的计算及判断，就采用了最新的国家标准。期间，本教材还被评为山东省优秀教材，这也督促我们在修订本教材时更加认真，对教材中的措辞、数据等进行了更加严谨的审查和更正。同时，这些年里，同仁们也把他们大量的成果予以分享，本教材修订过程也向他们进行了广泛的学习，以期能够在这一领域做出更多有益的事情，为祖国的建设和繁荣昌盛贡献更多的力量。

　　本教材修订时仍保留了原来的框架和定位。全书仍包含 3 篇，每一篇包含若干章节。其中第 1 篇主要对误差理论和有限数据统计处理进行了较大修订。第 2 篇除了在正交设计一章增加了大量内容外，根据读者建议结合我们自己的体会增加了析因设计和响应面设计两章内容；其中析因设计主要为响应面设计打基础，而响应面设计的宗旨是精细设计，是属于较高层次的设计，这一方法的掌握更加有助于研究人员科研能力的提高。第 3 篇仍只介绍 SPSS 软件。由于该软件更新很快，本次修订采用了现在比较流行的 19.0 版，而且本版软件比较容易获得。

　　本书原有的各章内容仍由原编写老师修订完成，新增加的两章中，第 8 章　析因设计初步和第 9 章　响应曲面设计分别由王力和刘振学编写，最后由刘振学对全书内容进行调整、完善。同时，在本书修订过程中，还得到了山东科技大学化学与环境工程学院周仕学院长、邵谦副院长和吕宪俊副院长等领导和同事们的关心和鼓励，在此一并表示深深的谢意。

　　由于编者水平有限，加之时间紧迫，书中疏漏之处在所难免，望读者批评指正。

编者

2014 年 8 月

第一版
前言

　　数学是自然科学和社会科学最基础的学科。掌握了数学工具，也就拿到了开启成功之门的钥匙。

　　对于理工科大学生来说，大学四五年中会学到不少数学原理和方法，但那是纯理论的，若要求学生们自己将之应用于实践，就需要他们花费大量时间去摸索；同时，一些相关概念和方法在大学数学（包括数理统计）中也不作介绍，因为那是专业教科书中的内容，比如一些误差、公差等。因此，虽然学生学了许多数学和统计方法，但会用的不多。而由于专业问题，让数学老师讲解一些专业性很强的东西也不现实。因此，完成理论联系实际，由纯理论的统计学理论过渡到实际应用，就需要开设另外的课程。

　　我院的《实验设计与数据处理》开设已经有了近20年的历史。最初是某些课程的需要，花费一定课时进行误差与数据处理方面的讲解和练习，尔后慢慢独立了出来，成为化学工程和工艺、矿物加工等本科专业及硕士研究生教学独立的课程。随着课程的进行，老师同学们又有了新的需要，于是慢慢形成了新的内容体系，尔后又逐步趋向完善，最终成为了现在的样子。

　　实验设计是一门实用性很强的课程。当我们进行科学研究、工艺改造和优化时，不先进行认真设计，不进行严格的数学运算，最后的结果仍然缺乏说服力。一个生产过程不可能停下来让你进行科学研究，你必须在不影响正常生产的前提下进行工艺过程改造，而且生产过程中的试验研究成本很高，没有认真严谨的设计和科学的数据处理是不行的。一个人一直埋头于实验室，他可能会干出一些成绩；但如果注意科研工作的方法论，他的工作效率会高得多，出成果也会快得多。当然，进行实验设计，对取得的实验数据进行科学处理以得出合理科学而又全面的解释，还要借助于数理统计方法。

　　本书第四章为黄仁和老师完成，第六章为王力老师完成，第七章和第八章的1、2节为田爱民老师完成，其余各章节为刘振学老师完成，最后由刘振学老师对全部内容进行调整、完善。除了参考其他教科书的内容外，我们还都结合自己的科研和教学经验，对各章节中的许多内容进行了创作。马继红、汪兴隆和武艳菊等在读研究生参与了部分文字图表以及公式等的录入工作，在此向他们表示感谢。同时，在本书编著过程中，还得到了我院谭允祯院长、周仕学副院长等领导和同事们的关心和鼓励，在此一并表示深深的谢意。

　　由于编者水平所限，书中错误在所难免，望读者批评指正。

编者
2004 年 8 月

目录

第1篇　数据处理基础

第3篇　计算机程序简介

第 1 篇

数据处理基础

第 1 章 概 述

1.1 本教材的目的

本教材主要讨论实验工作的设计方法、分析数据的统计处理、分析化学质量控制方法等，并对误差理论进行介绍。与分析化学不同，分析化学课本中包含少量数据处理方法，但非常简略。同样，与数理统计教材也具有很大区别。因为一般的数理统计只介绍理论而实用的例子很少，这对于专业课程来说，似乎存在一个不大不小的断层，学生们往往知道一些理论但却不知如何应用。在本书中，主要考虑与实验设计有关的分析并解释实验结果的统计方法的运用。

大部分化学和物理本科毕业生只学过非常简单的统计方法和知识，他们往往认识不到这些方法对其毕业后工作的重要性。他们没有掌握、没有运用，所以跟没有学过也差不多，因此他们可能会认为，统计对于化学化工专业纯属可有可无。因此，此处必须强调指出，凡是涉及到数据的问题，只要数据中包含有相当大的实验误差，则获得满意结果的唯一稳妥的处理办法便是统计方法，除此以外别无他择。同时我们知道，实验数据不存在误差是不可能的。若仅仅凭借自己的判断能力去评价一个人的工作结果，所采用或应当采用的判据可能与统计检验所依据的判据相类似，但由于没有利用数字进行定量描述与计算，结论会带有很大的主观随意性，用分析化学的语言描述，就是存在主观误差。若所研究的效应大于随机变差，这种做法或许是满意的。但是当与效应相比，随机变差显得相当大时，这种直观判断就可能导致错误，用它来替代严谨的统计检验，就不合适了。在大学实验室里，理工科大学生们用高纯度的试剂材料进行严格控制下的高精度实验，偏差可能很小。但工业生产中，这种理想条件是达不到的，即使能够达到，所取得的结果也往往不能直接应用于在现实中所遇到的更为复杂的情况。因此，统计方法应当作为从事工业生产的科技人员所必须掌握的一门技术，用来有效地处理工业生产中的各种问题。

本教材要求读者已熟悉了一般的统计技术，并将不时引用相应的内容。

1.2　实验设计的性质和价值

化学工业中的实验工作五花八门，但主要部分可归纳为下面几种类型的研究工作：

（1）物理或物理化学研究　这类实验通常涉及物质的基本常数和特征的精确测定。这种工作与大学中进行的研究工作非常接近，实验的设计一般取决于它们的性质，除了有时用到误差评价外，不常用统计方法。但这种工作需要最现代化的仪器设备，以及对这些设备的熟练操作和细致的工作态度。

（2）产品、原料等的常规分析　化学分析中遇到的系统误差往往大于随机误差。这些系统误差常常随不同的分析者而异，或随同一分析者的不同分析时间或采用不同方法、试剂而异。这种情况下，即使由同一分析者重复几次该检验，也很难提高结果的精度，通常只能借以检出错误。除了实际的分析误差外，在抽取样品或把一个样品划分为适于分析的若干小的操作过程中，也会进一步引入相当的误差。所以，审查抽样或分析的方案以了解所涉及的误差大小至关重要。对这类误差的研究需进行一定的设计，若想取得可靠的估计值，最好的方法是在实验模型的选择和结果的解释中都采用统计方法。

（3）材料实验　在对材料的机械和其他性质（如橡胶的耐磨强度）的实验中，或对那些在定义上还不太明确的性质（如抗蚀性或耐久度）作评价时，每个观察值往往都带有可观的随机误差。因此，为了获得可靠的估计值，必须从相当数量的观测值取均值。凡是涉及这类实验的研究工作，均需采用统计法的合理设计。

（4）化工过程的实验室研究　几乎所有化工新过程和大部分旧过程的改革，都是从小规模的实验室研究开始的。由于早期仅包括简单的和目的专一的实验，所以对设计要求不高。但随着研究的深入，将来就必须对各种材料或条件的变化对过程的效应进行系统性研究。这时，统计学是科研工作者选择最优设计的有力武器。

（5）化工厂操作和生产过程的控制、研究　这类研究涉及过程效率的确定，或在正常工作条件下过程操作的研究，或由于各种操作条件或原材料的变化所起的效应，等等。这类实验可能很费钱，也可能需要许多人的协作，因而必须认真以确保采用最合适的设计。

研究任何指定的项目，尤其是（4）型和（5）型的项目时，研究人员可以从对所研究的特定过程有影响的各项基本关系入手，或者采用某种更为经验性的办法，直接在该过程中研究各种变化的效应。如果采用基本关系研究的方法，研究人员可能对各种物理参量加以研究。例如，与该过程有关的各种化学反应的速率和平衡常数，以及与之有关的各项传递系数，渗透度等；并以这一切为基础，推测出操作过程的最佳条件和其中任一条件发生变化的效应。但是，如果研究人员采用经验的方法，他可以直接测定各种条件变化的效应，而不是深究那些导致他所观测到的效应的确切机制。在工业研究中，往往由于问题非常复杂，想要研究所观测的所有各种效应之潜在原因的工作量大得不可能完成，因此就必须采用后一种经验方法。在这类经验法研究中，以统计原理为根据的实验设计为取得所需的实践资料提供了经济手段。即使所采用的是基本关系的研究方法，往往也会发现由于它是以实际系统的简化为根据，所以要使实际过程最后调整到它的最佳条件，仍然须依靠经验法去完成。

一项优良的实验设计，能以最少的实验工作量取得所需的资料。为此需做三件事：第一，必须正确地列出要通过实验解答的各项问题，即明确实验的目的；第二，必须在兼顾所要求的精度和可能碰到的实验难点的条件下正确地选用实验方法；第三，必须正确选定实验的一般数学模型，即历次观测的数目、周期和相互关系。实验设计的统计理论所论述的就是这种包括在一组观测值中各项数据的数目及其相互关系的一般模型。利用数学理论，可从而获得一个实验方案所提供资料的定量度量，然后将它与不同的方案对比，评价它们对任一给定项目的适应性。通过这类研究，加上运用它们所取得的实践经验，已经发展成为一门涉及到各种类型实验设计的学科，用来指导科技人员从中选择出适应于特定项目的设计。

　　任何一组观测数据，都是在所研究的各种条件下的一种模型或排列。如果我们在研究工作过程中，以杂乱无章的方式取得结果，则最终的排列也是不平衡和不规则的，但若予以审查往往会发现当初要是设计得当，用较少的工作量也能取得等量的资料。在这个领域里，统计学的作用是提供各项判据，是研究者可据以判断所建议的某项设计的效率，并为他们提供一些经过理论和实践证明了的、对处理某些类型的问题特别有效的某种标准设计模型。用统计方法设计实验的一个附带的好处是，迫使运用统计方法的研究人员必须预先考虑他们在寻求哪些目标，和必须采用哪些步骤去探索这些目标。此外，还迫使他们考虑对于所有可能来源误差的大小。这种先期的考虑本身就具有重大价值，因为往往能够由此而引导研究人员认识到并从中回避可能的难点和失误。而且要不是这样做，这些难点或失误也可能要到研究工作的后期才被发现，那就晚了。

　　统计学的重要作用之一，是为确定观测数据的数目提供合理的依据。由于任何度量都带有一定程度的随机误差，因此往往必须综合好多观测数据的结果，才能使所得的资料具有足够的精度。在工业工作中，这种随机误差可能相当可观，因此在为一项指定目标而设计的研究工作中，要求以某些最小数目的观测值就可获得必需的精度。如果观测值超过了这个最小数目，那么原可更好地用之于其他工作的实验时间和精力、物力等于是浪费了。这相当于工程师们所谓的超需设计，在工业研究中，其虚耗的程度往往抵得上一件工业设备的设计代价。反过来，如果实验属欠需设计的话，即观测数目太少，也可能得出虚假的结论。除非研究人员掌握了若干可供判断实验的正确数目用的明确判据，这类超需设计或欠需设计就属难免。经验证明，正确的设计类型和采取恰到好处的观测数目两者的综合效果，可对一个科研项目的实验工作量带来经济上很大的节省。这种经济上节省的价值，可大大补偿为设计实验所花费的额外时间和脑力劳动而有余。由于任何研究工作的主要开支，几乎总是花在实验设计上，所以实验开支的减少会立即降低整个研究工作的成本。

　　为一项实验做出最佳最省的设计，需要具备有关的误差和需观测的效应大小的认识。乍看起来这是很困难的，但实践中却极少要求一位研究人员去完成那种带有神秘性质的实验——有关误差的先期资料一无所有。这类资料有时是粗略的和不确定的，即使如此，利用这些资料进行设计，虽然可比资料充分时的设计差一些，但无疑会比不加设计的实验好得多。如果实验工作的合理设计是有规律的定期进行的，应尽快建档收集这类资料，以供今后设计类似实验时参考。如果运用得当，合理设计的主要特点之一是鼓励研究人员在日常工作中充分运用全部知识和经验，帮助他规划好本职工作。

　　除了早期可资利用的资料外，伴随着工作的进行可以获得新的资料。例如，在化工研究中，各项试验或试制通常是一次一个或一次几个结果，因此在一项实验的过程中，先前实验的结果在其后的实验未开始前即可利用之。这时，我们可以运用已有的资料，确定实验设计和必要的进一步实验的次数。这种利用一系列观测中的先前部分获得的资料，涉及其后的作业的概念，称作对一个问题的序惯分析。其最简单的形式是，先只做一次小规模中间试验，取得有关误差或效应的一般性质的概况资料，然后利用这些资料去设计整个实验。如果系统地运用序惯分析，其优越性更为明显。

在解释实验结果时，常常用到显著性统计检验。在这种检验中，通常假设某种想要探明的效应并不存在，然后去考察偏离此假设的差异是否有理由归因于偶然性的原因。如果发现出现这种差异的概率小于某一水准，例如小于 1/20，即可认为该假设不成立，并称该效应是显著的。但若概率大于这一规定的显著性水准，则称没有足够的证据去说明该效应的存在。这里当然必须应用各种显著性检验并进行审慎解释。虽然本书中大多数设计都是为了使显著性检验套用得上而设计的，但是它们的价值却与这些检验无关。但若多次实验的变异性与所考查的效应相比显得过大时，就需取得大量的观测数据，才能得出肯定的结论。这类情况下，在对任何效应确认其真实性质之前，最好先做一下显著性的检验。此外，由于检验结果在很大程度上取决于随机误差的大小，因此最好采用这样的设计：可从实际的实验估计出这些误差。

1.3　本课程将学到或用到的统计研究方法

（1）误差理论　由于《分析化学》中已学习过关于误差的基本知识，本书中的这部分内容就算是在以前所学知识的基础上，深入了解误差及其相关概念和计算等。主要掌握误差的概念、分类和表示、误差的计算、误差传递以及有效数字运算等。其中，误差理论是这门课的基础；此外，一种完美的分析方法及结果表述应注意有效数字。

（2）有限数据统计处理　这是概率论知识的基本应用之一，在《概率论》学习中，由于有许多较抽象的数学理论，往往使学生对所学知识印象不深，而且有些时候往往不知道哪些是重点。化学化工中只用到不多的概率统计知识，通过本部分内容的学习，可更好地掌握这些知识，同时也能指导同学们将其它知识应用到实践中去。

（3）方差分析　在统计的实际应用中许多地方用到方差分析，方差分析也是进行实验设计所需掌握的基本内容之一。本章中讨论了因素、水平、交互作用、指标等许多具体概念，并且对误差的概念进行了重新定义。可以说这一章内容是承上启下的，它用了前几章学到的知识，又为下一步实验设计的学习打下了基础，这是本课程的难点，也是重点之一。

（4）正交实验设计　正交实验设计是科研和生产中应用最多的实验研究方法之一，尤其用于生产改造、最优配方及最优工艺过程研究中。由于它方便、简洁而得到研究人员的普遍喜爱。

（5）多因素序贯实验设计　在多因素多水平的情况下，为了减少实验工作量，除了可采用上章介绍的正交实验设计以外，更多地应用的是正交设计基础上的序贯实验设计法。多因素组合实验时，全面实验的工作量很大，采用序贯实验法就可明显地减少试点总数，缩短实验周期。

（6）相关和回归　一般认为，线性回归并不重要也不难掌握。其实，说它不难掌握是对的，但它在实际工作中却有重要用途。除了用它进行预测和控制外，对于一个化学化工工作者，产品质量控制及实验室管理都是不可缺少的工作。

（7）多元统计和聚类分析　一般的数学教科书（当然也包括数理统计教材）中很少介绍多元统计的内容，而实际上多元统计对于化学化工、矿物加工、环境科学、医学与生命科学以及许多社会科学等的科学研究与结果分析都有着重要用途。因此，本教材将对这种统计方法进行简单介绍。

（8）质量管理与控制　有些数学教科书中包含质量管理内容，但很粗糙，而且只包含基本的统计内容。本课程是从化学化工角度，利用分析化学中的理论，对这一问题进行了较详细的论述。对于科研或化工过程的控制，产品质量把关等均具有较大的实用价值。

（9）随机化区组和拉丁方　对于少数几个因素的实验或结果受区域、温度影响及样品数量限制的实验研究，可以应用随机化区组或拉丁方设计。这是方差分析基本应用之一，对于一些专门的检测或设计，可以得到满意的结果，它具有正交设计的优点，又可方便地进行少因素多水平实验。

（10）析因设计　是一种多因素、多水平、单效应的交叉分组实验设计，又称完全交叉分组实验设计。通过量化各因子及其交互作用对指标的效应，在筛选大量因子研究的初期阶段，析因设计具有明显效果。

（11）响应曲面法设计　是统计、数学和软件紧密结合和发展的结果，它将响应受多个变量影响的问题进行建模和分析并以此来优化响应。

（12）大型统计软件——SPSS 应用简介　对于统计分析工作者而言，SPSS——Statistical Product and Service Solutions 无疑是最优秀的统计软件之一，而且目前已有多个版本面世。但对于一个科技工作者，要掌握它的使用决非易事。本教材中对它的使用进行简要介绍，掌握了这些方法后，再在实践中进行一些较为深入的摸索，就可很快将它掌握。那时可能就会发现，它的好处实在是无与伦比。

第2章 误差和数据处理

2.1 误差及其表示方法

在定量分析中，分析结果应具有一定的准确度，因为不准确的分析结果会导致产品报废，资料浪费，甚至在科学上得出错误的结论。但是，在分析过程中，即使是技术很熟练的人，用同一方法对同一试样仔细地进行多次分析，也不能得出完全相同的分析结果，而是在一定范围内波动。这就是说，分析过程中的误差是客观存在的。

分析工作应该做到既快速又准确。但是，两者同时达到却是不太现实的，这就要求分析者对两者进行判断。快速与准确两者之间谁是主要方面，则需视实际需要才能确定，有时快速是主要的，如钢铁厂的炉前快速分析等；有时准确度是主要的，如原子量和各种常数的测定等。由于各种分析方法所能达到的准确度不同，因此，应根据具体情况，设法使分析结果达到一定的准确度，以适应各种工作的需要。

2.1.1 系统误差和偶然误差

在定量分析中，对于各种原因导致的误差，根据其性质的不同，可以区分为系统误差和偶然误差两大类。

2.1.1.1 系统误差

系统误差是由某种确定的因素造成的，是测定结果系统偏高或偏低；当造成误差的因素不存在时，系统误差会自然消失。当进行重复测量时，它会重复出现。系统误差的大小、正负是可以测定的，至少在理论上说是可以测定的，所以是可测误差。系统误差的最重要的特性，是它具有"单向性"。

根据系统误差的性质和产生的原因，可将其分为：

（1）方法误差 这种误差是由分析方法本身造成的。例如，在重量分析中，由于沉淀的溶解、共沉淀现象、灼烧时沉淀的分解或挥发等；在滴定分析中，反应进行不完全、干扰离子的影响、化学计量点和滴定终点不一致及副反应的发生等，系统地导致测定结果偏高或偏低。

（2）仪器和实际误差 仪器误差来源于仪器本身不够精确，如砝码重量、容量器皿刻度和仪表刻度不准确等。试剂误差来源于试剂不纯。例如，试剂或蒸馏水中含有被测物质或干扰物质，使分析结果系统偏高或偏低。

（3）操作误差 操作误差是由分析人员所掌握的分析操作与正确的分析操作有差别引起的。例如，分析人员在称取试样时未注意防止试样吸湿，滴定分析中移液管或滴定管不洁净，洗涤沉淀时洗涤过分或不充分，灼烧沉淀时温度过高或过低，称量沉淀时坩埚及沉淀未完全冷却等。

（4）主观误差 主观误差又称个人误差。这种误差是由分析人员本身的一些主观因素造成的。例如，分析人员在辨别滴定终点的颜色时，有的人偏深，有的人偏浅；在读取刻度值时，有的人偏高，有的人偏低等。在实际工作中，有的人还有一种"先入为主"的习惯，即在得到第一个测量值之后，在读取第二个测量值时，主观上尽量使其与第一个测量值相符合，这样也容易引起主观误差。主观误差有时列入操作误差中。

2.1.1.2　偶然误差

偶然误差又称随机误差，它是由一些随机的、偶然的原因造成的。例如测量时环境温度、湿度和气压的微小波动，仪器读数的微小变化，分析人员对各份试样处理时的微小差别等，这些不可避免的偶然原因，都将使分析结果在一定范围内波动，引起偶然误差。由于偶然误差是由一些不确定的偶然原因造成的，因而是可变的，有时大，有时小，有时正，有时负，所以偶然误差又称不定误差。

偶然误差在分析操作中是无法避免的。例如一个很有经验的人，进行很仔细的操作，对同一试样进行多次分析，得到的分析结果却不能完全一致，而是有高有低。偶然误差的产生难以找出确定的原因，似乎没有规律性，但如果进行很多次测定，便会发现数据的分布符合一般的统计规律。这种规律是"概率统计学"研究的重要内容。由于它们涉及到较多的数学处理，而这些内容不属于本课程的内容，故我们在下面将只引用结论而不讨论其数学处理。如有必要可参考有关教材或专著。

2.1.1.3　过失误差

在分析化学中，除系统误差和偶然误差外，还有一类"过失误差"。过失误差是工作中的差错，是由于工作粗心马虎，不按操作规程办事等原因造成的。例如读错刻度、记录和计算错误及加错试剂等。在分析工作中，当出现很大误差时，应分析其原因，如系过失所引起，则在计算平均值时舍去。通常，只要我们加强责任感，对工作认真细致，过失是完全可以避免的。

过失误差一般归于系统误差。

2.1.2　准确度和精密度

分析结果和真实值之间的差值叫误差。误差越小，分析结果的准确度越高，就是说，准确度表示分析结果与真实值接近的程度。

真正值又称真值（true value of a quantity），是指某一时刻，某一状态下，某物理量客观存在的实际大小。一般说来，真值是不知道的，因为它是人们需要通过观测去求得的。而误差的普遍存在，使得测量值并不等于真值。

在实践中，有一些物理量的真值或从相对意义上来说的真值都是知道的，这有如下几种：

（1）理论真值　如平面三角形三内角之和恒为 $180°$；某一物理量与本身之差恒为零，与本身之比值恒为 1；理论公式表达值或理论设计值等。

（2）计量单位制中的约定真值　国际单位制所定义的七个基本单位，根据国际计量大会的共同约定，凡是满足 ISO 基本单位和辅助单位的定义条件而复现出的有关量值都是真值。

（3）标（基）准器相对真值　凡高一级标准器的误差是低一级或普通测量仪器误差的 $1/3 \sim 1/20$ 时，则可认为前者是后者的相对真值。如经国家级鉴定合格的标准器称为国家标准器，它在同一计量单位中精确度最高，从而作为全国该计量单位的最高依据。国际铂铱合金千克原器的质量则作为国际千克质量的真值。

在科学实验中，真值就是指在无系统误差的情况下，观测次数无限多时所求得的平均值。但因实际测量总是有限的，故用有限次测量所求得的平均值作为近似真值（或称最可信赖值）。

在实际工作中，分析人员在同一条件下平行测定几次，如果几次分析结果的数值比较接近，表示分析结果的精密度高。这就是说，精密度表示各次分析结果相互接近的程度。在分析化学中，有时用重复性（repeatability）和再现性（reproducibility）表示不同情况下分析结果的精密度。前者表示同一分析人员在同一条件下所得分析结果的精密度，后者表示不同分析人员或不同实验室之间在各自的条件下所得分析结果的差异。

精密度高不一定准确度高，因为这时可能有较大的系统误差。例如甲、乙、丙三人同时测定一铁矿石中的含量（真实含量54.36%），各分析四次，测定结果（%）如下：

	分析者	甲	乙	丙
测量序号	1	54.30	54.40	54.36
	2	54.30	54.30	54.35
	3	54.28	54.25	54.34
	4	54.27	54.23	54.33
	平均	54.29	54.30	54.35

所得分析结果绘于图 2-1 中。

由图 2-1 可见，甲的分析结果的精密度很高，但平均值与真实值相差颇大，说明准确度低，即分析结果存在很大的系统误差；乙的分析结果精密度不高，准确度也不高；只有丙的分析结果的精密度和准确度都比较高。精密度是保证准确度的先决条件，精密度低说明所测结果本身就不可靠，当然其准确度也就不高。因此，如果一组测量数据的精密度很差，自然失去了衡量准确度的前提。

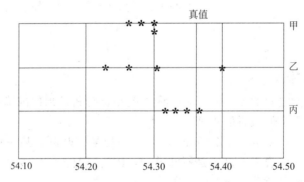

图 2-1　不同分析人员的分析结果

2.1.3　误差和偏差

前面已经提到，测定结果（x）与真实值（μ_0）之间的差值称为误差（E），即：

$$E = x - \mu_0 \tag{2-1}$$

误差越小，表示测定结果与真实值越接近，准确度越高；反之，误差越大，准确度越低。当测定结果大于真实值时，误差为正值，表示测定结果偏高，反之误差为负值，表示测定结果偏低。

误差可用绝对误差和相对误差表示。

绝对误差表示测定值与真实值之差。例如测定某铜合金中铜的含量，测定结果为80.18%，已知真实值为80.13%，则：

$$E = x - \mu_0 = 80.18 - 80.13 = +0.05$$

相对误差（E_r）是指误差在真实结果中所占的百分率。例如上面测定铜的结果，其相对误差为：

$$E_r = \frac{x - \mu_0}{\mu_0} \times 100\% = \frac{+0.05}{80.13} \times 100\% = +0.06\% \tag{2-2}$$

相对误差能反映误差在真实结果中所占的比例，这对于比较在各种情况下测定结果的准确度更为方便。

为了避免与百分含量相混淆，分析化学中的相对误差常用千分率（‰）表示。上述相对误差为 $+0.6‰$。

在实际工作中，对于待分析试剂，一般要进行多次平行分析，以求得分析结果的算术平均值。在这种情况下，通常用偏差来衡量所得分析结果的精密度。偏差（d）与误差在概念上是不相同的，它表示测定结果（x）与平均结果（$\bar{x}$）之间的差值：

$$d = x - \bar{x} \tag{2-3}$$

设一组测量数据为 x_1、x_2、$x_3 \cdots x_n$，其算术平均值 $\bar{x}$ 为：

$$\bar{x} = \frac{1}{n}(x_1 + x_2 + \cdots + x_n) = \frac{1}{n}\sum_{i=1}^{n} x_i \tag{2-4}$$

$$n\bar{x} = \sum_{i=1}^{n} x_i \tag{2-5}$$

各单次测量值与平均值的偏差为：

$$d_1 = x_1 - \bar{x}$$
$$d_2 = x_2 - \bar{x}$$
$$\cdots$$
$$d_i = x_i - \bar{x}$$
$$\cdots$$
$$d_n = x_n - \bar{x}$$

很明显，在这些偏差中，一部分是正偏差，一部分是负偏差，还有一些偏差可能是零。如果将各单次测量值的偏差相加，则得到：

$$\sum_{i=1}^{n} d_i = \sum_{i=1}^{n} (x_i - \bar{x}) = \sum_{i=1}^{n} x_i - n\bar{x} \tag{2-6}$$

将式（2-5）代入，得到：

$$\sum_{i=1}^{n} d_i = n\bar{x} - n\bar{x} = 0 \tag{2-7}$$

可见单次测量结果的偏差之和等于零，即不能用偏差之和来表示一组分析结果的精密度。因此，为了说明分析结果的精密度，通常以单次测量偏差绝对值的平均值即平均偏差 d 表示其精密度：

$$d = \frac{|d_1| + |d_2| + \cdots + |d_n|}{n} \tag{2-8}$$

近年来，分析分学中越来越广泛地采用统计学方法来处理各种分析数据。在统计学中，对于所考察的对象的全体，称为总体（或母样）；自总体中随机抽出的一组测量值，称为样本（或子样）；样本中所含测量值的数目，称为样本大小（或样本容量）。例如对某批矿中的铁含量进行分析，按照有关部门的规定取样、细碎并缩分后，得到一定数量（例如 500g）的试样。这就是分析试样，是供分析用的总体。如果我们从中称取 8 份试样进行平行分析，得到 8 个分析结果，则这一组分析结果就是该矿石分析试样总体的一个随机样本，样本容量为 8。

设样本容量为 n，则其平均值 $\bar{x}$ 为：

$$\bar{x} = \frac{1}{n} \sum_{i=1}^{n} x_i \tag{2-9}$$

当测定次数无限增多时，所得平均值即为总体平均值 μ：

$$\mu = \lim_{n \to \infty} \frac{1}{n} \sum_{i=1}^{n} x_i \tag{2-10}$$

若没有系统误差，则总体平均值 μ 就是真值 μ_0。此时，单次测量的平均偏差 δ 为：

$$\delta = \frac{1}{n} \sum_{i=1}^{n} |x_i - \mu| \tag{2-11}$$

在分析化学中，测量次数一般较少（例如 $n < 20$），故涉及到的是测量值较少时的平均偏差 $\bar{d}$，如（2-8）式所示。

用统计方法处理数据时，广泛采用标准偏差来衡量数据的分散程度。标准偏差的数学表达式为：

$$\sigma = \sqrt{\frac{1}{n} \sum_{i=1}^{n} (x_i - \mu)^2} \tag{2-12}$$

计算标准偏差时，对单次测量偏差加以平方，这样做的好处，不仅是避免单次测量偏差相加时正负抵消，更重要的是使大偏差能更显著地反映出来，故能更好地说明数据的分散程度。

在分析化学中，测量值一般不多，而总体平均值和标准偏差一般又不知道，故只好用样本的标准偏差 s 来衡量该组数据的分散程度。样本标准偏差的数学表达式为：

$$s = \sqrt{\frac{\sum_{i=1}^{n} (x_i - \bar{x})^2}{n-1}} \tag{2-13}$$

式中，$(n-1)$ 称为自由度，以 f 表示。自由度通常是指独立变数的个数。对于一组 n 个测量数据的样本，我们首先计算其平均值 $\bar{x}$，然后分别计算 $(x_1 - \bar{x})$、$(x_2 - \bar{x})$、$(x_3 - \bar{x})$、…，直至 $(x_{n-1} - \bar{x})$ 等偏差。但这些偏差并不都是独立变数。因为，这 n 个偏差之和为零，某个偏差均可由另外 $(n-1)$ 个偏差计算出来，因此，对于一组 n 个测量数据的样本，其偏差的自由度 f 为 $(n-1)$。

在数理统计课程中，对于式（2-12）与式（2-13）的关系，通常都给予了详细的证明和讨论。在式（2-13）中，引入 $(n-1)$ 的目的，主要是为了校正以 $\bar{x}$ 代替 μ 所引起的误差。很明显，当测量次数非常多时，测量次数 n 与自由度 $(n-1)$ 的区别就很小，此时 $\bar{x} \to \mu$，即：

$$\lim_{n \to \infty} \frac{\sum_{i=1}^{n} (x_i - \bar{x})^2}{n-1} = \lim_{n \to \infty} \frac{\sum_{i=1}^{n} (x_i - \mu)^2}{n} \tag{2-14}$$

同时 $s \to \sigma$。

单次测量结果的相对标准偏差（RSD，又称变异系数）为：

$$RSD = \frac{s}{\bar{x}} \times 1000\text{‰} \tag{2-15}$$

【例 2-1】 用丁二酮肟重量法测定钢铁中 Ni 的百分含量，得到下列结果：10.48，10.37，10.47，10.43，10.40，计算单次分析结果的平均偏差，相对平均偏差，标准偏差和相对标准偏差。

解：数据计算列表如下：

Ni 含量	$\lvert d_i \rvert$	d_i^2
10.48	0.05	0.0025
10.37	0.06	0.0036
10.47	0.04	0.0016
10.43	0.00	0.0000
10.40	0.03	0.0009
平均 10.43	$\sum \lvert d_i \rvert = 0.18$	$\sum d_i^2 = 0.0086$

则平均偏差：

$$\overline{d} = \frac{\sum \lvert d_i \rvert}{n} = \frac{0.18}{5} = 0.036(\%)$$

相对平均偏差：

$$\overline{d}_r = \frac{\overline{d}}{\overline{x}} = \frac{0.036}{10.43} \times 100 = 0.35(\%) = 3.5(‰)$$

标准偏差：

$$s = \sqrt{\frac{\sum_{i=1}^{n} d_i^2}{n-1}} = \sqrt{\frac{0.0086}{4}} = 0.046(\%)$$

相对标准偏差：

$$RSD = \frac{s}{\overline{x}} \times 1000 = \frac{0.046}{10.43} \times 1000 = 4.4(‰)$$

下面通过实例，可以清楚地说明用标准偏差表示精密度比用平均偏差好。例如有两批数据，各次测量的偏差分别是：

+0.3	−0.2	−0.4	+0.2	+0.1	+0.4	0.0	−0.3	+0.2	−0.3
0	+0.1	−0.7	+0.2	−0.1	−0.2	+0.5	−0.2	+0.3	+0.1

第一批数据的 $\overline{d}_1$ 为 0.24，第二批数据的 $\overline{d}_2$ 亦为 0.24，两批数据的平均偏差相同。但明显看出，第二批数据较为分散，而且其中有两个较大的偏差。所以，用平均偏差反映不出这两批数据的好坏。但如果用标准偏差来表示，情况便很清楚了。它们的标准偏差分别为：

$$s_1 = \sqrt{\frac{\sum_{i=1}^{10} d_i^2}{10-1}} = \sqrt{\frac{0.03^2 + 0.2^2 + \cdots + (-0.3)^2}{10-1}} = 0.28$$

$$s_2 = \sqrt{\frac{\sum_{i=1}^{10} d_i^2}{10-1}} = \sqrt{\frac{0.0^2 + 0.1^2 + \cdots + 0.1^2}{10-1}} = 0.33$$

可见第一批数据的精密度较好。

用统计学方法可以证明，当测定次数非常多时，标准偏差与平均偏差有下列关系：

$$\delta = 0.7979\sigma \approx 0.80\sigma \tag{2-16}$$

但应该指出,当测定次数较少时,$\bar{d}$ 与 s 之间的关系就可能与此相差颇大了。

测量数据的精密度有时也用极差来表示。极差是指一组测量数据中最大值和最小值之差,它表示误差的范围,所以又称范围误差。

设一组测量数据为 x_1、$x_2 \cdots x_n$,则极差 R 为

$$R = max\{x_1、x_2 \cdots x_n\} - min\{x_1、x_2 \cdots x_n\} \tag{2-17}$$

式中,$max\{x_1、x_2 \cdots x_n\}$ 和 $min\{x_1、x_2 \cdots x_n\}$ 分别表示该组测量数据中的最大值和最小值。

极差的计算非常简单。求得极差后,乘上适当的校正因数,即可估算出标准偏差。校正因数表可以由统计学书中找到。但是,极差法的最大缺点是没有充分利用各个测量数据,故其精确性较差。极差法目前在实际工作中已应用不多。

2.1.4 标准偏差的计算

计算标准偏差时,可以按照公式,先求出平均值 $\bar{x}$,再求出 d_i 及 $\sum d_i^2$,然后计算标准偏差 s。这种计算方法比较麻烦,而且在计算 $\bar{x}$ 时,由于最后一位数字的取舍,可能带来一些误差。因此,通常将计算公式稍加变换,以便直接根据各测量值计算标准偏差。在目前电子计算器较普及的情况下,采用这种方法较为适宜。有些电子计算器备有相应的统计功能("STAD",$\boxed{\text{2ndf}}+\boxed{\text{on}}$)输入一个数据后,按 $\boxed{\text{DATA}}$ 键;全部数据输入后,按相应的键,可直接显示 $\bar{x}$、s、σ、$\bar{x}^2$ 等的数值。由于:

$$\sum(x-\bar{x})^2 = \sum(x^2 - 2x\bar{x} + \bar{x}^2)$$
$$= \sum x^2 - 2(\sum x)\frac{\sum x}{n} + n\left(\frac{\sum x}{n}\right)^2$$
$$= \sum x^2 - \frac{(\sum x)^2}{n} \tag{2-18}$$

因此:

$$s = \sqrt{\frac{\sum x^2 - (\sum x)^2/n}{n-1}} \tag{2-19}$$

分子中原为"偏差平方和(又称差方和)",经适当变换后,变为"测量值的平方和,减去测量值和的平方的 $1/n$",可直接利用测量值来计算标准偏差。

【例 2-2】 计算上例中重量法测定 Ni 时的标准偏差。

解:原分析结果的百分含量为 10.48、10.37、10.47、10.43、10.40,为避免数字过多,减少计算麻烦,分析结果可同减去 10.00%,这种处理方法将不影响标准偏差的计算。

Ni 含量	$x' = (x - 10.00)$	x'^2
10.48	0.48	0.230
10.37	0.37	0.137
10.47	0.47	0.221
10.43	0.43	0.185
10.40	0.40	0.160
平均 10.43	$\sum x' = 2.15$	$\sum x'^2 = 0.933$

$$s = \sqrt{\frac{\sum x^2 - (\sum x)^2/n}{n-1}} = \sqrt{\frac{0.933 - 2.15^2/5}{5-1}} = 0.046\%$$

以上计算涉及到小数点后许多位数字,故还不是很简单。为了进一步简化计算,可将每个测量结果统减去 10.37,再乘以 100,得到较简单的整数,这样更便于计算(取整数时,

如有负数，亦可用于计算）。但应注意，由于测量结果放大了 100 倍，计算数值均放大了 100 倍，因此计算结果应除以 100。

2.2 偶然误差的正态分布

2.2.1 频数分布

偶然误差是由一些偶然因素造成的误差，它的大小及方向难以预计，似乎没有什么规律性，但如果用统计学方法处理，就会发现它服从一定的统计规律。为了弄清偶然误差的统计规律，下面首先讨论测量值的频数分布图。

例如有一矿石试样，在相同条件下用吸光光度法测定其中铜的百分含量，共有 100 个测量值。这些测量值彼此独立，属随机变量：

1.36	1.49	1.43	1.41	1.37	1.40	1.32	1.42	1.47	1.39
1.41	1.36	1.40	1.34	1.42	1.42	1.45	1.34	1.42	1.39
1.44	1.42	1.39	1.42	1.42	1.30	1.34	1.42	1.37	1.36
1.37	1.34	1.37	1.46	1.44	1.45	1.32	1.48	1.40	1.45
1.39	1.46	1.39	1.53	1.36	1.48	1.40	1.39	1.38	1.40
1.46	1.45	1.50	1.43	1.45	1.43	1.41	1.48	1.39	1.45
1.37	1.46	1.39	1.45	1.31	1.41	1.44	1.44	1.42	1.47
1.35	1.36	1.39	1.40	1.38	1.35	1.42	1.43	1.42	1.42
1.42	1.40	1.40	1.37	1.36	1.46	1.37	1.27	1.47	1.38
1.42	1.34	1.43	1.42	1.41	1.41	1.44	1.48	1.55	1.37

由以上结果可以看出，由于测量过程中偶然误差的存在，使分析结果高高低低，参差不齐。这就是说，测量数据具有分散的特性。但是，如果我们仔细观察，就会发现位于数值 1.36~1.44 之间的数据多一些，在其他范围的数据少一些，小于 1.27 或大于 1.55 附近的数据更小一些。这就是说，测量数据具有明显的集中趋势。测量数据的这种既分散又集中的特性，就是其规律性。

为了研究测量数据分布的规律性，我们可以编制出频数分布表和绘制出频数分布图，以便进行观察。为此，我们将上述 100 个数据分为 10 组，每组测量值出现的次数称为频数，然后编制如表 2-1 所示频数和相对频数分布表。为了使每一测量值只能分在一组中，避免"骑墙"现象，组界数值的精度通常提高一位。

表 2-1　频数分布表

分组	频数	相对频数
1.265~1.295	1	0.01
1.295~1.325	4	0.04
1.325~1.355	7	0.07
1.355~1.385	17	0.17
1.385~1.415	24	0.24
1.415~1.445	24	0.24
1.445~1.475	15	0.15
1.475~1.505	6	0.06
1.505~1.535	1	0.01
1.535~1.565	1	0.01
总和	100	1.00

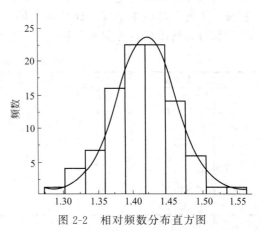

图 2-2　相对频数分布直方图

得到频数和相对频数分布表后，我们可清楚地看出数据波动的规律性。为了更为直观，可根据组值范围及相应的相对频数,绘出如图 2-2 所示矩形图-相对频数分布直方图。

可以设想,如果测量数据非常多,组分得非常细,直方图的形状将逐渐趋于一条曲线。这就是将要在下面"正态分布"中讨论的问题。

2.2.2 分布函数

在分析化学中,偶然误差一般可按正态分布规律进行处理,正态分布就是通常所说的高斯分布。正态分布曲线呈对称钟形,两头小,中间大。分布曲线有最高点,通常就是总体平均值 μ 的坐标。分布曲线以 μ 值的横坐标为中心,对称地向两边快速单调下降。这种正态分布曲线清楚地反映出偶然误差的规律性。正态分布曲线的数学表达式是:

$$f(x)=\frac{1}{\sigma\sqrt{2\pi}}\mathrm{e}^{-\frac{(x-\mu)^2}{2\sigma^2}} \tag{2-20}$$

式中,$f(x)$ 为概率密度;与曲线最高点相应的 μ 值,是总体平均值,在没有系统误差的情况下,它就是真值;σ 为标准偏差。可以证明,它就是总体平均值 μ 和曲线拐点间的距离。(注:关于正态分布的性质,可参阅有关的概率论教材,此处不多讨论)。

正态分布曲线与横坐标在整个数轴上所夹的面积,就是测量值出现的概率的总和,其值应为 1,即其概率 P 为:

$$P=\int_{-\infty}^{\infty}f(x)\mathrm{d}x=\int_{-\infty}^{\infty}\frac{1}{\sigma\sqrt{2\pi}}\mathrm{e}^{-\frac{(x-\mu)^2}{2\sigma^2}}\mathrm{d}x=1 \tag{2-21}$$

因此,测量值出现在某一范围内的概率,就等于概率密度函数在该范围内的积分数值,即:

$$P=\int_{a}^{b}f(x)\mathrm{d}x=\int_{a}^{b}\frac{1}{\sigma\sqrt{2\pi}}\mathrm{e}^{-\frac{(x-\mu)^2}{2\sigma^2}}\mathrm{d}x \tag{2-22}$$

若令:

$$u=\frac{x-\mu}{\sigma} \tag{2-23}$$

对正态分布概率密度函数进行简化,即得到"标准正态分布"曲线:

$$f(u)=\frac{1}{\sqrt{2\pi}}\mathrm{e}^{-\frac{u^2}{2}} \tag{2-24}$$

不管是正态分布还是标准正态分布,由于其分布函数为非常规方程,无法用一般方法进行积分。因此,其概率密度的计算极为困难。对于标准正态分布,不同 u 值时所占面积前人已用积分方法求出,并制成各种表格以供使用。表 2-2 是其中的一部分。

表 2-2　正态分布概率积分表

$|u|$	积分面积	$|u|$	积分面积	$|u|$	积分面积	$|u|$	积分面积
0.0	0.0000	0.8	0.2881	1.6	0.4452	2.4	0.4918
0.1	0.0398	0.9	0.3159	1.7	0.4554	2.5	0.4938
0.2	0.0793	1.0	0.3413	1.8	0.4641	2.6	0.4953
0.3	0.1179	1.1	0.3643	1.9	0.4713	2.7	0.4965
0.4	0.1554	1.2	0.3849	2.0	0.4773	2.8	0.4973
0.5	0.1995	1.3	0.4032	2.1	0.4821	2.9	0.4981
0.6	0.2258	1.4	0.4192	2.2	0.4361	3.0	0.4987
0.7	0.2580	1.5	0.4332	2.3	0.4893	3.1	0.4990

表中数据表示 u 值在 $0 \sim u$ 值范围内的概率。使用时可根据标准正态分布关于纵坐标对称的性质进行计算。例如,求 $x=\mu\pm\sigma$ 范围内的概率。先求出 $u=1.00$,从表中查得 $P[0,$

1] = 0.3413；则：
$$P(x=\mu\pm\sigma)=P[-1,1]=2P[0,1]=0.6826。$$

即分析结果落在 $\mu\pm\sigma$ 内的概率为 68.26%。同理可得分析结果落在其他范围内的概率为：

$$P(\mu\pm\sigma)=P[-1,1]=68.26\%$$
$$P(\mu\pm1.96\sigma)=P[-1.96,1.96]=95.00\%$$
$$P(\mu\pm2\sigma)=P[-2,2]=95.50\%$$
$$P(\mu\pm2.58\sigma)=P[-2.58,2.58]=99.00\%$$
$$P(\mu\pm3\sigma)=P[-3,3]=99.74\%$$

分析结果落在 $\mu\pm3\sigma$ 范围内的概率为 99.74%，即说明误差超过 3σ 的分析结果是很少的，只占全部分析结果的 0.26%。也就是说，在有限几次重复测量中，出现特别大的误差的概率是很小的。在实际工作中，如果有限几次重复测量中出现了误差的绝对值大于 3σ 的值，则这个测值存在问题，可以舍去。

【例 2-3】 已知某试样中 Co 的标准值为 1.75%，$\sigma=0.10$。又已知测量时没有系统误差，求分析结果落在（1.75±0.15）范围内的概率。

解：
$$|u|=\frac{|x-\mu|}{\sigma}=\frac{|x-1.75|}{0.10}=\frac{0.15}{0.10}=1.5$$

查表 2-2 得：
$$P[0,1.5]=0.4332$$

因此，所求概率为：
$$P(1.75\pm0.15)=P[-1.5,1.5]=2P[0,1.5]=0.8664$$

即分析结果落在（1.75±0.15）范围内的概率为 86.64%。

【例 2-4】 同上例，求分析结果大于 2.00 的分布情况，属于单边问题。
$$|u|=\frac{|x-\mu|}{\sigma}=\frac{|x-1.75|}{0.10}=\frac{0.25}{0.10}=2.5$$

查表 2-2，求得：
$$P[0,2.5]=0.4938$$

根据正态分布的对称性，$P[0,\infty]=0.5000$。所以：
$$P(x>2.00)=P[2.5,\infty]=0.5000-0.4938=0.0062$$

即分析结果大于 2.00 的概率为 0.62%

2.3 误差传递

有些物理量，如长度、重量等是可以直接测量的。但物质化学成分的含量是不能直接测量的，常需先直接测量重量、体积、电位、吸光度或其他物理量，然后再按公式进行计算，方能求出分析结果。但由于每次测量都带有一定的误差，这些误差不可避免地会转移到结果中去。那么，如何用测量误差求得分析结果的误差呢？或者反过来，当已约定分析结果的误差，而各直接测量值的测量误差如何分配，才能将结果误差控制在要求范围内呢？这就是误差传递的问题。

设分析结果 R 与各直接测量值 A，B，… 间的函数关系为：
$$R=f(A,B,\cdots) \tag{2-25}$$

设 dA，dB，… 分别为各直接测量值的误差，均比较小，则分析结果 R 的误差 dR 为：

$$dR = \frac{\partial R}{\partial A}dA + \frac{\partial R}{\partial B}dB + \cdots \qquad (2\text{-}25a)$$

式（2-25a）为误差传递的一般公式，其意义是误差的全微分等于各偏微分之和，或函数的变化等于各自变量的变化所引起的函数变化之和。用于误差传递，意义是结果的误差（dR）等于各直接测量值的测量所引起的误差之和。

2.3.1 系统误差的传递

（1）加减运算

对于：

$$R = f(A, B, \cdots) = A + B - C$$

$$dR = \frac{\partial R}{\partial A}dA + \frac{\partial R}{\partial B}dB + \frac{\partial R}{\partial C}dC$$

$$= dA + dB - dC$$

$$dR = dA + dB - dC \qquad (2\text{-}26)$$

即：在加减运算中，结果的绝对误差等于各测量值绝对误差的代数和。

若：$R = f(A, B, \cdots) = A + mB - nC$

则：$dR = dA + mdB - ndC \qquad (2\text{-}27)$

（2）乘除运算

$$R = f(A, B, \cdots) = \frac{AB}{C}$$

$$dR = \frac{\partial R}{\partial A}dA + \frac{\partial R}{\partial B}dB + \frac{\partial R}{\partial C}dC$$

$$= \frac{B}{C}dA + \frac{A}{C}dB - \frac{AB}{C^2}dC$$

所以有：

$$\frac{dR}{R} = \frac{dA}{A} + \frac{dB}{B} - \frac{dC}{C} \qquad (2\text{-}28)$$

即：在乘除运算中，结果的相对误差等于各测量值相对误差的代数和。

（3）对数运算

$$R = f(A, B, \cdots) = k + n\ln A$$

$$dR = \frac{\partial R}{\partial A}dA = n\frac{dA}{A}$$

$$dR = n\frac{dA}{A} \qquad (2\text{-}29)$$

（4）指数运算

$$R = f(A, B, \cdots) = k + A^n$$

$$dR = \frac{\partial R}{\partial A}dA = nA^{n-1}dA$$

$$dR = nA^{n-1}dA \qquad (2\text{-}30)$$

【例 2-5】 用直接电解法测定某二价离子的浓度，其定量关系式为：$E = E'_0 + 0.029\lg C_X$。如果电位测量误差为 0.5mV，求分析结果的相对误差。

解：

$$E = E_0' + 0.029 \lg C_X, \quad \mathrm{d}E = 0.0005V$$

$$E - E_0' = 0.029 \lg C_X = \frac{0.029}{2.303} \ln C_X$$

$$\mathrm{d}E = \frac{0.029}{2.303} \times \frac{\mathrm{d}C_X}{C_X}$$

$$\frac{\mathrm{d}C_X}{C_X} = \frac{2.303 \mathrm{d}E}{0.029} = \frac{2.303 \times 0.0005}{0.029}$$

$$= 0.04 = 4\%$$

即分析结果的相对误差是 4%。

【例 2-6】 标准加入法是使用离子选择性电极测定离子浓度的有效方法，其中一次加入法计算公式为 $C_X = \dfrac{\Delta C}{10^{\Delta E/S} - 1}$。如果 $\Delta E = 20.0 \mathrm{mV}$，$S = 58 \mathrm{mV}$，毫伏计精度为 $0.1 \mathrm{mV}$，求分析结果的相对误差（不考虑 ΔC 的误差）。

解：

$$C_X = \frac{\Delta C}{10^{\Delta E/S} - 1}$$

$$\mathrm{d}C_X = \frac{(10^{\Delta E/S} - 1)\mathrm{d}\Delta C - \Delta C \times 10^{\Delta E/S} \times \ln 10 \times \dfrac{1}{S} \mathrm{d}\Delta E}{(10^{\Delta E/S} - 1)^2}$$

$$= \frac{\mathrm{d}\Delta C}{10^{\Delta E/S} - 1} - \frac{\Delta C \times 10^{\Delta E/S} \times \ln 10 \times \mathrm{d}\Delta E}{(10^{\Delta E/S - 1})^2 S}$$

$$\frac{\mathrm{d}C_X}{C_X} = \frac{\mathrm{d}\Delta C}{\Delta C} - \frac{10^{\Delta E/S} \times \ln 10 \times \mathrm{d}\Delta E}{(10^{\Delta E/S} - 1)S}$$

不考虑 $\mathrm{d}\Delta C / \Delta C$，将 $\Delta E = 20.0 \mathrm{mV}$，$S = 58 \mathrm{mV}$，$\mathrm{d}\Delta E = 0.2 \mathrm{mV}$（因为 ΔE 为两次读数之差，故电位测量的绝对误差 $\mathrm{d}\Delta E = 0.2 \mathrm{mV}$）代入上式，则得：

$$\frac{\mathrm{d}C_X}{C_X} = -\frac{10^{20.0/58} \times \ln 10 \times 0.2}{(10^{20.0/58} - 1) \times 58} = -0.014$$

$$= -1.4\%$$

由推出的相对误差计算公式可知，如果电极斜率 S 较大，标准液加入前后的电位变化 ΔE 较大，电位测量值 $\mathrm{d}\Delta E$ 较小，那么测定结果的相对误差较小。

【例 2-7】 计算在吸光光度法中，吸光度为何值时测定结果的相对误差最小。

解：根据比尔定律：

$$A = \mathrm{d}bC$$

$$A = -\lg T$$

可得测定结果的相对误差为：

$$E_r = \frac{\mathrm{d}C}{C} = \frac{\mathrm{d}A}{A}$$

$$\mathrm{d}A = -\mathrm{d}\lg T = -\frac{1}{\ln 10} \frac{\mathrm{d}T}{T} = -0.4343 \mathrm{d}T 10^A$$

$$E_r = \frac{\mathrm{d}C}{C} = \frac{\mathrm{d}A}{A} = -0.4343 \mathrm{d}T \frac{10^A}{A}$$

欲使相对误差最小，A 须满足如下方程：

$$\frac{\mathrm{d}E_r}{\mathrm{d}A} = -0.4343\mathrm{d}T\frac{\mathrm{d}\left(\frac{10^A}{A}\right)}{\mathrm{d}A}$$

$$= -0.4343\mathrm{d}T\frac{10^A}{A^2}(A\ln10-1)$$

$$= 0$$

即：
$$A\ln10-1=0$$

所以：

$$A = \frac{1}{\ln10} = 0.4343$$

结果表明，在透光率误差 $\mathrm{d}T$ 一定，当吸光度 $A=0.4343(T=36.8\%)$ 时测定结果的相对误差最小，此时：

$$E_T = -10^A\mathrm{d}T$$

所以在吸光光度法中，应尽可能将吸光度调整在 0.4343 附近，通常调整在 $0.2\sim0.8$ 之间。调整的方法有稀释溶液、选择厚度合适的比色皿、改变称样量或采用视差分光光度法等。

2.3.2　偶然误差的传递

设 $R=f(A,B,\cdots)$，对 A，B，$\cdots$ 均测量 n 次，则可得到 n 个 R 值，对应关系如下：

$$A_1 \quad A_2\cdots A_i(\mathrm{d}A_i=A_i-\overline{A})\cdots A_n\left(\overline{A}=\frac{1}{n}\sum A_i\right)$$

$$B_1 \quad B_2\cdots B_i(\mathrm{d}B_i=B_i-\overline{B})\cdots B_n\left(\overline{B}=\frac{1}{n}\sum B_i\right)$$

$$\vdots \quad \vdots \quad \vdots \quad \vdots \quad\quad \vdots \quad\quad \vdots$$

$$R_1 \quad R_2\cdots R_i(\mathrm{d}R_i=R_i-\overline{R})\cdots R_n\left(\overline{R}=\frac{1}{n}\sum R_i\right)$$

据式(2-25a)，有：

$$\mathrm{d}R_i = \frac{\partial R}{\partial A}\mathrm{d}A_i + \frac{\partial R}{\partial B}\mathrm{d}B_i + \cdots$$

两边取平方，得：

$$(\mathrm{d}R_i)^2 = \left(\frac{\partial R}{\partial A}\right)^2(\mathrm{d}A_i)^2 + \left(\frac{\partial R}{\partial B}\right)^2(\mathrm{d}B_i)^2 + 2\frac{\partial R}{\partial A}\frac{\partial R}{\partial B}\mathrm{d}A_i\mathrm{d}B_i + \cdots$$

加和：

$$\sum_{i=1}^{n}(\mathrm{d}R_i)^2 = \sum_{i=1}^{n}\left(\frac{\partial R}{\partial A}\right)^2\sum_{i=1}^{n}(\mathrm{d}A_i)^2 + \sum_{i=1}^{n}\left(\frac{\partial R}{\partial B}\right)^2\sum_{i=1}^{n}(\mathrm{d}B_i)^2 + 2\frac{\partial R}{\partial A}\frac{\partial R}{\partial B}\sum_{i=1}^{n}\mathrm{d}A_i\mathrm{d}B_i + \cdots$$

由于各测量值 A，B，$\cdots$ 相互独立，其偏差 $\mathrm{d}A_i$，$\mathrm{d}B_i$，$\cdots$ 相互独立，所以偏差之积的加和等于零。于是上式右端仅剩下平方项：

$$\sum_{i=1}^{n}(\mathrm{d}R_i)^2 = \sum_{i=1}^{n}\left(\frac{\partial R}{\partial A}\right)^2\sum_{i=1}^{n}(\mathrm{d}A_i)^2 + \sum_{i=1}^{n}\left(\frac{\partial R}{\partial B}\right)^2\sum_{i=1}^{n}(\mathrm{d}B_i)^2 + \cdots$$

两边同除以 n：

$$\frac{\sum\limits_{i-1}^{n}(\mathrm{d}R_i)^2}{n} = \sum_{i=1}^{n}\left(\frac{\partial R}{\partial A}\right)^2\frac{\sum\limits_{i=1}^{n}(\mathrm{d}A_i)^2}{n} + \sum_{i=1}^{n}\left(\frac{\partial R}{\partial B}\right)^2\frac{\sum\limits_{i=1}^{n}(\mathrm{d}B_i)^2}{n} + \cdots$$

即：

$$\sigma_R^2 = \left(\frac{\partial R}{\partial A}\right)^2 \sigma_A^2 + \left(\frac{\partial R}{\partial B}\right)^2 \sigma_B^2 + \cdots \tag{2-31}$$

对于有限次测定，有：

$$s_R^2 = \left(\frac{\partial R}{\partial A}\right)^2 s_A^2 + \left(\frac{\partial R}{\partial B}\right)^2 s_B^2 + \cdots \tag{2-32}$$

（1）加减运算：

$$R = A + B - C$$

$$s_R^2 = \left(\frac{\partial R}{\partial A}\right)^2 s_A^2 + \left(\frac{\partial R}{\partial B}\right)^2 s_B^2 + \left(\frac{\partial R}{\partial B}\right)^2 s_C^2$$

$$= s_A^2 + s_B^2 + s_C^2$$

即：

$$s_R^2 = s_A^2 + s_B^2 + s_C^2 \tag{2-33}$$

若：

$$R = A + mB - nC$$

则：

$$s_R^2 = s_A^2 + m^2 s_B^2 + n^2 s_C^2 \tag{2-34}$$

（2）乘除运算

$$R = \frac{AB}{C}$$

$$s_R^2 = \left(\frac{\partial R}{\partial A}\right)^2 s_A^2 + \left(\frac{\partial R}{\partial B}\right)^2 s_B^2 + \left(\frac{\partial R}{\partial B}\right)^2 s_C^2$$

$$= \left(\frac{B}{C}\right)^2 s_A^2 + \left(\frac{A}{C}\right)^2 s_B^2 + \left(-\frac{AB}{C^2}\right)^2 s_C^2$$

两边同除以 R^2，有：

$$\frac{s_R^2}{R^2} = \frac{s_A^2}{A^2} + \frac{s_B^2}{B^2} + \frac{s_C^2}{C^2} \tag{2-35}$$

若式中有系数，公式不变。

（3）对数运算

$$R = k + n\ln A$$

$$s_R^2 = \left(\frac{\partial R}{\partial A}\right)^2 s_A^2 = \left(\frac{dR}{dA}\right)^2 s_A^2 = \left(\frac{n}{A}\right)^2 s_A^2$$

即：

$$s_R^2 = \left(\frac{n}{A}\right)^2 s_A^2 \tag{2-36}$$

（4）指数运算

$$R = k + A^n$$

$$s_R^2 = \left(\frac{dR}{dA}\right)^2 s_A^2 = (nA^{n-1})^2 s_A^2$$

即：

$$s_R^2 = (nA^{n-1})^2 s_A^2 \tag{2-37}$$

【例 2-8】 用硫酸钡重量法测定钡，称取试样 0.4503g，最后得硫酸钡沉淀 0.4291g。如果天平称量时的标准偏差 $s = 0.1$ mg，计算分析结果的标准偏差。

解：

$$x(\%) = \frac{W \times \dfrac{Ba}{BaSO_4}}{G} \times 100 = \frac{0.4291 \times \dfrac{137.33}{233.39}}{0.4503} \times 100 = 56.07$$

设 $\dfrac{Ba}{BaSO_4} \times 100 = m$ ，则 $x = m\dfrac{W}{G}$ 。根据式(2-37)，有

$$\frac{s_x^2}{x^2} = \frac{s_W^2}{W^2} + \frac{s_G^2}{G^2}$$

因为 G 为两次称量所得，W 为 4 次称量所得，即：

$$G = G_2 - G_1$$
$$W = (w_4 - w_3) + (w_2 - w_1)$$

根据式(2-35) 有：

$$s_G^2 = s_{G_2}^2 - s_{G_1}^2$$
$$s_W^2 = s_{w_4}^2 + s_{w_3}^2 + s_{w_2}^2 + s_{w_1}^2$$

$$\frac{s_x^2}{x^2} = \frac{4s^2}{W^2} + \frac{2s^2}{G^2} = 4\left(\frac{s}{w}\right)^2 + 2\left(\frac{s}{G}\right)^2 = 4 \times \left(\frac{0.10}{429.1}\right)^2 + 2 \times \left(\frac{0.10}{450.3}\right)^2$$
$$= 31.85 \times 10^{-8}$$

即：

$$\frac{s}{x} = 5.62 \times 10^{-4}$$
$$s_x = 5.62 \times 10^{-4} \times 56.01 = 0.032$$

【例 2-9】 如果样本（应视为大样本）标准偏差为 σ ，求证平均值的标准偏差为 $\sigma_{\bar{x}} = \dfrac{\sigma}{\sqrt{n}}$ 。

证明：

$$\bar{x} = \frac{1}{n}(x_1 + x_2 + \cdots) = \frac{1}{n}x_1 + \frac{1}{n}x_2 + \cdots + \frac{1}{n}x_n$$

$$\sigma_{\bar{x}}^2 = \left(\frac{\partial \bar{x}}{\partial x_1}\right)^2 \sigma_{x_1}^2 + \left(\frac{\partial \bar{x}}{\partial x_2}\right)^2 \sigma_{x_2}^2 + \cdots + \left(\frac{\partial \bar{x}}{\partial x_n}\right)^2 \sigma_{x_n}^2$$

$$= \left(\frac{1}{n}\right)^2 \sigma_{x_1}^2 + \left(\frac{1}{n}\right)^2 \sigma_{x_2}^2 + \cdots + \left(\frac{1}{n}\right)^2 \sigma_{x_n}^2$$

因为各次测量等精度，

$$\sigma_{x_1} = \sigma_{x_2} = \cdots = \sigma_{x_n}$$

$$\sigma_{\bar{x}}^2 = \sum_{i=1}^{n} \left(\frac{1}{n}\right)^2 \sigma^2 = n \times \frac{1}{n^2}\sigma^2 = \frac{\sigma^2}{n}$$

$$\sigma_{\bar{x}} = \frac{\sigma}{\sqrt{n}}$$

误差传递公式总结于表2-3。

表 2-3　误差传递公式

结果计算公式	系 统 误 差	随 机 误 差
一般式 $R = f(A, B, \cdots)$	$dR = \dfrac{\partial R}{\partial A}dA + \dfrac{\partial R}{\partial B}dB + \dfrac{\partial R}{\partial C}dC$	$s_R^2 = \left(\dfrac{\partial R}{\partial A}\right)^2 s_A^2 + \left(\dfrac{\partial R}{\partial B}\right)^2 s_B^2 + \cdots$
加减法 $R = A + mB - C$	$dR = dA + m\,dB - dC$	$s_R^2 = s_A^2 + m^2 s_B^2 + s_C^2$
乘除法 $R = m\dfrac{AB}{C}$	$\dfrac{dR}{R} = \dfrac{dA}{A} + \dfrac{dB}{B} - \dfrac{dC}{C}$	$\dfrac{s_R^2}{R^2} = \dfrac{s_A^2}{A^2} + \dfrac{s_B^2}{B^2} + \dfrac{s_C^2}{C^2}$

结果计算公式	系 统 误 差	随 机 误 差
对数运算 $R=k+n\ln A$	$dR=n\dfrac{dA}{A}$	$s_R^2=\left(\dfrac{n}{A}\right)^2 s_A^2$
指数运算 $R=k+A^n$	$dR=nA^{n-1}dA$	$s_R^2=(nA^{n-1})^2 s_A^2$

平均值的标准偏差为 $\sigma_{\bar{x}}=\dfrac{\sigma}{\sqrt{n}}$ 也称为"样本平均数的标准误差"或简称为"标准误"。样本平均数的标准误 $\sigma_{\bar{x}}$ 的估计值用 $s_{\bar{x}}$ 表示（也称平均数的标准偏差），即：

$$s_{\bar{x}}=\frac{s}{\sqrt{n}}$$

$s_{\bar{x}}$ 反映了样本平均数的离散程度。标准误越小，说明样本平均数与总体平均数越接近。否则，表明样本平均数比较离散。

标准偏差表示个体间的变异大小，反映了整个样本对样本平均数的离散程度，是数据精密度的衡量指标；而标准误反映样本平均数对总体平均数的变异程度，从而反映抽样误差的大小，是量度结果精密度的指标。

2.3.3　极值误差与误差分配

2.3.3.1　极值误差

由式(2-29)～式(2-31)知，各测量值的误差可能相互抵消，也可能相互叠加。如果是相互叠加，就可能产生最大误差。为估计可能产生的最大误差，引入极值误差这一概念。极值误差即各测量值误差的绝对值之和。与式(2-29)～式(2-31)对应的公式为：

$$dR=|dA|+|dB|+|dC| \tag{2-38}$$

$$\frac{dR}{\sqrt{R}}=\left|\frac{dA}{A}\right|+\left|\frac{dB}{B}\right|+\left|\frac{dC}{C}\right| \tag{2-39}$$

【例 2-10】　如果称量的相对误差与滴定剂体积的相对误差均在 $\pm 0.1\%$ 之内，求滴定分析的极值误差。

解：

$$x(\%)=\frac{CV\dfrac{M}{1000}}{G}\times 100=\frac{CV\times 100}{1000}\times\frac{M}{G}=m\frac{V}{G}$$

$$\frac{dx}{x}=\left|\frac{dV}{V}\right|+\left|\frac{dG}{G}\right|=0.1\%+0.1\%=0.2\%$$

即在一般情况下，滴定分析法的相对误差不大于 0.2%。

2.3.3.2　误差分配

如果首先确定分析结果的误差，再由此对各测量值的误差提出要求，称为误差分配。这是在设计实验时必须考虑的问题。例如，若要求滴定分析结果的相对误差不大于 0.2%，那么试样称量及滴定剂体积测量的相对误差一般应各分配 0.1%（误差分配应比较合理，否则，如果对某项测量提出过高要求，可能在实际上做不到）。然后须分别讨论两项测量应如何满足相对误差为 0.1% 的要求，对于称量，一般使用全自动分析天平，精度为 $0.1mg$，称一份试样须两次读数，即绝对误差为 $0.2mg$。设应称取的试样重量为 G，则 $0.2/G\leqslant 0.1\%$，所以 $G\geqslant 200mg$，即称取试样应不少于 $200mg$。对于体积测量，一般 $50mL$ 滴定管可读取到

0.01mL。同理可得滴定剂体积 V 不少于 20mL。

2.4 有效数字及运算规则

定量分析中的各种测量值，需记录下来经过运算才能得到分析结果。应如何记录测量值，在运算中注意些什么问题，这正是本节要讨论的内容。

2.4.1 有效数字

各种测量值的表示，例如试样量 0.2340g，试样体积 20.12mL，吸光度 0.324，电位 124.5mV 等，不仅说明了数量的大小，而且也反映了测量的精确度。所谓有效数字，就是实际能测到的数字。可以把有效数字的位数定义为：与仪器精度相符的测量值的位数。

由于有效数字的位数决定于测量仪器的精度，只有数据中的最后一位是可疑数字，所以根据测量值的记录结果便可以推知所用仪器。例如试样重量记录为 0.4g，说明是使用台秤称得的结果，相对误差为：

$$E_r = \frac{\pm 0.2}{0.4} \times 100\% = \pm 50\%$$

记为 0.4000g，说明是使用万分之一天平称得的结果，相对误差为：

$$E_r = \frac{\pm 0.0002}{0.4000} \times 100\% = \pm 0.05\%$$

这说明有效数字意义重大。显然，似乎没有差别的 0.4g 与 0.4000g 之间却千差万别（相对误差相差 1000 倍）。

在确定有效数字时，应注意以下几点：

（1）数字"0"有时为有效数字，有时只起定位作用。如 20.50 有 4 位有效数字，其中的"0"都是有效数字。再如 0.0105 仅有 3 位有效数字，其中前两个"0"只起定位作用。

（2）pH、pM、pK_a 等，有效数字取决于小数部分的位数，整数部分只是 10 的方次。例如 pH=6.12，pM=5.46，pK_a=4.74 都只有两位有效数字，其真数值的有效数字位数应与此一致，分别为 $[H^+]=7.6 \times 10^{-7}$ mol/L、$[M]=3.6 \times 10^{-6}$ mol/L、$[K_a]=1.8 \times 10^{-5}$。

（3）有些数字，如 34000、45000 等，其有效数字的位数不定。因后面的"0"可能是有效数字，也可能仅起定位作用。为明确有效数字的位数，应采用如下表达形式。例如 34000 记为 3.4×10^4，表示有 2 位有效数字；记为 3.40×10^4，表示有 3 位有效数字。此外应注意，在变换单位时，有效数字位数不能变。例如 1.1g=1100mg=1100000μg。

（4）计算中涉及一些常数，如 π、$\sqrt{2}$、e（自然对数的底）以及一些自然数，如 $s_{\bar{x}} = s/\sqrt{n}$ 中的 n，可以认为是其有效数字位数很多或无限多。

2.4.2 数字修约规则

以前常用"四舍五入"法修约数字，但这种方法从数学角度上说存在一些问题。例如用"四舍五入"法把数据修约为 n 位有效数字，舍入误差如表：

第 $n+1$ 位数字	1	2	3	4	5	6	7	8	9
舍入误差	-1	-2	-3	-4	5	4	3	2	1

由于在大量数据的运算中第 $n+1$ 位上出现 1，2，…，9，这些数字的概率是相等的，所以 1，2，3，4 舍去的负误差可与 9，8，7，6 作为 10 进入 n 位的正误差抵消，唯独逢 5 即进产生的正误差无法抵消。显然这种因人为地舍入而引入的正误差是累积性的。

为了解决如上问题，人们提出"四舍六入五成双"这样一种较为科学的修约方法。所谓"四舍六入五成双"，即第 $n+1$ 位数 <5 则舍，>5 则入；如果 $=5$，那么 n 位数字为奇数则入，为偶数则舍（使 n 位数成双）。这样，由于第 n 位为奇数或偶数的概率各半，于是第 $n+1$ 位的 5 舍入概率各半，舍入误差恰好相互抵消。所以"四舍六入五成双"不会引入累积性的舍入误差，弥补了"四舍五入"法存在的缺陷，已被广泛采用。

2.4.3　运算规则

（1）加减法　根据误差的传递，在加减运算中，结果的绝对误差等于各数据绝对误差的代数和。既然是代数和，绝对误差最大者就会起决定作用。所以在加减运算中应使结果的绝对误差与各数据中绝对误差最大者相一致。例如：

$$
\begin{array}{r}
0.0124 \\
20.12 \\
1.236 \\
3.245 \\
+\,4.255 \\
\hline
?
\end{array}
$$

其中 20.12 的绝对误差最大，为 ±0.01，结果的绝对误差也应为 ±0.01。就是说小数点后第二位以后的数字进行运算已无必要，所以应将各数据以绝对误差最大者（即小数位数最少者）为准，先修约后运算。当然，也可以多保留一位，最后对结果再进行修约。如上例为：

$$
\begin{array}{rr}
0.01 & 0.012 \\
20.12 & 20.12 \\
1.24 & 1.236 \\
3.24 & 3.245 \\
+\;4.26 & +\;4.255 \\
\hline
28.87 & 28.87
\end{array}
$$

（2）乘除法　在乘除运算中，结果的相对误差等于各数据相对误差的代数和，可见各数据相对误差最大者起决定作用。所以在乘除运算中，结果的相对误差应与各数据中相对误差最大者相近。例如：

$$0.0124\times20.14\times1.2364=?$$

其中，0.0124 的相对误差最大，为 0.8%，结果的相对误差应与此接近。于是应以相对误差最大者（即有效数字位数最少者）为准，先修约，后运算。为了使结果更准确，修约时可多保留一位。如上例：

$$0.0124\times20.14\times1.2364=0.0124\times20.1\times1.24=0.309,或：$$
$$0.0124\times20.14\times1.2364=0.0124\times20.14\times1.236=0.30867=0.309$$

在乘除运算中，如果遇到第一位为 9 的数据，可以多算一位有效数字。如 9.13，可算作 4 位有效数字，因其相对误差为 0.1%，与 10.15、10.25 等这些 4 位有效数字的数据的相对误差相近。

2.4.4　测量值的记录

（1）正确记录测量值　记录测量值（通常称实验数据），保留一位可疑数字。如用万分之一的天平称量，将试样重量记为 0.521g，或 0.52100g 都不对，应记为 0.5210g；再如 50mL 的滴定管，可以读到 0.01mL，将试液体积记为 20.1mL 或 20.100mL 都不对，应记 为 20.10mL。此外，在使用移液管时更容易忽视有效数字，如使用 25mL 的移液管，将体 积记为 25mL 就不对，正确的应该是 25.00mL。

（2）正确表达分析结果　因为分析结果是由实验数据计算得来的，所以分析结果的有效 数字位数是由实验数据的有效数字位数决定的。在常规分析中，如滴定法和重量法，一般实 验数据为 4 位。涉及的计算为乘除法，根据有效数字运算规则可知分析结果也应是 4 位。对 于其他分析方法，应根据具体情况而定。

误差和偏差（包括标准偏差）的计算涉及到减法，有效数字一般为一位或两位。

在使用计算器时，要注意运算结果应有几位有效数字，不能不假思索地把所有显示数字 全部列出。

第3章 有限数据统计处理

3.1 总体的参数估计[1]

根据前章讨论可知，对于一个正态总体，虽然分布函数形式已知，但由于 μ、σ 两个基本参数未知，所以其值分布也是未知的。在通常情况下，分析工作者最感兴趣的就是 μ、σ 这两个未知参数。如何求得 μ、σ，正是本节要讨论的主要内容。

显然，由于不少测定是破坏性的，同时由于人力、物力、时间等各方面的限制，我们不可能通过测定无限多次去求得 μ、σ，常常只能进行有限次的测定，或者说只能得到总体的一个样本。由于样本来自总体，它必带有总体的特征，因此可以用样本的统计量去估计 μ 和 σ。样本的统计量即样本值根据一定的函数关系计算而得到函数值。

为了清楚了解正态总体的参数估计，首先应清楚随机变量的期望值与方差。

3.1.1 期望值和方差

3.1.1.1 期望值

定义：设 x 为具有密度函数 $f(x)$ 的连续型随机变量，当积分 $\int_{-\infty}^{\infty} x f(x) \mathrm{d}x$ 绝对收敛时，称它为 x 的期望值，记为：

$$E(x) = \int_{-\infty}^{\infty} x f(x) \mathrm{d}x \tag{3-1}$$

显然，这里定义的期望值由概率分布完全确定。例如，具有正态分布 $N(\mu, \sigma^2)$ 的随机变量 x 的期望值为：

$$E(x) = \int_{-\infty}^{\infty} x \frac{1}{\sigma\sqrt{2\pi}} \mathrm{e}^{-\frac{(x-\mu)^2}{2\sigma^2}} \mathrm{d}x \tag{3-2}$$

不难证明：

$$E(x) = \mu \tag{3-3}$$

3.1.1.2 方差

定义：设 x 为具有密度函数 $f(x)$ 的连续型随机变量，当积分 $\int_{-\infty}^{\infty} [xE(x)]^2 f(x) \mathrm{d}x$ 绝对收敛时，则称之为 x 的方差，记为：

$$D(x) = \int_{-\infty}^{\infty} [xE(x)]^2 f(x) \mathrm{d}x \tag{3-4}$$

显然，随机变量 x 的方差也由其概率分布完全决定。

由定义知，随机变量的方差为偏差平方的期望值，即随机变量在无限多次实验中偏差平

---

[1]　更详细的内容请参考概率论有关章节。

方的统计平均值。于是，随机变量的方差也可以表示为：

$$D(x) = E([x - E(x)]^2) = \lim_{n \to \infty} \frac{1}{n} \sum [x_i - E(x)]^2 \tag{3-5}$$

进一步推导可以证明，

$$D(x) = \sigma^2 \tag{3-6}$$

3.1.1.3 期望值与方差的运算

常用的运算规则如下：

（1）常数的期望值

$$E(a) = a \tag{3-7}$$

（2）设 x 和 y 是两个随机变量，则：

$$E(x+y) = E(x) + E(y) \tag{3-8}$$

$$E(x-y) = E(x) - E(y) \tag{3-9}$$

（3）若 a 为常数，则：

$$E(ax) = aE(x) \tag{3-10}$$

（4）若 x 为具有正态分布 $N(\mu, \sigma^2)$ 的随机变量，x_i 是 $N(\mu, \sigma^2)$ 的随机样本值，则：

$$E(x_i) = E(x) = \mu \tag{3-11}$$

$$D(x_i) = D(x) = \sigma^2 \tag{3-12}$$

这表明任何来自于同一总体 $N(\mu, \sigma^2)$ 的随机样本 x_i 都具有同样的期望值 μ 和同样的方差 $\sigma^2[D(x_i)$ 为随机变量 x_i 的方差，不同于样本方差 $s^2]$。因此，要从不同的样本出发对同一总体的这两个参数进行估计。

（5）若 x 和 y 是相互独立的随机变量，则：

$$D(x \pm y) = D(x) + D(y) \tag{3-13}$$

这称为方差的加和性。

（6）若 a 为常数，则：

$$D(ax) = a^2 D(x) \tag{3-14}$$

（7）若 a 为常数，则

$$D(x \pm a) = D(x) \tag{3-15}$$

3.1.2 参数估计

3.1.2.1 点估计

我们知道，虽然不能通过测定无限多次去获得总体参数 μ 和方差 σ^2，但可以利用样本的统计量对 μ 和 σ^2 进行估计。其中最大似然法就是应用较为广泛的一种。

（1）最大似然法　设 $x_1, \cdots x_i, \cdots x_n$ 为一组测量值，它为正态总体 $N(\mu, \sigma^2)$ 的一个随机样本。如果进行测量，测量值落在点 $(x_1, \cdots x_i, \cdots x_n)$ 的极小邻域内的概率分别为：

$$P_1 = f(x_1) dx_1$$
$$\vdots$$
$$P_i = f(x_i) dx_i$$
$$\vdots$$
$$P_n = f(x_n) dx_n$$

由于各测量值是相互独立的，相互独立的事件都出现的概率为各概率之积，因此测量值在点 $(x_1, \cdots x_i, \cdots x_n)$ 的极小邻域内都出现的概率为：

$$P_1 \cdots P_i \cdots P_n = \prod_{i=1}^{n} f(x_i) \mathrm{d}x_i \tag{3-16}$$

$\prod_{i=1}^{n} f(x_i) \mathrm{d}x_i$ 被称为联合概率。由于 $(x_1, \cdots x_i, \cdots x_n)$ 是实际得到的测量值,似乎应该承认测量值出现在它的邻域内的概率较大,即它比较容易发生,所以应选取使这一函数达到最大的参数值作为真参数的估计值。

称式(3-16)中的 $\prod_{i=1}^{n} f(x_i)$ 为似然函数,用 $L(\mu, \sigma^2)$ 表示。

$$L(\mu, \sigma^2) = \prod_{i=1}^{n} f(x_i) \mathrm{d}x_i = \prod_{i=1}^{n} \frac{1}{\sigma\sqrt{2\pi}} \mathrm{e}^{-\frac{(x_i-\mu)^2}{2\sigma^2}}$$

$$= \left(\frac{1}{\sigma\sqrt{2\pi}}\right)^n \mathrm{e}^{-\frac{\sum_{i=1}^{n}(x_i-\mu)^2}{2\sigma^2}} \tag{3-17}$$

联合函数达到最大,也即似然函数达到最大。由于 $L(\mu, \sigma^2)$ 与 $\ln L(\mu, \sigma^2)$ 有相同的极大值点,故先取对数,使数学处理较为方便。

$$\ln L(\mu, \sigma^2) = -\frac{n}{2}\ln(2\pi) - \frac{n}{2}\ln(\sigma^2) - \frac{1}{2\sigma^2}\sum_{i=1}^{n}(x_i-\mu)^2 \tag{3-18}$$

可得似然方程如下:

$$\begin{cases} \dfrac{\partial \ln L}{\partial \mu} = \dfrac{1}{\sigma^2}\sum_{i=1}^{n}(x_i-\mu) = 0 \\[2mm] \dfrac{\partial \ln L}{\partial \sigma^2} = \dfrac{1}{\sigma^2}\sum_{i=1}^{n}(x_i-\mu)^2 - \dfrac{n}{2\sigma^2} = 0 \end{cases}$$

解得:

$$\begin{cases} \hat{\mu} = \dfrac{1}{n}\sum_{i=1}^{n} x_i = \bar{x} \\[2mm] \sigma^2 = \dfrac{1}{n}\sum_{i=1}^{n}(x_i-\mu)^2 \end{cases} \tag{3-19}$$

故:

$$\hat{\sigma}^2 = \frac{1}{n}\sum_{i=1}^{n}(x_i-\hat{\mu})^2 = \frac{1}{n}(x_i-\bar{x})^2 = s_n^2 \tag{3-20}$$

用 $\hat{\mu}$、$\hat{\sigma}^2$ 分别表示 μ、σ^2 的近似值,故 $\bar{x}$、s_n^2 是参数 μ、σ^2 的最大似然估计。

(2) 优良估计的标准 用最大似然法可以对 μ 和 σ^2 进行估计,但却无法判断估计的优劣。一种优良的估计应符合如下标准:

① 无偏性 如果估计值的期望值等于被估计的参数真值,这种估计量称为参数的无偏估计量。无偏估计量围绕被估计的参数摆动,随着实验次数的增多逐步向参数的真值逼近。

由于 $E(x_i)=\mu$,$E(\bar{x})=\mu$,所以样本值 x_i、样本均值 $\bar{x}$ 都是 μ 的无偏估计量值。但由于:

$$E(s_n^2) = \frac{n-1}{n}\sigma^2 \tag{3-21}$$

所以,s_n^2 是 σ^2 的有偏估计。为得到 σ^2 的无偏估计,可将两边同乘以校正系数 $\dfrac{n}{n-1}$,

同时用 s^2 表示 $\dfrac{n}{n-1}s_n^2$，则有：

$$\frac{n}{n-1}E(s_n^2)=\frac{n}{n-1}\frac{n-1}{n}\sigma^2$$

$$E\left(\frac{n}{n-1}s_n^2\right)=\sigma^2$$

$$E(s^2)=\sigma^2 \tag{3-22}$$

可见，s^2 是 σ^2 的无偏估计量，这时 s^2 是 σ^2 的无偏估计值。s^2 为样本方差，s 为样本标准偏差。所以：

$$s^2=\frac{n}{n-1}s_n^2=\frac{n}{n-1}\times\frac{1}{n}\sum_{i=1}^{n}(x_i-\bar{x})^2$$

$$s=\sqrt{\frac{\sum_{i=1}^{n}(x_i-\bar{x})^2}{n-1}} \tag{3-23}$$

而：

$$\sigma=\sqrt{\frac{\sum_{i=1}^{n}(x_i-\mu)^2}{n}} \tag{3-23a}$$

这就是第二章中用到的公式。

② 有效性 在同一参数的不同估计量中，方差小的估计量有效。由此可知，虽然 x_i，$\bar{x}$ 都是 μ 的无偏估计量，但由于：

$$s_{\bar{x}}^2=\frac{s^2}{n}<s^2$$

所以样本平均值 $\bar{x}$ 作为 μ 的估计量比样本值 x_i 有效。

③ 充分性 如果作为估计参数用的统计量已经提取了样本中所有可利用的信息，这种估计称为充分估计。

由于 $\bar{x}$，s^2 及 s 都是所有样本值参与计算而得到的统计量，已经充分提取了样本中所有可利用的信息，它们分别作为 μ，σ^2，σ 的估计量均为充分估计。

总之，$\hat{\mu}=\bar{x}$，$\hat{\sigma}^2=s^2$，$\hat{\sigma}=s$ 均为优良估计。

3.1.2.2 区间估计

由以上讨论可知，$\bar{x}$ 作为 μ 的估计值，同时具有无偏性、有效性和充分性，为优良估计，所以常称 $\bar{x}$ 为最佳值或最可信赖值。这就是常用 $\bar{x}$ 表示测定结果的原因。

但由于点上的概率为零，即：

$$P(\bar{x}=\mu)=0 \tag{3-24}$$

所以随机变量 $\bar{x}$ 不可能恰好落在 μ 上。换句话说，$\bar{x}$ 不可能恰好等于 μ，这是"物理量的正确值是不可能得到的"这种论断的理论说明，也是"测定必有误差"这种结论最本质的阐述。

由于 $\bar{x}$ 不可能恰好等于 μ，点估计有不足之处，于是人们设想：$\bar{x}$ 既然为最佳值或最可信赖值，必非常靠近 μ，故可以用一个随机区间——$\bar{x}$ 的一个邻域去包含 μ，同时可以计算出这个区间能够包含 μ 的概率，这就是区间估计。用来包含 μ 的概率，称置信概率，或置信度。

由式(2-26)可得如下两式：

$$x = \mu \pm u\sigma \tag{3-25}$$

$$\mu = x \pm u\sigma \tag{3-26}$$

从概率的意义上讲，式(3-25)表示 x 落在区间 $\mu \pm u\sigma$ 内的概率。例如，x 落在区间 $\mu \pm 1.96\sigma$ 内的概率为 95.0%。式(3-26)表示区间 $x \pm u\sigma$ 能够包含 μ 的概率，例如区间 $x \pm 1.96\sigma$ 能够包含 μ 的概率为 95.0%。$x \pm u\sigma$ 就是用单次测定结果对 μ 进行区间估计时置信区间的一般式。

如果用平均值 $\bar{x}$ 进行区间估计，则有：

$$\mu = \bar{x} \pm \frac{u\sigma}{\sqrt{n}} \tag{3-27}$$

式(3-27)即为用平均值进行区间估计时置信区间的一般式。显然，如果置信度相同，平均值的置信区间较小；反之，若置信区间相同，则平均值的区间估计置信度较高。所以平均值的区间估计优于单次测定结果的区间估计。

如果 σ 已知，就可以直接用式(3-27)进行有关计算。当置信区间已确定，可算出 u 值，然后查表即可得到相应的置信概率；当置信概率一定，可先查表得到相应的 u 值，进而求得置信区间。

在有限次测定中，由于 σ 未知，于是用 s 代替 σ，定义一个新的变量 t：

$$t = \frac{x - \mu}{s} \tag{3-28}$$

其分布不再是正态分布，称为 t-分布。t-分布的概率密度函数为：

$$f(t) = \frac{\Gamma\left(\dfrac{f+1}{2}\right)}{\Gamma\left(\dfrac{f}{2}\right)\sqrt{f\pi}}\left(1 + \frac{t^2}{2}\right)^{\frac{f+1}{2}} \tag{3-29}$$

式中，$f = n - 1$，为自由度。$f(t)$ 值取决于 f 和 t 两个参数，参见图 3-1。

图 3-1 给出了一组不同 f 值的 t-分布曲线，所有 t-分布曲线都基本保持了正态分布曲线的形状，都以直线 $t = 0$（即纵轴）为对称轴。随 f 的增大，t-分布曲线逐渐趋近于正态分布曲线，当 $f \rightarrow \infty$，t-分布曲线即成为正态分布曲线。

当 f 一定，t-分布曲线就确定下来，t 一定，区间也随之确定，通过积分即可求出对应的概率 P。一般的表格列出一定 f 和 P 下的 t 值，称为 t 值表（见附表7）。由于 t 值取决于 f 和 P，故常加注脚说明，记为 $t_{\alpha,f}$，其中 $\alpha = 1 - p$，称为显著性水平。

由式(3-28)可得：

$$x = \mu \pm t_{\alpha,f}s \tag{3-30}$$

$$\mu = x \pm t_{\alpha,f}s \tag{3-31}$$

与式(3-27)类似，有：

$$\mu = \bar{x} \pm \frac{t_{\alpha,f}s}{\sqrt{n}} \tag{3-32}$$

$x \pm t_{\alpha,f}s$ 和 $\bar{x} \pm t_{\alpha,f}s/\sqrt{n}$ 分别为在有限次实验中用单次测定结果及用测定平均值对 μ 进行区间估计时，置信区间的一般形式。同前，置信区

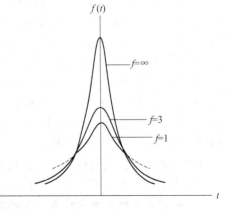

图 3-1　t-分布曲线

间对应的概率 P 为该区间能够包括 μ 的概率，称置信概率或置信度。而显著性水平 α 为该区间不能包括 μ 的概率，或估计失误的概率。

【例 3-1】 钢中铬的 5 次测定结果（%）为：1.12，1.15，1.11，1.16，1.12，1.12。根据这批数据估计铬的含量范围（$P=95\%$）。

解：$\bar{x}=1.13$，$s=0.022$

当 $P=0.95$，$\alpha=0.05$，$f=5-1=4$，$t_{a,f}=2.776$

$$\mu=\bar{x}\pm\frac{t_{a,f}s}{\sqrt{n}}=1.13\pm\frac{2.776\times0.022}{\sqrt{5}}$$
$$=1.13\pm0.03$$

即铬的含量范围为 $[1.10，1.16]$。

3.2 一般的统计检验

虽然从理论上讲，测量中的系统误差、随机误差与过失误差性质各异，不难分辨。但在实际过程中，例如定量分析过程中，这几种误差总是纠缠在一起，难以区分。统计检验就是利用数理统计方法对误差进行分析，从而正确地评价测量数据，并对如何有效改进实验提供有用的信息。

科研、生产及管理工作都离不开数据，而对这些数据的整理、分析、解释和处理都要用到统计方法。使用完善的统计方法可使数据排列有序，可用图形或一些重要参数把数据特征表达出来，从而得出恰如其分的结论。

3.2.1 离群值检验

在科学研究、工农业生产以及管理等各项工作中，每天都会产生大量数据，而对这些数据的整理、分析和解释都必须使用统计方法。不同来源获得的数据通常都是杂乱无章的，必须经过整理和减缩才能利用。使用完善的统计方法就可使数据整理、排列的有条有理；用图形或少量的几个重要参数，就可把一大堆数据的特征表达出来，这样既可避免不正确的解释，又可降低成本，提高效益。

测量值总有一定的波动性，这是随机误差所引起的正常现象。但有时发现在一组测量值中总会有一个或几个值明显偏大或偏小，似乎来自不同的总体，这样的测量值称为离群值或可疑值。离群值也许虽离群但并未超出随机误差的限度，属正常值，应保留，这样的离群值叫歧离值；也许已超出随机误差的限度，应舍去，称为统计离群值。那么，出现异常值的原因是什么？如何判断测量值应舍弃还是保留？离群值检验的目的就在于区分两类不同性质的误差：随机误差和系统误差。在实验中，如果已经知道存在过失误差，那么有关数据就应舍弃。如果不知道离群值是否存在过失或系统误差，则不应任意取舍，必须进行统计检验。

离群值可能是最大值，有可能是最小值，这两种情况分别称为上侧情形和下侧情形；有时最大值和最小值都可能是离群值，即离群值在双侧。上侧情形和下侧情形都属于单侧情形，一般可根据实际情况或以往经验加以判断；但若无法认定为单侧情形，则一般按双侧情形处理。单侧情形的检验步骤是：

① 根据实际情况或以往经验，选择适宜的离群值检验规则；
② 确定显著性水平；
③ 根据显著性水平和样本容量确定检验临界值；
④ 计算检验统计量的值，与临界值比较判断。

若有可能存在多个离群值，可按上述规则进行重复检验。若没有检出离群值，则检验停止；若检出的离群值过多，则应慎重处理。

检出离群值后，可以直接剔除，也可以追加新的测值，或找出原因予以修正，或予以保留。

在剔除水平（$\alpha = 0.01$）下，统计量的计算值大于临界值的离群值称为统计离群值。若统计量计算值大于检出水平（$\alpha = 0.05$）下的临界值而小于或等于剔除水平下的临界值，则为歧离值。根据实际问题的性质，可从以下离群值处理的三个规则中选择其一：

① 发现离群值后，要认真核查检测、计算过程，找到产生离群值的原因后予以剔除或修正；否则，保留歧离值，剔除或修正统计离群值。

② 对于含有多个离群值的情形，都要检验其是否为统计离群值；若某次检出的离群值为统计离群值，则该离群值及之前检出的离群值（含歧离值）都应被剔除或修正。

③ 检出的离群值（含歧离值）都应被剔除或进行修正。

另外，被剔除或修正的离群值及其理由应予记录备查。

（1）$4\bar{d}$ 法　根据测量值的概率分布可知，偏差大于 3σ 的测量值出现的概率约为 0.26%，此为小概率事件，而小概率事件在有限次实验中是不可能发生的，如果发生了，则是不正常的。即偏差大于 3σ 的测量值在有限次检验中是不可能的，如果出现，则为异常值，乃过失所致，应予舍弃。

由于 $\delta \approx 0.80\sigma$，所以 $3\sigma \approx 4\delta$，若用 $\bar{d}$ 代替 δ，即为"离群值偏差大于 $4\bar{d}$ 者舍去"。由于 $\bar{d} \neq \delta$，所以 $\bar{d}$ 代替 δ 会产生误差。但因 $4\bar{d}$ 法比较简便，不用查表，因此仍常被采用。但 $4\bar{d}$ 法准确度较差，只能作为离群值检验的参考。

$4\bar{d}$ 法的计算非常简单。先计算除去离群值后其他数据的平均值 $\bar{x}$ 和平均偏差 $\bar{d}$。如果离群值与 $\bar{x}$ 之差的绝对值大于等于 $4\bar{d}$，即：

$$|x - \bar{x}| \geqslant 4\bar{d} \tag{3-33}$$

则离群值为异常值，舍去。否则为正常值，保留。

【例 3-2】　测定碱灰的总碱量（$Na_2O\%$），得到 5 个数据：40.02，40.13，40.15，40.16，40.20。试问 40.02 应否舍去？

解：

除去 40.02 后，其余数据的平均值和平均偏差为：

$$\bar{x} = 40.16, \ \bar{d} = 0.02$$

$$4\bar{d} = 0.08$$

$$|40.02 - 40.16| = 0.14 > 0.08$$

所以 40.02 应舍去。

（2）Nair（奈尔）法　若已知样本的标准偏差，可利用正态分布检验是否存在离群值，这种方法称为奈尔法。奈尔法可检验上侧、下侧或上下两侧存在离群值的情况。方法如下：

① 计算统计量 R_n：

$$R_n = \frac{x_n - \bar{x}}{\sigma} \text{（最大值可疑）} \tag{3-34}$$

或：

$$R'_n = \frac{\bar{x} - x_1}{\sigma} \text{（最小值可疑）} \tag{3-35}$$

② 确定离群检出水平 α，查表得临界值 $R_{1-\alpha}(n)$，若计算值大于临界值，则存在离群值，否则无离群值。

③ 对于检出的离群值，确定剔除水平 α^n，查表得临界值 $R^n_{1-\alpha}(n)$，若计算值大于临界值，则为统计离群值，应剔除；否则为歧离值。

④ 对于双侧存在离群值的情形，需查表得临界值 $R_{1-\alpha/2}(n)$。若 $R_n > R'_n$，且 $R_n > R_{1-\alpha/2}(n)$，则最大值离群；若 $R'_n > R_n$，且 $R'_n > R_{1-\alpha/2}(n)$，则最小值离群。对于检出的离群值，首先查表得临界值 $R_{1-\alpha^*/2}(n)$，然后按③相同的方法分别判断最大值、最小值是统计离群值还是歧离值。

【例 3-3】 对某种化纤的纤维干收缩率（％）测试 25 个样品，其结果从小到大排列为：3.13、3.49、4.01、4.48、4.61、4.76、4.98、5.25、5.32、5.39、5.42、5.57、5.59、5.59、5.63、5.63、5.65、5.66、5.67、5.69、5.71、6.00、6.03、6.12、6.76。经验表明这种化纤的纤维干收缩率服从正态分布，已知 $\sigma = 0.65$，检查这些数据中是否存在下侧离群值（规定最多检出 3 个离群值）。

解：

① $\alpha = 0.05$。求得 25 个样品的平均值 $\bar{x} = 5.2856$

② $R'_n = \frac{\bar{x} - x_1}{\sigma} = \frac{5.2856 - 3.13}{0.65} = 3.316$

查得临界值 $R_{0.95}(25) = 2.815 < 3.316$，因此 x_1 是离群值。

确定剔除水平 $\alpha^* = 0.01$，查得临界值 $R_{0.99}(25) = 3.284 < 3.316$，故 $x_1 = 3.13$ 是统计离群值。

③ 去掉统计离群值 x_1，对余下的 24 个观测值进行检验，发现 $x_2 = 3.49$ 是歧离值；去掉 x_2 后继续检验，发现 $x_3 = 5.457$ 不是离群值，属于正常值。

（3）Dixon 检验法 在样品标准差未知的情况下可以使用 Dixon 法或 Grubbs 法进行检验。Dixon 法也包括单侧情形和双侧情形，其检验方法与 Nair 法类似，只是双侧情形检验时具有独立的临界值表，而不是与单侧情形使用同一个临界值表。

对于单侧情形，首先将同一试样的 n 次重复测定值从小到大排成 x_1，x_2，…，x_n，然后用不同的公式求得 D 值：最小值离群，D'_n；最大值离群，D_n。查表得到相应的临界值，比较判断离群值的取舍（见附表 2）。舍弃离群值后，再对剩余数据进行检验，直到无离群值。

双侧情形，首先从附表 3 中查得检出水平 α 下的临界值 $\tilde{D}_{1-\alpha}(n)$，同时求出 D'_n 和 D_n。当 $D_n > D'_n$，$D_n > \tilde{D}_{1-\alpha}(n)$，最大值 x_n 离群；当 $D'_n > D_n$，$D'_n > \tilde{D}_{1-\alpha}(n)$，最小值 x_1 离群；否则无离群值。在剔除水平 α^* 下，首先从附表 3 中查得检出水平 α^* 下的临界值 $\tilde{D}_{1-\alpha^*}(n)$，当 $D_n > D'_n$，$D_n > \tilde{D}_{1-\alpha^*}(n)$，最大值 x_n 为统计离群值，需舍弃；当 $D'_n > D_n$，$D'_n > \tilde{D}_{1-\alpha^*}(n)$，最小值 x_1 为统计离群值，需舍弃；否则为歧离值。

【例 3-4】 射击 16 发子弹，其射程按由小到大排列为：1125、1248、1250、1259、1273、1279、1285、1285、1293、1300、1305、1312、1315、1324、1325、1350。经验表明子弹射程符合正态分布。根据实际中的关注不同，分别对低端和高端值进行检验。

解：

① 单侧情形，检验低端值 1125。

$n = 16$，则：

$$D'_{16} = r'_{22} = \frac{x_3 - x_1}{x_{14} - x_1} = \frac{1250 - 1125}{1324 - 1125} = 0.6614$$

设定检出水平 $\alpha = 0.05$，查得：$D_{0.95}(16) = 0.505 < 0.6614$，所以 $x_1 = 1125$ 为离群值。

确定剔除水平 $\alpha'' = 0.01$，查得：$D_{0.99}(16) = 0.597 < 0.6614$，所以 $x_1 = 1125$ 为统计离群值。

② 双侧情形

$$D_{16} = r_{22} = \frac{x_{16} - x_{14}}{x_{16} - x_3} = \frac{1350 - 1324}{1350 - 1250} = 0.260$$

设定检出水平 $\alpha = 0.05$，附表 3 查得：$\tilde{D}_{0.95}(16) = 0.547 < 0.6614$，即 $D'_{16} > \tilde{D}_{0.95}(16)$，且 $D'_{16} > D_{16}$，所以 $x_1 = 1125$ 为离群值。

确定剔除水平 $\alpha^* = 0.01$，附表 3 查得：$\tilde{D}_{0.99}(16) = 0.629 < 0.6614$，即 $D'_{16} > \tilde{D}_{0.99}(16)$，且 $D'_{16} > D_{16}$，所以 $x_1 = 1125$ 为统计离群值。

（4）Grubbs（格拉布斯）法　Grubbs 法也包括单侧检验和双侧检验。

单侧检验：最小值或最大值可疑：

将一组数据从小到大排列成 x_1，x_2，…，x_n，其中 x_1 或 x_n 可能为离群值。先求出这组数据的平均值 $\bar{x}$ 及标准偏差 s，然后求出统计量 G。

若 x_1 为离群值。则：

$$G_n = \frac{x_n - \bar{x}}{s} \tag{3-36}$$

若 x_n 为离群值，则：

$$G'_n = \frac{\bar{x} - x_1}{s} \tag{3-37}$$

在检出水平 α 下，若计算 G 值大于表中所列临界值 $G_{1-\alpha}(n)$，则检测值为离群值。在剔除水平 α^* 下，若计算 G 值大于表中所列临界值 $G_{1-\alpha^*}(n)$，则检测值为统计离群值，否则为歧离值。

双侧情形：G 值计算方法如上。

在检出水平 α 下，若 $G_n > G'_n$，且计算 G_n 值大于表中所列临界值 $G_{1-\alpha/2}(n)$，则检测值 x_n 为离群值；若 $G'_n > G_n$，且计算 G'_n 值大于表中所列临界值 $G_{1-\alpha/2}(n)$，则检测值 x_1 为离群值。在剔除水平 α^* 下，若 G_n 值大于表中所列临界值 $G_{1-\alpha^*/2}(n)$，则检测值 x_n 为统计离群值；若 G'_n 值大于表中所列临界值 $G_{1-\alpha^*/2}(n)$，则检测值 x_1 为统计离群值。否则为歧离值。

【例 3-5】　用格鲁布斯法判断例 3-2 中的 40.02 应否舍去（$P = 95\%$）。

解：

$$\bar{x} = 40.13, s = 0.068$$

$$G'_n = \frac{40.13 - 40.02}{0.068} = 1.62$$

$$G_{0.95,5} = 1.672$$

$$G'_n < G_{0.95,5}$$

故 40.02 保留。

（5）Cochran 检验法　设由 l 个实验室进行协作实验，每个实验室重复测定 n 次，各实验室方差分别为 $s_1^2, s_2^2, \cdots s_i^2, \cdots, s_n^2$，进行 Cochran 检验的统计量计算公式为：

$$C_{l,n} = \frac{s_{\max}^2}{\sum\limits_{i=1}^{n} s_i^2} \tag{3-38}$$

式中，$s_{\max}^2$ 代表 l 个方差中的最大者。

如果 $n=2$，各实验室分析结果之差的平方分别为 $R_1^2, R_2^2, \cdots, R_i^2, \cdots, R_n^2$。$R_i^2 = (x_{i1} - x_{i2})^2$。可用 R_i 代替上式中的 s_i，即：

$$C_{l,n} = \frac{R_{\max}^2}{\sum\limits_{i=1}^{n} R_i^2} \tag{3-39}$$

然后根据 L、n 和显著性水平，从"附表 5 Cochran 最大方差检验的临界值"中查出统计量的临界值 $C_{l,n(\alpha)}$，再根据前述的判断准则，判断 $s_{\max}^2$ 是否为离群值。若是离群值则将它剔除，然后再继续检验，直到没有离群值为止。

3.2.2 平均值检验

3.2.2.1 基本原理

对于正态总体 $N(\mu, \sigma)$ 的子样，n 次测定结果的平均值为 $\bar{x}$，则有：

$$u = \frac{\bar{x} - \mu}{\sigma_{\bar{x}}} = \frac{\bar{x} - \mu}{\sigma / \sqrt{n}} \tag{3-40}$$

符合正态 $N(0,1)$。

$$P[-1.96, 1.96] = 0.9500$$
$$P(-\infty, -1.96) + P[1.96, \infty) = 0.0500$$

即 $|u| > 1.96$ 的概率 $P\{|u| > 1.96\} = 0.05$，这称为小概率事件。对于少数几次测量，出现这种情况的可能性很小。若这种事件发生了，则有 95% 的把握断定测值有问题。

3.2.2.2 u-检验法，即正态检验法

由

$$u = \frac{x - \mu}{\sigma} \tag{3-41}$$

$$u = \frac{\bar{x} - \mu}{\sigma_{\bar{x}}} = \frac{\bar{x} - \mu}{\sigma / \sqrt{n}} = \frac{\bar{x} - \mu}{\sigma} \sqrt{n} \tag{3-42}$$

可知，进行 u 检验的先决条件是必须已知总体标准偏差 σ。方法是：求得的 u 值与一定概率（若未指明，则取 95%）对应的 u 值比较。若求得的 u 偏大，则说明测值存在系统误差。否则，则在该概率下无系统误差。

【例 3-6】　某工厂实验室经过常年的例行分析，得知一种原材料中含铁量符合正态 N(4.55，0.11^2)。一天，某实验员对这种原材料测定 5 次，结果为：4.38，4.50，4.52，4.45，4.49。试问此测定结果是否存在系统误差？

解：

$$\mu = 4.55, \sigma = 0.11,$$

而：$\bar{x} = 4.47$

$$u = \frac{\bar{x} - \mu}{\sigma}\sqrt{n} = \frac{|4.47 - 4.55|}{0.11} \times \sqrt{5}$$
$$= 1.63 < 1.96 = u_{0.95}$$

即结果可靠，无系统误差。

【例 3-7】　随机抽取两种棉纱，分别以棉纱 1 和棉纱 2 表示，对其断裂强度进行测量，得结果如下：

棉纱 1：2.297　2.582　1.949　2.362　2.040　2.133　1.855　1.986　1.642　2.915

棉纱 2：2.286　2.327　2.388　3.172　3.158　2.751　2.222　2.367　2.247　2.512　2.104　2.707

根据历史记录，知其标准偏差分别为 0.3315 和 0.3113。对这两种棉纱的断裂强度进行比较。

解：

$$\bar{x}_1 = 2.1761, \quad n_1 = 10, \quad \sigma_1 = 0.3315$$
$$\bar{x}_2 = 2.5201, \quad n_2 = 12, \quad \sigma_2 = 0.3113$$

方差合并得到总方差：

$$\sigma_d = \sqrt{\frac{\sigma_1^2}{n_1} + \frac{\sigma_2^2}{n_2}} = \sqrt{\frac{0.1099}{10} + \frac{0.0969}{12}} = 0.1381$$

$$u = \frac{|x_1 - x_2|}{\sigma_d} = \frac{|2.1761 - 2.5201|}{0.1381} = 2.49 > 1.96 = u_{0.95}$$

即差值偏大，两棉纱断裂强度不同，第二种棉纱断裂强度更大。

3.2.2.3　t-检验

我们知道，在有限次测定中，由于 σ 未知，用 s 代替，测值不符合正态分布而符合 t-分布。t-分布的统计量为：

$$t = \frac{x - \mu}{s} \tag{3-28}$$

或：

$$t = \frac{\bar{x} - \mu}{s_{\bar{x}}} = \frac{\bar{x} - \mu}{s/\sqrt{n}} = \frac{\bar{x} - \mu}{s}\sqrt{n} \tag{3-43}$$

根据已知条件不同，可以进行不同的 t-检验，主要有以下 3 种：

（1）平均值与标准值的比较　为了判断一种方法、一种分析仪器、一种试剂以及某实验室或某人的操作是否可靠，即是否存在系统误差，可以将所得样本的平均值 $\bar{x}$ 与标准值 μ 进行比较，进行 t-检验。

如果样本（x_1，x_2，…，x_n）来自正态总体 $N(\mu, \sigma^2)$，假设无系统误差，那么样本均值 $\bar{x}$ 与标准值 μ 之间的偏离为随机误差所致（过失误差的数据已舍去）。由式：

$$\mu = \bar{x} \pm \frac{t_{\alpha, f} s}{\sqrt{n}} \tag{3-32}$$

可得：

$$\bar{x} = \mu \pm \frac{t_{\alpha, f} s}{\sqrt{n}} \tag{3-44}$$

可见，随机误差所引起的平均值 $\bar{x}$ 的波动范围为：

$$\left[\mu - \frac{t_{\alpha, f} s}{\sqrt{n}}, \mu + \frac{t_{\alpha, f} s}{\sqrt{n}} \right] \tag{3-45}$$

即随机误差引起的 $\bar{x}$ 对 μ 的偏差最大不超过 $t_{\alpha,f}s/\sqrt{n}$。

如果由下式：

$$t = \frac{|\bar{x} - \mu|}{s}\sqrt{n} \qquad (3\text{-}46)$$

求得的 t 值大于表中所列值 $t_{\alpha,f}$，说明 $\bar{x}$ 对 μ 的偏离已超出随机误差的范围，原假设不成立，必存在系统误差，称 $\bar{x}$ 与 μ 之间存在显著性差异。反之，如果求得的 $t < t_{\alpha,f}$，原假设无系统误差成立，即 $\bar{x}$ 与 μ 之间无显著性差异。基于这一原理，统计检验常被称为假设检验。

【例 3-8】 用一种方法测定标准试样中的二氧化硅含量（％），得以下 8 个数据：34.30，34.32，34.26，34.35，34.38，34.28，34.29，34.23。标准值为 34.33％。问这种新方法是否可靠（$P = 95\%$）？

解：$\bar{x} = 34.30$，$s = 0.048$

$$t = \frac{|\bar{x} - \mu|}{s}\sqrt{n} = \frac{|34.30 - 34.33|}{0.048}\sqrt{8} = 1.77$$

$$f = 8 - 1 = 7, \alpha = 0.05$$

$$t_{0.05,7} = 2.365$$

$$t < t_{0.05,7}$$

故新方法不存在系统误差，可靠。

此外，还可以把理论值，或用可靠方法测得的值作为标准值进行比较。在产品检验中也可以把产品应符合的规格作为标准值进行比较。

【例 3-9】 某药厂生产复合维生素丸，要求每 50g 维生素丸中含铁 2400mg。现从一批产品中进行随机抽样检查，5 次测定结果分别为：2372，2409，2395，2399，2411。产品含铁量是否合格？（$P = 95\%$）

解：$\bar{x} = 2397$，$s = 16$

$$t = \frac{|\bar{x} - \mu|}{s}\sqrt{n} = \frac{|2397 - 2400|}{16}\sqrt{5} = 0.42$$

$$t_{0.05,4} = 2.776$$

$$t < t_{0.05,4}$$

即：这批复合维生素丸的含量合格。

（2）两个平均值的比较 在定量分析中，常发现即使同一操作者用同一方法测定由同一总体抽取的样本，所得各种样本的平均值也不相等。如果是不同实验室，不同操作者，用不同方法进行测定，样本平均值的差别也许更大些。这种不相等或者差别，可能实际上并无显著性差异，只是由于在有限次测定中，随机误差不可能完全消除，致使样本平均值之间有些波动；也可能各平均值之间确有显著差异，即各平均值之间的差别已超出随机误差的范围，有系统误差存在。那么究竟属于哪一种情况呢？在直观上常常难以判断，这就需要通过 t-检验对两个平均值进行比较。

以下两个样本（我们用容量 n 及两个主要统计量 $\bar{x}$，s 来表示样本）：

$$n_1, \bar{x}_1, s_1 \rightarrow N(\mu_1, \sigma_1^2)$$

$$n_2, \bar{x}_2, s_2 \rightarrow N(\mu_2, \sigma_2^2)$$

假设来自同一总体，即假设 $\mu_1 = \mu_2$，$\sigma_1 = \sigma_2$，由于 $\bar{x}_1$，$\bar{x}_2$ 分别为 μ_1，μ_2 的最佳估计值，所以 $\bar{x}_1 \approx \bar{x}_2$，差值 $R = \bar{x}_1 - \bar{x}_2$ 应接近于零。由于随机误差引起的波动范围为：

$$R = (\mu_1 - \mu_2) \pm t_{\alpha,f} s_R = 0 \pm t_{\alpha,f} s_R$$

即 $[-t_{\alpha,f} s_R, \ t_{\alpha,f} s_R]$。如果由下式：

$$t = \frac{|R - 0|}{s_R} = \frac{|\bar{x}_1 - \bar{x}_2|}{s_R} \tag{3-47}$$

求得的 t 值大于表列临界值 $t_{\alpha,f}$，原假设不成立，$\mu_1 \neq \mu_2$，两样本不属于同一总体，说明 $\bar{x}_1$ 与 $\bar{x}_2$ 之间有显著性差异，存在系统误差。否则，如果 $t < t_{\alpha,f}$，原假设创立，$\mu_1 = \mu_2$，两样本属于同一总体，$\bar{x}_1$ 与 $\bar{x}_2$ 间无显著性差异，不存在系统误差，$\bar{x}_1$ 与 $\bar{x}_2$ 不相等或者有限的差异是随机误差引起的波动所致。

要计算 t 值，首先要求出 s_R：

$$s_R^2 = s_{\bar{x}_1}^2 + s_{\bar{x}_2}^2 = \frac{s_1^2}{n_1} + \frac{s_2^2}{n_2} \tag{3-48}$$

如果根据 F-检验已证明两样本的精密度无显著性差异，可认为 $s_1^2 \approx s_2^2 \approx s^2$，故：

$$s_R = s \sqrt{\frac{n_1 + n_2}{n_1 n_2}} \tag{3-49}$$

$$t = \frac{|\bar{x}_1 - \bar{x}_2|}{s} \sqrt{\frac{n_1 n_2}{n_1 + n_2}} \tag{3-50}$$

$$s = \sqrt{\frac{\sum\limits_{i=1}^{n}(x_{1i} - \bar{x}_1)^2 - \sum\limits_{i=1}^{n}(x_{2i} - \bar{x}_2)^2}{n_1 + n_2 - 2}}$$

$$= \sqrt{\frac{(n_1 - 1)s_1^2 + (n_2 - 1)s_2^2}{n_1 + n_2 - 2}} \tag{3-51}$$

$$t = |\bar{x}_1 - \bar{x}_2| \sqrt{\frac{n_1 n_2 (n_1 + n_2 - 2)}{(n_1 + n_2)[(n_1 - 1)s_1^2 + (n_2 - 1)s_2^2]}} \tag{3-52}$$

【例 3-10】　一分析人员用新方法和标准方法测定了某试样中的含铁量，得到如下结果（%）：

新方法：23.28，23.36，23.43，23.38，23.30

标准方法：23.44，23.41，23.39，23.35

问两种方法有无显著性差异，即新方法是否存在系统误差（$P = 95\%$）？

解：

$$n_1 = 5 \quad \bar{x}_1 = 23.35 \quad s_1 = 0.061 \quad s_1^2 = 0.0037$$

$$n_2 = 4 \quad \bar{x}_2 = 23.40 \quad s_2 = 0.038 \quad s_2^2 = 0.0014$$

F-检验已证明两组数据精密度无显著性差异，所以：

$$t = |23.35 - 23.40| \times \sqrt{\frac{5 \times 4 \times (5 + 4 - 2)}{(5 + 4)[(5 - 1) \times 0.061^2 + (4 - 1) \times 0.038^2]}}$$

$$= 1.42$$

$$f = n_1 + n_2 - 2 = 5 + 4 - 2 = 7, \alpha = 1 - P = 1 - 0.95 = 0.05$$

$$t_{0.05,7} = 2.365$$

$$t < t_{0.05,7}$$

所以两种方法间无显著性差异，可以认为新方法不存在系统误差。

显然，如果一组数据无限多，又无系统误差，如上例中，用标准方法测定无限多次，即

$n_2 \to \infty$，则 $\bar{x}_2 = \mu$。那么式(3-52)就变成式(3-46)。所以，也可把平均值与标准值的比较看作两平均值比较的一个特例。

（3）配对比较　在科研和生产中，常常要作配对比较，用于进行天然成对数据的检验，如飞机轮胎强度或耐磨性实验等；或进行两个并非互相独立的样本（或称两组数据的检验）。这种比较有利于减少其他因素的影响，更好地揭露本质，只是实验设计要求严格些。

对于配对比较所获得的两个样本的分析，可以转化为对一个样本进行 t-检验。具体方法是：

第一步：首先按一定顺序求出每一对数据的差值 d_i：

$$d_i = x_i - y_i \qquad (i = 1, \cdots, n) \tag{3-53}$$

第二步：求出差值 d_i 的平均值及标准偏差

$$\bar{d} = \frac{1}{n} \sum_{i=1}^{n} d_i \tag{3-54}$$

$$s_d = \sqrt{\frac{\sum_{i=1}^{n} (d_i - \bar{d})^2}{n-1}} \tag{3-55}$$

第三步：计算 t-检验统计量

$$t = \frac{\bar{d} - \mu_d}{s_d / \sqrt{n}} = \frac{\bar{d}}{s_d / \sqrt{n}} \tag{3-56}$$

其中 t 值服从自由度 $f = n - 1$ 的 t-分布。

【例3-11】　某化工厂用两种流速生产无水醇，作配对实验比较其含醇率，结果如表。试比较两种流速的含醇率是否一致。

编号	1	2	3	4	5	6	7	8	9	10
x	95	97	94	96	92	92	95	92	86	92
y	98	95	98	99	96	96	94	90	89	96
$d = x - y$	-3	2	-4	-3	-4	-4	1	2	-3	-4

解：

令 $d = x - y$，求得结果一并列于表中，并求得：

$$\bar{d} = -2, \quad s_d = 2\sqrt{5/3}, \quad f = n - 1 = 10 - 1 = 9$$

$$t = \frac{\bar{d}}{s_d / \sqrt{n}} = \frac{-2}{2\sqrt{5/3}} \times \sqrt{10} = -2.499$$

查表，得 $t_{0.05,9} = 2.262$

$$|t| > t_{0.05,9}$$

因此，流速对含醇率有影响。

3.2.3　F-检验

设两个样本来自同一总体，方差分别为 s_1^2 和 s_2^2，两个方差之比用 F 表示：

$$F = \frac{s_1^2}{s_2^2} \tag{3-57}$$

F 为随机变量，其概率分布称为 F 分布，其概率密度函数为：

$$f(F) = \frac{\Gamma\left(\dfrac{f_1 + f_2}{2}\right)}{\Gamma\left(\dfrac{f_1}{2}\right)\Gamma\left(\dfrac{f_2}{2}\right)}\left(\dfrac{f_1}{f_2}\right)\left(\dfrac{f_1}{f_2}F\right)^{\frac{f_1}{2}-1}\left(1 + \dfrac{f_1}{f_2}F\right)^{-\frac{f_1+f_2}{2}} \tag{3-58}$$

此函数又称为菲希尔（Fisher）分布函数，函数值取决于 F 值及自由度 f_1 和 f_2。F-分布曲线示意图如图 3-2。

F-分布表见附表 8。

F-检验用于比较两个样本的精密度有无显著性差异。其原理如下：

假设两个样本：

$$n_1, \bar{x}_1, s_1 \rightarrow N(\mu_1, \sigma_1^2)$$

$$n_2, \bar{x}_2, s_2 \rightarrow N(\mu_2, \sigma_2^2)$$

来自同一总体，即 $\mu_1 = \mu_2$，$\sigma_1^2 = \sigma_2^2$，由于 $s_1^2 = \sigma_1^2$，$s_2^2 = \sigma_2^2$，所以 $s_1^2 \approx s_2^2$。随着测定次数的增多，统计量 $F = s_1^2/s_2^2$ 将趋近于 1。在有限次测定中，虽不可能等于 1，但应接近于 1，在有限的范围内波动。

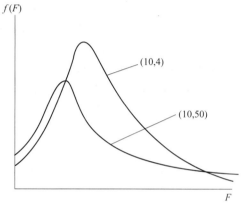

图 3-2　F-分布曲线

如果求得的 F 值大于表列临界值，说明波动超出有限范围，原假设不成立，$\sigma_1^2 \neq \sigma_2^2$，两个样本精密度存在显著性差异。否则，如果 $F < F_{\alpha, (f_1, f_2)}$，原假设成立，$\sigma_1^2 = \sigma_2^2$，两个样本的精密度不存在显著性差异。其中 f_1 为大方差的自由度，f_2 为小方差的自由度，计算 F 值时均以大方差为分子，小方差为分母。

【例 3-12】　用 F-检验判断例 3-10 中新方法与标准方法的精密度之间有无显著性差异（置信度 95%）。

解：

$$s_1^2 = 0.0037, s_2^2 = 0.0014$$

$$F = \frac{s_1^2}{s_2^2} = \frac{0.0037}{0.0014} = 2.64$$

$$F_{0.05, (4, 3)} = 9.12$$

$$F < F_{0.05, (4, 3)}$$

说明新方法与标准方法的精密度之间不存在显著性差异。

【例 3-13】　用原子吸收法和比色法同时测定某试样中的铜，各进行了 8 次测定。比色法 $s_1^2 = 8.0 \times 10^{-4}$，原子吸收法 $s_2^2 = 6.5 \times 10^{-4}$。问两种方法的精密度是否存在显著性差异（置信度 95%）？

解：

$$F = \frac{s_1^2}{s_2^2} = \frac{8.0 \times 10^{-4}}{6.5 \times 10^{-4}} = 1.23$$

$$F_{0.025,(7,7)} = 4.99$$

$$F < F_{0.025,(7,7)}$$

故两种方法的精密度不存在显著性差异。

此例与上例不同，在上例中，只存在新方法精密度不如标准方法一种情况。而在本例中，可能原子吸收法显著地优于比色法，也可能比色法精度显著地优于原子吸收法。不管是哪种情况，都说明二者的精密度之间存在显著性差异，故属于双侧检验。附表中列出的为单侧检验的 F 临界值。对于双侧检验，若给定显著性水平 α，要在表中查 $F_{\alpha/2}$ 值。所以本例中 $\alpha = 1 - 0.95 = 0.05$。要在表中查 $F_{0.025}$ 的值。

F-检验的目的是比较两样本的精密度，精密度仅取决于随机误差，与系统误差无关，因此进行 F-检验之前，不需进行 t-检验。t-检验的目的在于说明样本平均值的准确度，因准确度同时取决于精密度和系统误差，只有在精密度基本一致的前提下方可检验是否存在系统误差，故在 t-检验之前必须首先进行 F-检验。

第4章 方差分析

在生产实践中，人们经常遇到这样的问题，在各种因素错综复杂的作用下，要确定哪种因素对结果的影响大，哪种因素对结果的影响小，因素间是否存在相互作用，以及实验条件的最优化等，就需要应用一些统计手段。英国统计学家菲尔希发展的方差分析就是解决这类问题的方法之一。

通常称多次实验结果之间的差异为变差，变差一般用偏差平方和表示。各因素形成的偏差平方和相加恰好等于总偏差平方和，此为偏差平方和的加和性，是建立方差分析的基础。

4.1 概述

4.1.1 基本概念

在分析化学中，一种分析方法的确立，都要研究各种实验条件对测值的影响，如温度、酸度、时间、浓度等对吸光度 A 或稳定常数 $k'_稳$ 的影响等。每个影响条件都可能取若干不同的值，如温度取 20℃、25℃、30℃、80℃，时间取 2min、5min、30min、60min，pH 取 3.4、7、9.1 等，每次实验得到一个结果，如吸光度、待测物浓度、待测物含量（纯度）等。

在这里，不同的实验条件，如温度、时间、酸度等称为因素，因素即对结果产生影响的各种条件、方式、方法等。而一种因素各种不同的状态，如温度、压力等的不同取值，称为水平。

指标即结果的标志，可以体现为收率、产量等。

有时，将一种试样分发给多个实验室分别测定，或用若干种方法测定同一试样。此处，实验室或分析方法可视为因素，不同实验室即不同水平，不同分析方法也可称为水平。

还有两个概念需再明确一下，即系统误差和偶然误差。

偶然误差：因未能控制的"偶然因素"引起的误差叫"实验误差"，即"随机误差"。

系统误差：由于实验因素的变异引起实验结果的数量差异，也称为"条件误差"。

从本章开始，对系统误差和偶然误差的概念需要换一个角度来理解，即不能只局限于"误差"，而是应理解为：从统计学角度它们相当于误差，实际上它们是由于因素水平的变化而导致了结果的数量差异。

用方差对比的方法，通过实验观察一种或多种因素的变化对实验结果的影响，从而选取最优方案的分析方法称为方差分析。

第2章中提到，标准误 $s_{\bar{x}}$ 反映了样本平均数的离散程度。标准误越小，说明样本平均数与总体平均数越接近。否则，表明样本平均数比较离散。显然，标准误反映样本平均数对总体平均数的变异程度，是量度结果精密度的指标。方差分析也就是利用了标准误的这一特点。

【例 4-1】 进行某化学合成时，为了考查催化剂对收率的影响，分别用 5 种不同催化剂独立地进行了试验，每一种催化剂试验 4 次，得收率如表。问：催化剂对收率有无影响？

本例中：

因　　素：催化剂；

水　　平：5 种；

指　　标：收率；

偶然误差：每一种催化剂下所得结果的标准偏差 s；

系统误差：各催化剂下所得平均值的差异。

催化剂	1	2	3	4	5
收率/%	0.86	0.80	0.83	0.76	0.96
	0.89	0.83	0.90	0.81	0.95
	0.91	0.88	0.94	0.84	0.93
	0.90	0.84	0.85	0.82	0.94
平均值	0.8900	0.8375	0.8800	0.8075	0.9450

4.1.2 方法

把全部数据关于总平均值的方差分解成几个部分，每一部分表示方差的一种来源，将各种来源的方差进行比较，从而判断实验各有关因素对实验结果的影响大小。

4.2 单因素方差分析

例 4-1 就属于一种单因素方差分析。将一种试样分发给几个实验室分别测定，由一个人或一个小组用几种不同的方法测定一种试样，或研究一种条件，如温度对显色反应的影响等，都属于单因素实验。此处，方差分析的目的是考查一个因素的 m 个水平对实验结果是否存在显著性差异。

单因素方差分析的数学模型是：

$$x_{ij} = \mu + \alpha_i + r_{ij} \tag{4-1}$$

式中，μ 是总体均值；α_i 是 i 水平（$i = 1, 2, \cdots, m$，m 为水平数）对结果的影响，即 i 水平下的系统误差；r_{ij} 是随机误差（$j = 1, 2, \cdots, n_i$，n_i 为水平重复数）。该数学模型的意义是：在因素不同水平的作用下，实验结果由三部分组成，总平均值、因素作用和随机误差。

由（4-1）式得：

$$x_{ij} - \mu = (x_{ij} - \mu_i) + (\mu_i - \mu) = r_{ij} + \alpha_i \tag{4-2}$$

若：

$$x_{ij} - \mu > 0 \tag{4-3}$$

则存在系统误差，此时：

$$\alpha_i > 0 \tag{4-4}$$

即因素影响明显。

4.2.1 单因素方差分析基本公式

设有 m 个相互独立的正态总体 $N(\mu_1, \sigma_1^2)$，$N(\mu_2, \sigma_2^2)$，$\cdots$，$N(\mu_i, \sigma_i^2)$，$\cdots$，$N(\mu_m, \sigma_m^2)$，各个总体的方差相等，即 $\sigma_1^2 = \sigma_2^2 = \cdots = \sigma_i^2 = \cdots = \sigma_m^2 = \sigma^2$。现从各总体中抽取容量为

n_i 的随机样本：

$$x_{i1}, x_{i2}, \cdots, x_{ij}, \cdots, x_{in_i} \quad (i=1,2,\cdots,m; j=1,2,\cdots,n_i) \tag{4-5}$$

设 $\bar{x}_i$ 为从第 i 个总体抽取的样本平均值（组平均值），$\bar{x}$ 为总平均值，n 为从 m 个总体中抽取的样本的总容量。则：

$$\bar{x}_i = \frac{1}{n_i} \sum_{j=1}^{n_i} x_{ij} \tag{4-6}$$

$$\bar{x} = \frac{1}{n} \sum_{i=1}^{m} \sum_{j=1}^{n_i} x_{ij} = \frac{1}{n} \sum_{i=1}^{m} n_i \bar{x}_i \tag{4-7}$$

$$n = \sum_{i=1}^{m} n_i \tag{4-8}$$

将以上公式列于表 4-1。

表 4-1　样本对照表

因数水平	对应总体	样本（实验结果）	样本均值
1	$N(\mu_1, \sigma_1^2)$	$x_{11}, x_{12}, \cdots, x_{1j}, \cdots, x_{1n_1}$	$\bar{x}_2 = \frac{1}{n_1} \sum_{j=1}^{n_1} x_{1j}$
2	$N(\mu_2, \sigma_2^2)$	$x_{21}, x_{22}, \cdots, x_{2j}, \cdots, x_{2n_2}$	$\bar{x}_2 = \frac{1}{n_2} \sum_{j=1}^{n_2} x_{2j}$
$\vdots$	$\vdots$	$\vdots$	$\vdots$
i	$N(\mu_i, \sigma_i^2)$	$x_{i1}, x_{i2}, \cdots, x_{ij}, \cdots, x_{in_i}$	$\bar{x}_i = \frac{1}{n_i} \sum_{j=1}^{n_i} x_{ij}$
$\vdots$	$\vdots$	$\vdots$	$\vdots$
m	$N(\mu_m, \sigma_m^2)$	$x_{m1}, x_{m2}, \cdots, x_{mj}, \cdots, x_{mn_m}$	$\bar{x}_m = \frac{1}{n_m} \sum_{j=1}^{n_m} x_{mj}$

4.2.2　偏差平方和

设 Q 为偏差平方和，即所有样本测值与总平均值之差的平方和，则：

$$Q = \sum_{i=1}^{m} \sum_{j=1}^{n_i} (x_{ij} - \bar{x})^2 = \sum_{i=1}^{m} \sum_{j=1}^{n_i} [(x_{ij} - \bar{x}_i) + (\bar{x}_i - \bar{x})]^2$$

$$= \sum_{i=1}^{m} \sum_{j=1}^{n_i} (x_{ij} - \bar{x}_i)^2 + \sum_{i=1}^{m} \sum_{j=1}^{n_i} (\bar{x}_i - \bar{x})^2 + 2 \sum_{i=1}^{m} \sum_{j=1}^{n_i} (x_{ij} - \bar{x}_i)(\bar{x}_i - \bar{x}) \tag{4-9}$$

式中最后一项为协方差，由于随机误差和系统误差相互独立，而且：

$$n_i \bar{x}_i = \sum_{j=1}^{n_i} x_{ij}$$

所以：

$$\sum_{i=1}^{m} \sum_{j=1}^{n_i} (x_{ij} - \bar{x}_i)(\bar{x}_i - \bar{x}) = \sum_{i=1}^{m} (\bar{x}_i - \bar{x}) \sum_{j=1}^{n_i} (x_{ij} - \bar{x}_i) = \sum_{i=1}^{m} (\bar{x}_i - \bar{x})(\sum_{j=1}^{n_i} x_{ij} - n_i \bar{x}_i) = 0$$

即独立变量的协方差为零，这也是数理统计的一条重要结论。

令 Q_e、U_1 分别代表随机误差和系统误差，即：

$$Q_e = \sum_{i=1}^{m} \sum_{j=1}^{n_i} (x_{ij} - \bar{x}_i)^2 \tag{4-10}$$

$$U_1 = \sum_{i=1}^{m} \sum_{j=1}^{n_i} (\bar{x}_i - \bar{x})^2 \tag{4-11}$$

则：

$$Q = Q_e + U_1 \tag{4-12}$$

式(4-12)为单因素方差分析的基本关系式，它说明了偏差平方和具有加和性，即总偏差平方和可以分解为具有不同来源的若干项。其中 Q_e 为组内偏差平方和，反映了各水平下多次实验结果间的差异。由于因素影响完全相同，所以它是结果随机波动所致，属于随机误差。U_1 为组间偏差平方和，它反映了各样本平均值间的差异，即在因素的不同水平下实验结果相互间的差异，它说明了因素的不同水平对结果的影响。若组间误差不显著，即没有超出随机误差的波动范围，说明诸样本属于同一总体，即：$\mu_1 = \mu_2 = \cdots = \mu_i = \cdots = \mu_m$，亦即该因素在 $1 \sim m$ 范围内对结果无影响（但 $1 \sim m$ 范围外不一定，万勿随意推广）。如果差异显著，超出了随机误差的波动范围，说明诸样本不属于同一总体，即各总体均值不等，结论是该因素对实验结果有影响。差异越大，影响越大，控制也更难，因此应选择最佳水平，严格控制。

如何判断各样本均值间的差异呢？如果能构造一个统计量，根据统计量的大小来判断，就可非常方便地得出结论。

4.2.3 方差分析统计量

（1）自由度 令 f、f_e 及 f_1 分别为总自由度、组内（随机误差）自由度和组间自由度，则：

$$f = \sum_{i=1}^{m} n_i - 1 = n - 1 \tag{4-13}$$

$$f_e = \sum_{i=1}^{m} (n_i - 1) = n - m \tag{4-14}$$

$$f_1 = m - 1 \tag{4-15}$$

它们之间的关系为：

$$f = f_e + f_1 \tag{4-16}$$

这就是自由度的加和性。

（2）方差 令 s^2、s_e^2 和 s_1^2 分别为总方差、组内方差和组间方差，则：

$$s^2 = \frac{Q}{f} = \frac{Q}{n-1} \tag{4-17}$$

$$s_e^2 = \frac{Q_e}{f_e} = \frac{Q_e}{n-m} \tag{4-18}$$

$$s_1^2 = \frac{U_1}{f_1} = \frac{U_1}{m-1} \tag{4-19}$$

（3）统计量 F 为构造统计量，先求出 Q_e，U_1 的期望值。

$$E(Q_e) = E\Big[\sum_{i=1}^{m}\sum_{j=1}^{n_i}(x_{ij}-\bar{x}_i)^2\Big]$$

$$= \sum_{i=1}^{m}E\Big[\sum_{j=1}^{n_i}(x_{ij}-\bar{x}_i)^2\Big]$$

$$= \sum_{i=1}^{m}(n_i-1)\sigma^2$$

$$= (n-m)\sigma^2 \tag{4-20}$$

所以：

$$E\Big(\frac{Q_e}{n-m}\Big) = \sigma^2 \tag{4-21}$$

即：

$$E(s_e^2) = \sigma^2 \tag{4-22}$$

可见，不管各总平均值 μ_1，μ_2，…，μ_i，…，μ_m 是否相等，s_e^2 为 σ^2 的无偏估计量。

令：

$$\mu = \frac{1}{n}\sum_{i=1}^{m}n_i\mu_i \tag{4-23}$$

则：

$$E(U_1) = E\Big(\sum_{i=1}^{m}\sum_{j=1}^{n_i}(\bar{x}_i-\bar{x})^2$$

$$= E\Big(\sum_{i=1}^{m}n_i\big[(\bar{x}_i-\mu)-(\bar{x}-\mu)\big]^2$$

$$= E\Big(\sum_{i=1}^{m}n_i\big[(\bar{x}_i-\mu)^2-2(\bar{x}_i-\mu)(\bar{x}-\mu)+(\bar{x}-\mu)^2\big]$$

$$= E\Big[\sum_{i=1}^{m}n_i(\bar{x}_i-\mu)^2\Big]+E\big[n(\bar{x}-\mu)^2\big]-2E\big[\sum n_i(\bar{x}_i-\mu)(\bar{x}-\mu)\big]$$

$$= E\Big[\sum_{i=1}^{m}n_i(\bar{x}_i-\mu)^2\Big]+nE(\bar{x}-\mu)^2-2nE\big[(\bar{x}-\mu)^2\big]$$

$$= E\Big(\sum_{i=1}^{m}n_i\big[(\bar{x}_i-\mu_i)+(\mu_i-\mu)\big]^2\Big)-nE(\bar{x}-\mu)^2$$

$$= \sum_{i=1}^{m}n_iE\big[(\bar{x}_i-\mu_i)^2\big]+2\sum_{i=1}^{m}n_i(\mu_i-\mu)E(\bar{x}_i-\mu_i)+\sum_{i=1}^{m}n_iE\big[(\mu_i-\mu)^2\big]-nD(\bar{x})$$

$$= \sum_{i=1}^{m}n_iD(\bar{x}_i)+\sum_{i=1}^{m}n_i(\mu_i-\mu)^2-nD(\bar{x})$$

$$= \sum_{i=1}^{m}n_i\frac{\sigma^2}{n_i}+\sum_{i=1}^{m}n_i(\mu_i-\mu)^2-n\frac{\sigma^2}{n}$$

$$= (m-1)\sigma^2+\sum_{i=1}^{m}n_i(\mu_i-\mu)^2 \tag{4-24}$$

其中，$E(\bar{x}_i-\mu_i)=0$，即偏差的期望值为零。由上式可得：

$$E\Big(\frac{U_1}{m-1}\Big) = \sigma^2+\frac{1}{m-1}\sum_{i=1}^{m}n_i(\mu_i-\mu)^2 \tag{4-25}$$

即：

$$E(s_1^2) = \sigma^2+\frac{1}{m-1}\sum_{i=1}^{m}n_i(\mu_i-\mu)^2 \tag{4-26}$$

可见，只有当 $\mu_1=\mu_2=\cdots=\mu_i=\cdots=\mu_m$ 时，s_1^2 才是 σ^2 的无偏估计值。否则它的期望值要大于 σ^2。

式(4-26) 右边第二项表达了因素不同水平的影响，要弄清因素的 m 个水平对实验结果的影响是否存在显著性差异，只需判断第二项是否存在就可以了。为达此目的，仍然可以用 F-检验，即用如下统计量：

$$F=\frac{s_1^2}{s_e^2}=\frac{U_1/(m-1)}{Q_e/(n-m)} \tag{4-27}$$

从形式上看，结合式(4-11) 可知，式(4-19) 表示的是几个平均值的标准误，即因素的不同水平下结果的离散程度，即因素不同水平的影响。因此，式（4-27）表示的就是结果的离散程度和偶然误差的比较。显然，若该比值不符合 F-分布，因素的不同水平下的结果必然存在系统误差，即因素对结果有影响。

不难设想，若因素的 m 个水平对实验结果的影响不存在显著性差异，则相当于各总体均值相等，那么式(4-26) 右边第二项为零，s_1^2 与 s_e^2 有相同的期望值，即 s_1^2 与 s_e^2 都是 σ^2 的无偏估计值。当测定次数很多时，统计量 F 应接近1；当测定次数有限，F 应在有限范围内波动。如果因素不同水平对实验结果存在显著性影响，相当于各总体均值不等，那么式(4-26) 右边第二项不为零，s_1^2 的期望值大于 s_e^2 的期望值，统计量 F 将明显大于1。因此，可以根据 F 的大小（与临界值比较）判断有关因素的不同水平对实验结果是否存在显著性差异。

以上是方差分析法逻辑推理，这也是进行方差分析的数学基础。

第3章曾经讨论过两个平均值的比较，即用假设检验对两个平均值的一致性进行检验。由以上讨论可知，方差分析的实质是检验多个总体均值的一致性。检验两个总体均值 μ_1、μ_2 的前提是 $\sigma_1^2=\sigma_2^2$，检验多个总体均值 μ_1，μ_2，$\cdots$，μ_m 的前提是 $\sigma_1^2=\sigma_2^2=\cdots=\sigma_m^2$。

综上所述，单因素方差分析的程序可归纳如下：

① 提出原假设和备择假设。原假设为 H_0：$\mu_1=\mu_2=\cdots=\mu_i=\cdots=\mu_m$，备择假设为 H_1：各总体均值不等。

② 设原假设的前提 $\sigma_1^2=\sigma_2^2=\cdots=\sigma_m^2$ 成立。

③ 由已知条件计算统计量：先计算偏差平方和、自由度，再计算 F 值。

④ 根据显著性水平 α，查出 $F_{\alpha,(f_1,f_e)}$，若 $F < F_{\alpha,(f_1,f_e)}$，原假设成立；若 $F \geqslant F_{\alpha,(f_1,f_e)}$，原假设不成立，而备择假设成立。

⑤ 最后，将计算结果及结论列成方差分析表（表 4-2）如下。

表 4-2　单因素方差分析表

偏差来源	偏差平方和	自由度	方差	F	F 临界值	显著性
因素影响	$U_1=\sum\limits_{i=1}^{m}\sum\limits_{j=1}^{n_i}(x_i-\bar{x})^2$	$f_1=m-1$	$s_1^2=\dfrac{U_1}{m-1}$	$F=\dfrac{s_1^2}{s_e^2}$	$F_{\alpha,(f_1,f_e)}$	
随机误差	$Q_e=\sum\limits_{i=1}^{m}\sum\limits_{j=1}^{n_i}(x_{ij}-\bar{x}_i)^2$	$f_e=n-m$	$s_e^2=\dfrac{Q_e}{n-m}$			
总和	$Q=Q_e+U_1$	$f=n-1$	$s^2=\dfrac{Q}{n-1}$			

【例 4-2】　试对例 4-1 的实验结果进行方差分析。

解：由题知：

$$n=20，m=5，n_i=4$$

对数据进行初步处理如表所示。

数据初步处理结果

催化剂	1	2	3	4	5	总和
收率 /%	0.86	0.80	0.83	0.76	0.96	
	0.89	0.83	0.90	0.81	0.95	
	0.91	0.88	0.94	0.84	0.93	
	0.90	0.84	0.85	0.82	0.94	
$\sum\limits_{j=1}^{n_i} x_{ij}$	3.56	3.35	3.52	3.23	3.78	17.44
$\sum\limits_{j=1}^{n_i} x_{ij}^2$	3.1698	2.8089	3.1050	2.6117	3.5726	15.2680

① 偏差平方和：

$$Q_e = \sum_{i=1}^{m}\sum_{j=1}^{n_i} x_{ij}^2 - \sum_{i=1}^{m}\frac{1}{n_i}\left(\sum_{j=1}^{n_i} x_{ij}\right)^2 = 0.01605$$

$$U_1 = \sum_{i=1}^{m}\frac{1}{n_i}\left(\sum_{j=1}^{n_i} x_{ij}\right)^2 - \frac{1}{n}\left(\sum_{i=1}^{m}\sum_{j=1}^{n_i} x_{ij}\right)^2 = 0.04427$$

$$\therefore Q = Q_e + U_1 = 0.06032$$

② 自由度

$$f_e = n - m = 20 - 5 = 15$$
$$f_1 = m - 1 = 5 - 1 = 4$$
$$f = n - 1 = 20 - 1 = 19$$

③ 方差

$$s_e^2 = \frac{Q_e}{f_e} = \frac{0.01605}{15} = 0.00107$$

$$s_1^2 = \frac{U_1}{f_1} = \frac{0.04427}{4} = 0.01106$$

④ F 检验

$$F = \frac{s_1^2}{s_e^2} = \frac{0.01106}{0.00107} = 10.34$$

查表。因 $f_1 = 4$，$f_e = 15$，因此查表得，$F_{0.05,(4,15)} = 3.06$
显然：

$$F > F_{0.05,(4,15)}$$

⑤ 结论：催化剂间有差别且影响巨大。

⑥ 方差分析表如下：

误差来源	偏差平方和	自由度	均方差	F	F 临界值	结论
组间	0.04427	4	0.01106	10.34	3.06	＊＊
组内	0.01605	15	0.00107			
总和	0.06032	19	0.003175			

注：可用＊表示有影响；＊＊表示影响显著，＊＊＊表示影响高度显著，下同。

上述计算中用到了如下的偏差平方和计算公式：

$$Q_e = \sum_{i=1}^{m}\sum_{j=1}^{n_i}(x_{ij} - \bar{x}_i)^2 = \sum_{i=1}^{m}\sum_{j=1}^{n_i} x_{ij}^2 - \sum_{i=1}^{m}\frac{1}{n_i}\left(\sum_{j=1}^{n_i} x_{ij}\right)^2 \qquad (4\text{-}28)$$

$$U_1 = \sum_{i=1}^{m} \sum_{j=1}^{n_i} (\bar{x}_i - \bar{x})^2 = \sum_{i=1}^{m} \frac{1}{n_i} (\sum_{j=1}^{n_i} x_{ij})^2 - \frac{1}{n} (\sum_{i=1}^{m} \sum_{j=1}^{n_i} x_{ij})^2 \qquad (4\text{-}29)$$

Q_e 中第一项 $\sum_{i=1}^{m} \sum_{j=1}^{n_i} x_{ij}^2$ 为所有数据的平方和，第二项 $\sum_{i=1}^{m} \frac{1}{n_i} (\sum_{j=1}^{n_i} x_{ij})^2$ 中的 $\sum_{j=1}^{n_i} x_{ij}$ 为第 i 个水平下所得结果的数据之和。U_1 中的第一项与 Q_e 中的第二项同，第二项中的 $(\sum_{i=1}^{m} \sum_{j=1}^{n_i} x_{ij})^2$ 为所有数据和的平方。因此，只要将数据作如本题数据表中的简单处理，就很容易计算出偏差平方和。

下面的例子说明如何用方差分析对各实验室测定结果一致性进行检验。

【例 4-3】 某 4 个实验室同用碘量法测定一种黄铜合金（HPb60-1）试样中的铜含量，均测定 5 次，结果如表。

实验室	测定结果（Cu%）				
A	66.37	60.85	60.50	60.92	60.22
B	60.86	60.98	61.04	60.53	60.71
C	60.63	60.47	60.82	60.39	60.77
D	61.44	61.24	61.67	61.04	61.15

试分析各实验室的测定结果之间是否存在显著性差异。

解：为了方便计算，首先对数据进行简化。将整数部分去掉 60（不影响计算结果）后所得结果及初步计算结果列于下表：

简化数据及初步计算结果

实验室	简 化 数 据					$\sum_{j=1}^{n_i} x_{ij}$	$(\sum_{j=1}^{n_i} x_{ij})^2$	$\sum_{j=1}^{n_i} (x_{ij})^2$
A	0.37	0.85	0.50	0.92	0.22	2.86	8.1796	2.0042
B	0.86	0.98	1.04	0.53	0.71	4.12	16.9744	3.5666
C	0.63	0.47	0.82	0.39	0.77	3.08	9.4864	2.0352
D	1.44	1.24	1.67	1.04	1.15	6.54	42.7716	8.8042
						$\frac{1}{n}(\sum_{i=1}^{m}\sum_{j=1}^{n_i} x_{ij})^2$	$\sum_{i=1}^{m}\frac{1}{n_i}(\sum_{j=1}^{n_i} x_{ij})^2$	$\sum_{i=1}^{m}\sum_{j=1}^{n_i} x_{ij}^2$
						13.778	15.4824	16.4102

本例中，因素为实验室，有 4 个水平，即 $m=4$；每个水平均试验 5 次，即 $n_1 = n_2 = n_3 = n_4 = 5$；实验总次数 $n = 4 \times 5 = 20$。且：

$$f_e = n - m = 20 - 4 = 16$$
$$f_1 = m - 1 = 4 - 1 = 3$$
$$f = n - 1 = 20 - 1 = 19$$
$$f = f_1 + f_e = 16 + 3 = 19$$

① 偏差平方和：

$$Q_e = \sum_{i=1}^{m} \sum_{j=1}^{n_i} (x_{ij} - \bar{x}_i)^2$$
$$= \sum_{i=1}^{m} \sum_{j=1}^{n_i} x_{ij}^2 - \sum_{i=1}^{m} \frac{1}{n_i} (\sum_{j=1}^{n_i} x_{ij})^2$$
$$= 16.4102 - 15.4824 = 0.9278$$

$$U_1 = \sum_{i=1}^{m} \sum_{j=1}^{n_i} (\bar{x}_i - \bar{x})^2$$

$$= \sum_{i=1}^{m} \frac{1}{n_i} \left(\sum_{j=1}^{n_i} x_{ij} \right)^2 - \frac{1}{n} \left(\sum_{i=1}^{m} \sum_{j=1}^{n_i} x_{ij} \right)^2$$

$$= 15.4824 - 13.778 = 1.7044$$

$$Q = Q_e + U_1 = 0.9278 + 1.7044 = 2.6322$$

② 方差：

$$s_e^2 = \frac{Q_e}{f_e} = \frac{0.9278}{16} = 0.05799$$

$$s_1^2 = \frac{U_1}{f_1} = \frac{1.7044}{3} = 0.5681$$

③ F-检验

$$F = \frac{s_1^2}{s_e^2} = \frac{0.5681}{0.05799} = 9.80$$

$$F_{0.05,(3,16)} = 3.24$$

$$F > F_{0.05,(3,16)}$$

④ 方差分析表如下：

误差来源	偏差平方和	自由度	方差	F	F 临界值	结论
实验室间	1.7044	3	0.5681	9.80	$F_{0.05,(3,16)}$	*
随机误差	0.927	16	0.05799		$= 3.24$	
总和	2.6322	19	0.1385			

即各实验室的测定结果之间存在显著性差异。因此，实验室间存在系统误差，应仔细查找原因，采取有效措施加以消除。

4.3　无重复两因素方差分析

单因素方差分析只研究一种因素对实验结果的影响，当可能存在多个因素同时对结果产生影响时，虽然可以采用"固定其他因素，研究变化因素"的方法，对所有影响因素分别研究，但这种方法不仅效率低，而且往往遗漏最好的组合。另一方面，若需同时研究考查几种因素的影响，那么，用单因素分析是无能为力的。若需同时试验几种因素的影响，就需要进行多因素实验。

多因素方差分析的思路和方法相同，以下着重介绍两因素方差分析。而且，本节只介绍无重复两因素方差分析，有重复两因素方差分析单独介绍。

4.3.1　无重复两因素方差分析的数学模型

设因素 A 有 a 个水平：

$$A_1, A_2, \cdots, A_i, \cdots, A_a$$

因素 B 有 b 个水平：

$$B_1, B_2, \cdots, B_j, \cdots, B_b$$

A_i、B_j 作用下实验指标为 x_{ijk}，则：

$$x_{ijk} = \mu + \alpha_i + \beta_j + \delta_{ij} + r_{ijk} \tag{4-30}$$

此处，k 为重复测定次数，δ_{ij} 为 A_i、B_j 的交互作用，r_{ijk} 为随机误差。对于无重复两因素方差分析，δ_{ij}、r_{ijk} 无法分辨，可合二为一，用 r_{ij} 表示，相当于随机误差，所以：

$$x_{ij} = \mu + \alpha_i + \beta_j + r_{ij} \tag{4-31}$$

式(4-30) 和式(4-31) 分别为有重复两因素方差分析和无重复两因素方差分析的数学模型。式(4-30) 的意义是：单次测量值等于总体平均值（μ）、因素影响值（α_i、β_j，为系统误差）、交互作用（δ_{ij}）和随机误差 r_{ijk} 组成。式(4-31) 的意义是：单次测量值等于总体平均值（μ）、因素影响值（α_i、β_j，为系统误差）和随机误差 r_{ij} 组成。二者虽然仅相差交互作用一项，但处理、计算方法相差很大，必须注意。下面先讨论无重复两因素方差分析。

在 A、B 两因素的共同作用下，共得到 ab 个实验结果，如表 4-3 所示。

对于有限次测定，分别以 $\bar{x}_i - \bar{x}$，$\bar{x}_j - \bar{x}$ 代替 α_i、β_j，则：

$$x_{ij} = \bar{x} + (\bar{x}_i - \bar{x}) + (\bar{x}_j - \bar{x}) + r_{ij} \tag{4-32}$$

$$r_{ij} = x_{ij} - \bar{x}_i - \bar{x}_j + \bar{x} \tag{4-33}$$

其中：

$$\bar{x} = \frac{1}{ab} \sum_{i=1}^{a} \sum_{j=1}^{b} x_{ij} = \frac{1}{a} \sum_{i=1}^{a} x_i = \frac{1}{b} \sum_{j=1}^{b} x_j \tag{4-34}$$

$$\bar{x}_i = \frac{1}{b} \sum_{j=1}^{b} x_{ij} \quad (i = 1, 2, \cdots, a) \tag{4-35}$$

$$\bar{x}_j = \frac{1}{a} \sum_{i=1}^{a} x_{ij} \quad (j = 1, 2, \cdots, b) \tag{4-36}$$

表 4-3 无重复两因素实验数据对照表

A	B						平均值 $\bar{x}_i.$
	B_1	B_2	$\cdots$	B_j	$\cdots$	B_b	
A_1	x_{11}	x_{12}	$\cdots$	x_{1j}	$\cdots$	x_{1b}	$\bar{x}_1.$
A_2	x_{21}	x_{22}	$\cdots$	x_{2j}	$\cdots$	x_{2b}	$\bar{x}_2.$
$\vdots$	$\vdots$	$\vdots$	$\vdots$	$\vdots$	$\vdots$	$\vdots$	$\vdots$
A_i	x_{i1}	x_{i2}	$\cdots$	x_{ij}	$\cdots$	x_{ib}	$\bar{x}_i.$
$\vdots$	$\vdots$	$\vdots$	$\vdots$	$\vdots$	$\vdots$	$\vdots$	$\vdots$
A_a	x_{a1}	x_{a2}	$\cdots$	x_{aj}	$\cdots$	x_{ab}	$\bar{x}_a.$
平均值 $\bar{x}.j$	$\bar{x}.1$	$\bar{x}.2$	$\cdots$	$\bar{x}.j$	$\cdots$	$\bar{x}.b$	$\bar{x}$

设 x_{11}、$\cdots$、x_{ij}、$\cdots$、x_{ab} 分别为 ab 个相互独立的正态总体 $N(\mu_{11}, \sigma^2)$，$\cdots$，$N(\mu_{ij}, \sigma^2)$，$\cdots$ $N(\mu_{ab}, \sigma^2)$ 的一个抽样，检验原假设：

$$H_0: \mu_{11} = \cdots = \mu_{ij} = \cdots = \mu_{ab} \tag{4-37}$$

为此假设各总体均值：

$$\mu_{ij} = \mu + \alpha_i + \beta_j \tag{4-38}$$

α_i、β_j 满足：

$$\sum_{i=1}^{a} \alpha_i = 0, \quad \sum_{j=1}^{b} \beta_j = 0 \tag{4-39}$$

其中，μ 为 ab 各总体均值的平均值：

$$\mu = \frac{1}{ab} \sum_{i=1}^{a} \sum_{j=1}^{b} \mu_{ij} \tag{4-40}$$

α_i 表示因素 A 的第 i 水平的影响：

$$\alpha_i = \mu_i - \mu \tag{4-41}$$

β_j 表示 B 因素第 j 水平的影响：

$$\beta_j = \mu_j - \mu \tag{4-42}$$

因此，要检验因素 A 的影响是否显著，就等于检验假设：

$$H_A : \alpha_1 = \alpha_2 = \cdots = \alpha_i = \cdots = \alpha_a = 0 \tag{4-43}$$

要检验因素 B 的影响是否显著，就等于检验假设：

$$H_B : \beta_1 = \beta_2 = \cdots \beta_j = \cdots \beta_b = 0 \tag{4-44}$$

如果 H_A 及 H_B 同时成立，则原假设成立。

4.3.2　偏差分解

由于某一测值与总体均值的偏差为随机误差，设随机误差为 r_{ij}，则：

$$x_{ij} = \mu_{ij} + r_{ij} = \mu + \alpha_i + \beta_j + r_{ij} \tag{4-45}$$

所以：

$$\begin{aligned} r_{ij} &= x_{ij} - \mu - \alpha_i - \beta_j \\ &= x_{ij} - \mu - (\mu_i - \mu) - (\mu_j - \mu) \\ &= x_{ij} - \mu_i - \mu_j + \mu \end{aligned} \tag{4-46}$$

总偏差为：

$$x_{ij} - \mu = \alpha_i + \beta_j + r_{ij} = (\mu_i - \mu) + (\mu_j - \mu) + (x_{ij} - \mu_i - \mu_j + \mu) \tag{4-47}$$

对于有限次测定，可以用测定平均值 $\bar{x}_i$、$\bar{x}_j$ 和 $\bar{x}$ 代替上式中相应的总体参数 μ_i、μ_j 和 μ，有：

$$x_{ij} - \bar{x} = (\bar{x}_i - \bar{x}) + (\bar{x}_j - \bar{x}) + (\bar{x}_{ij} - \bar{x}_i - \bar{x}_j + \bar{x}) \tag{4-48}$$

即总偏差等于因素 A 引起的偏差、因素 B 引起的偏差和随机误差三项之和。所以总偏差平方和为：

$$\begin{aligned} Q &= \sum_{i=1}^{a} \sum_{j=1}^{b} (x_{ij} - \bar{x})^2 \\ &= \sum_{i=1}^{a} \sum_{j=1}^{b} \left[(\bar{x}_i - \bar{x}) + (\bar{x}_j - \bar{x}) + (x_{ij} - \bar{x}_i - \bar{x}_j + \bar{x}) \right]^2 \\ &= b \sum_{i=1}^{a} (\bar{x}_i - \bar{x})^2 + a \sum_{j=1}^{b} (\bar{x}_j - \bar{x})^2 + \sum_{i=1}^{a} \sum_{j=1}^{b} (x_{ij} - \bar{x}_i - \bar{x}_j + \bar{x})^2 \end{aligned} \tag{4-49}$$

其中 $\sum_{i=1}^{a} \sum_{j=1}^{b} (x_i - \bar{x})(\bar{x}_j - \bar{x})$ 等三个交叉项为零（相互独立事件的协方差为零）。

令：

$$U_1 = b \sum_{i=1}^{a} (\bar{x}_i - \bar{x})^2 \tag{4-50}$$

$$U_2 = a \sum_{j=1}^{b} (\bar{x}_j - \bar{x})^2 \tag{4-51}$$

$$Q_e = \sum_{i=1}^{a} \sum_{j=1}^{b} (x_{ij} - \bar{x}_i - \bar{x}_j + \bar{x})^2 \tag{4-52}$$

则：

$$Q = Q_e + U_1 + U_2 \tag{4-53}$$

式(4-53)为无重复两因素方差分析的基本关系式，它表示总偏差平方和可以一分为三，其中 Q_e 反映随机误差，U_1 反映因素 A 各水平间的差异，U_2 反映因素 B 各水平间的差异。

4.3.3　自由度

令 f、f_e、f_1、f_2 分别为 Q、Q_e、U_1、U_2 的自由度，则

$$f = ab - 1 \tag{4-54}$$

$$f_e = (ab + 1) - (a + b) = (a - 1)(b - 1) \tag{4-55}$$

$$f_1 = a - 1 \tag{4-56}$$

$$f_2 = b - 1 \tag{4-57}$$

而且：

$$f = f_e + f_1 + f_2 \tag{4-58}$$

式(4-55)为式(4-56)和式(4-57)之积，即相当于两研究因素各自自由度的乘积。更准确地说，它是交互作用自由度，而真正的随机误差自由度在无重复两因素方差分析中无法求出。真正的随机误差自由度和交互作用自由度在下一节介绍。

4.3.4 方差

令 s^2、s_e^2、s_1^2、s_2^2 分别为 Q、Q_e、U_1、U_2 的方差，则：

$$s^2 = \frac{Q}{ab - 1} \tag{4-59}$$

$$s_e^2 = \frac{Q_e}{(a - 1)(b - 1)} \tag{4-60}$$

$$s_1^2 = \frac{U_1}{a - 1} \tag{4-61}$$

$$s_2^2 = \frac{U_2}{b - 1} \tag{4-62}$$

Q_e、Q_1、Q_2 的期望值分别为：

$$E(Q_e) = (a - 1)(b - 1)\sigma^2 \tag{4-63}$$

$$E(U_1) = (a - 1)\sigma^2 + b \sum_{i=1}^{a} \alpha_i^2 \tag{4-64}$$

$$E(U_2) = (b - 1)\sigma^2 + a \sum_{i=1}^{b} \beta_i^2 \tag{4-65}$$

所以：

$$E(s_e^2) = E\left(\frac{Q_e}{(a - 1)(b - 1)}\right) = \sigma^2 \tag{4-66}$$

$$E(s_1^2) = E\left(\frac{U_1}{a - 1}\right) = \sigma^2 + \frac{b}{(a - 1)} \sum_{i=1}^{a} \alpha_i^2 \tag{4-67}$$

$$E(s_2^2) = E\left(\frac{U_2}{(b - 1)}\right) = \sigma^2 + \frac{a}{(b - 1)} \sum_{j=1}^{b} \beta_j^2 \tag{4-68}$$

4.3.5 F-检验

显然，s_e^2 为 σ^2 的无偏估计。要使 s_1^2、s_2^2 也成为 σ^2 的无偏估计，只有在原假设 H_A、H_B 都成立的条件下才能成立，否则就可能会偏大。于是，可通过 F-检验判断 s_1^2、s_2^2 是否偏大。

$$F_A = \frac{s_1^2}{s_e^2} = \frac{U_1(a - 1)(b - 1)}{Q_e(a - 1)} \tag{4-69}$$

$$F_B = \frac{s_2^2}{s_e^2} = \frac{U_1(a - 1)(b - 1)}{Q_e(b - 1)} \tag{4-70}$$

如果 F_A 大于临界值，H_A 不成立，因素 A 影响显著；同样 F_B 大于临界值，H_B 不成立，因素 B 影响显著。否则。若 H_A、H_B 都成立，两因素无影响。

4.3.6　方差分析表

最后，将数据计算结果列成方差分析表，如表 4-4。

表 4-4　无重复两因素方差分析表

偏差来源	偏差平方和	自由度	方差	F	F 临界值	显著性
A 的影响	$U_1 = b\sum_{i=1}^{a}(\bar{x}_i - \bar{x})^2$	$f_1 = a-1$	$s_1^2 = \dfrac{U_1}{a-1}$	$F_A = \dfrac{s_1^2}{s_e^2}$	$F_{a,(f_1 \cdot f_e)}$	
B 的影响	$U_2 = a\sum_{j=1}^{b}(\bar{x}_j - \bar{x})^2$	$f_2 = b-1$	$s_2^2 = \dfrac{U_2}{b-1}$	$F_B = \dfrac{s_2^2}{s_e^2}$	$F_{a,(f_2 \cdot f_e)}$	
随机误差	$Q_e = \sum_{i=1}^{a}\sum_{j=1}^{b}(x_{ij} - \bar{x}_i - \bar{x}_j + \bar{x})^2$	$f_e = (a-1)(b-1)$	$s_e^2 = \dfrac{Q}{(a-1)(b-1)}$			
总和	$Q = \sum_{i=1}^{a}\sum_{j=1}^{b}(x_{ij} - \bar{x})^2$	$f = ab-1$	$s^2 = \dfrac{Q}{ab-1}$			

无重复两因素方差分析的简化计算公式为：

$$
\begin{aligned}
Q &= \sum_{i=1}^{a}\sum_{j=1}^{b}(x_{ij} - \bar{x})^2 \\
&= \sum_{i=1}^{a}\sum_{j=1}^{b}x_{ij}^2 - \frac{1}{ab}\left(\sum_{i=1}^{a}\sum_{j=1}^{b}x_{ij}\right)^2
\end{aligned}
\tag{4-71}
$$

$$
\begin{aligned}
U_1 &= b\sum_{i=1}^{a}(\bar{x}_i - \bar{x})^2 \\
&= \frac{1}{b}\sum_{i=1}^{a}\left(\sum_{j=1}^{b}x_{ij}\right)^2 - \frac{1}{ab}\left(\sum_{i=1}^{a}\sum_{j=1}^{b}x_{ij}\right)^2
\end{aligned}
\tag{4-72}
$$

$$
\begin{aligned}
U_2 &= a\sum_{j=1}^{b}(x_j - \bar{x})^2 \\
&= \frac{1}{a}\sum_{j=1}^{b}\left(\sum_{i=1}^{a}x_{ij}\right)^2 - \frac{1}{ab}\left(\sum_{i=1}^{a}\sum_{j=1}^{b}x_{ij}\right)^2
\end{aligned}
\tag{4-73}
$$

$$
Q_e = Q - U_1 - U_2
\tag{4-74}
$$

【例 4-4】　为了研究酶解作用对血糖浓度的影响，分别从 8 位健康人体中抽取血液并制备成血滤液。再将每一个受试者的血滤液分为 4 份，分别放置 0、45min、90min、135min，测定其中的血糖浓度，得数据如表。

试问：

（1）不同受试者的血糖浓度是否存在显著性差别？

（2）放置不同时间的血糖浓度的差别是否明显？

受试者 A	放置时间 B			
	0	45	90	135
1	95	95	89	83
2	95	94	88	84
3	106	105	87	90
4	98	97	95	90
5	102	98	97	88
6	112	112	101	94
7	105	103	97	88
8	95	92	90	80

解：将数据简化并进行计算，先将所有原始数据减去 80，得下表：

受试者 A	放置时间 B				$\sum_{j=1}^{b} x_{ij}$	$\sum_{j=1}^{b} x_{ij}^2$
	0	45	90	135		
1	15	15	9	3	42	540
2	15	14	8	4	41	501
3	26	25	7	10	68	1450
4	18	17	15	10	60	938
5	22	18	17	8	65	1161
6	32	32	21	14	99	2685
7	25	23	17	8	73	1507
8	15	12	10	0	37	469

求得：

$$Q = \sum_{i=1}^{a} \sum_{j=1}^{b} x_{ij}^2 - \frac{1}{ab}\left(\sum_{i=1}^{a} \sum_{j=1}^{b} x_{ij}\right)^2$$

$$= 9251 - \frac{1}{8 \times 4} 485^2 = 1900.22$$

$$U_1 = \frac{1}{b} \sum_{i=1}^{a}\left(\sum_{j=1}^{b} x_{ij}\right)^2 - \frac{1}{ab}\left(\sum_{i=1}^{a} \sum_{j=1}^{b} x_{ij}\right)^2$$

$$= \frac{42^2 + 41^2 + 68^2 + 60^2 + 65^2 + 99^2 + 73^2 + 37^2}{4} - \frac{485^2}{8 \times 4} = 747.47$$

$$U_2 = \frac{1}{a} \sum_{j=1}^{b}\left(\sum_{i=1}^{a} x_{ij}\right)^2 - \frac{1}{ab}\left(\sum_{i=1}^{a} \sum_{j=1}^{b} x_{ij}\right)^2$$

$$= \frac{168^2 + 156^2 + 104^2 + 57^2}{8} - \frac{485^2}{8 \times 4}$$

$$= 977.34$$

计算过程略，方差分析表如下：

血糖浓度方差分析表

偏差来源	偏差平方和	自由度	方差	F 值	F 临界值	显著性
受试者差异	747.47	7	106.78	12.79	$F_{0.05,(7,21)} = 2.49$	＊＊
放置时间影响	977.34	3	325.78	39.01	$F_{0.01,(7,21)} = 3.64$	＊＊＊
随机误差	175.41	21	8.35		$F_{0.05,(3,21)} = 3.07$	
总和	1900.22	31	61.30		$F_{0.01,(3,21)} = 4.87$	

结论：不同受试者的血糖浓度的差异是显著的，不同放置时间引起的血糖浓度的差异更显著。

另外应注意两点：

① 数字运算量很大，一定要细心；

② 对公式及各量相互关系的理解，是提高计算速度的基础。

4.4　有重复两因素方差分析

在无重复两因素方差分析中，交互作用和随机误差交织在一起，无法分清，因此就把它作为随机误差来处理。那么，怎样才能将交互作用和随机误差分开呢？

我们知道，随机误差是多次重复测量结果间的波动，那么，只要进行重复测定，就可以对随机误差进行估计了。这样，就可以将交互作用从随机误差中分离出来。那么，什么是交互作用呢？

4.4.1　交互作用

【例 4-5】　为了考查氮、磷两种肥料对水稻的增产效果，今选取自然条件完全相同的 4 块农田进行试验，方案如表。

氮肥施加量/(kg/亩)	磷肥施加量/(kg/亩)		增产/(kg/亩)
	0	20	
0	280	350	70
50	340	470	130
增产/(kg/亩)	60	120	190

未施氮肥时，施用 20kg/亩磷肥增产 70kg/亩；施用 50kg/亩氮肥，再施用 20kg/亩磷肥增产 130kg/亩，比未用氮肥多增产 60kg/亩。磷肥对氮肥的增产效果的影响类似。这说明这两种肥料间存在相互加强的作用，这种作用称为交互作用。

如果因改变因素的水平而导致实验结果间存在显著性差异，说明该因素对实验结果有影响，这称为因素的独立效应，或独立作用。当两因素共同作用时，若总效应大于或小于独立效应之和，那么两因素间存在交互作用。不存在交互作用时，因素对实验结果的影响具有加和性；若存在交互作用，总效应可以大于独立效应之和，是一种加强的作用；总效应也可以小于独立作用之和，是一种减弱的作用。例 4-4 就是一种加强的作用。

在无重复两因素方差分析中，因对 A、B 两因素各水平的组合（A_iB_j）只做一次实验，交互作用和随机误差叠加在一起；要将两者分开，就要对每种组合（A_iB_j）进行重复实验。

设在 A、B 两因素各水平交叉分组后，对每一组合（A_iB_j）都重复进行 c 次实验，共得到 abc 个实验结果 $x_{ijk}(i=1,2,\cdots,a；j=1,2,\cdots,b)$。数据对照见表 4-5。

设 $x_{111}\cdots x_{11k}\cdots x_{11c}$，$\cdots$，$x_{ij1}x_{ijk}\cdots x_{ijc}$，$\cdots$，$x_{ab1}\cdots x_{abk}\cdots x_{abc}$ 等 ab 个样本来自 $N(\mu_{11},\sigma^2)$，$\cdots$，$N(\mu_{ij},\sigma^2)$，$\cdots$，$N(\mu_{ab},\sigma^2)$ 等相互独立的正态总体。现在要检验原假设：

$$H_0:\mu_{11}=\cdots=\mu_{ij}=\cdots=\mu_{ab}=\mu \tag{4-75}$$

表 4-5　有无重复两因素实验数据对照表

因素 A	因素 B					平均值
	B_1	$\cdots$	B_j	$\cdots$	B_b	
A_1	$x_{111}\cdots x_{11k}\cdots x_{11c}$	$\cdots$	$x_{1j1}\cdots x_{1jk}\cdots x_{1jc}$	$\cdots$	$x_{1b1}\cdots x_{1bk}\cdots x_{1bc}$	$\bar{x}_1$
$\vdots$	$\vdots$		$\vdots$		$\vdots$	$\vdots$
A_i	$x_{i11}\cdots x_{i1k}\cdots x_{i1c}$	$\cdots$	$x_{ij1}\cdots x_{ijk}\cdots x_{ijc}$	$\cdots$	$x_{ib1}\cdots x_{ibk}\cdots x_{ibc}$	$\bar{x}_i$
$\vdots$	$\vdots$		$\vdots$		$\vdots$	$\vdots$
A_a	$x_{a11}\cdots x_{a1k}\cdots x_{a1c}$	$\cdots$	$x_{aj1}\cdots x_{ajk}\cdots x_{ajc}$	$\cdots$	$x_{ab1}\cdots x_{abk}\cdots x_{abc}$	$\bar{x}_a$
平均值	$\bar{x}_1$		$\bar{x}_j$		$\bar{x}_b$	$\bar{x}$

假定各总平均值：

$$\mu_{ij}=\mu+\alpha_i+\beta_j+\delta_{ij} \tag{4-76}$$

其中，$\alpha_i(i=1,2,\cdots,a)$ 分别表示因素 A 的各水平的影响，$\beta_j(j=1,2,\cdots,b)$ 分别表示因素 B 的各水平的影响，δ_{ij} 分别表示因素 A、B 各水平之间交互作用的影响。

$$\alpha_i=\mu_i-\mu$$
$$\beta_j=\mu_j-\mu$$

$$\begin{aligned}
\delta_{ij} &= x_{ij} - \mu - \alpha_i - \beta_j \\
&= x_{ij} - \mu - (\mu_i - \mu) - (\mu_j - \mu) \\
&= x_{ij} - \mu_i - \mu_j + \mu
\end{aligned} \tag{4-77}$$

由于它们均表示一种效应引起的实验结果与总均值的差值，因此有：

$$\sum_{i=1}^{a} \alpha_i = 0, \quad \sum_{j=1}^{b} \beta_j = 0 \tag{4-78}$$

$$\sum_{i=1}^{a} \delta_{ij} = \sum_{j=1}^{b} \delta_{ij} = 0 \tag{4-79}$$

因此，要检验因素 A、B 及交互作用的影响是否显著，就等于检验假设：

$$H_A : \alpha_1 = \alpha_2 = \cdots = \alpha_i = \cdots = \alpha_a = 0 \tag{4-80}$$

$$H_B : \beta_1 = \beta_2 = \cdots \beta_j = \cdots \beta_b = 0 \tag{4-81}$$

$$H_{AB} : \delta_{11} = \cdots = \delta_{ij} = \cdots = \delta_{ab} = 0 \tag{4-82}$$

如果 H_A、H_B 及 H_{AB} 同时成立，则原假设成立。

4.4.2 偏差分解

设 r_{ijk} 为随机误差，那么

$$x_{ijk} = \mu_{ij} + r_{ijk} = \mu + \alpha_i + \beta_j + \delta_{ij} + r_{ijk} \tag{4-83}$$

所以：

$$r_{ijk} = x_{ijk} - \mu_{ij} \tag{4-84}$$

$$\begin{aligned}
x_{ijk} - \mu &= \alpha_i + \beta_j + \delta_{ij} + r_{ijk} \\
&= (\mu_i - \mu) + (\mu_j - \mu) + (\mu_{ij} - \mu_i - \mu_j + \mu) + (x_{ijk} - \mu_{ij})
\end{aligned} \tag{4-85}$$

对有限次测定，用相应的测定平均值代替上式中的总体参数，有：

$$x_{ijk} - \bar{x} = (\bar{x}_i - \bar{x}) + (\bar{x}_j - \bar{x}) + (\bar{x}_{ij} - \bar{x}_i - \bar{x}_j + \bar{x}) + (x_{ijk} - \bar{x}_{ij}) \tag{4-86}$$

因此：

$$\begin{aligned}
Q &= \sum_{i=1}^{a} \sum_{j=1}^{b} \sum_{k=1}^{c} (x_{ijk} - \bar{x})^2 \\
&= \sum_{i=1}^{a} \sum_{j=1}^{b} \sum_{k=1}^{c} \left[(\bar{x}_i - \bar{x}) + (x_j - \bar{x}) + (\bar{x}_{ij} - \bar{x}_i - \bar{x}_j + \bar{x}) + (x_{ijk} - \bar{x}_{ij}) \right]^2 \\
&= bc \sum_{i=1}^{a} (\bar{x}_i - \bar{x})^2 + ac \sum_{j=1}^{b} (\bar{x}_j - \bar{x})^2 + c \sum_{i=1}^{a} \sum_{j=1}^{b} (\bar{x}_{ij} - \bar{x}_i - \bar{x}_j + \bar{x})^2 + \\
&\quad \sum_{i=1}^{a} \sum_{j=1}^{b} \sum_{k=1}^{c} (x_{ijk} - \bar{x}_{ij})^2
\end{aligned} \tag{4-87}$$

其中，六个交叉项（协方差）均为零。

令：

$$Q_e = \sum_{i=1}^{a} \sum_{j=1}^{b} \sum_{k=1}^{c} (x_{ijk} - \bar{x}_{ij})^2 \tag{4-88}$$

$$U_1 = bc \sum_{i=1}^{a} (\bar{x}_i - \bar{x})^2 \tag{4-89}$$

$$U_2 = ac \sum_{j=1}^{b} (\bar{x}_j - \bar{x})^2 \tag{4-90}$$

$$U_3 = c \sum_{i=1}^{a} \sum_{j=1}^{b} (\bar{x}_{ij} - \bar{x}_i - \bar{x}_j + \bar{x})^2 \tag{4-91}$$

则：

$$Q = U_1 + U_2 + U_3 + Q_e \tag{4-92}$$

式(4-92)为有重复两因素方差分析的基本关系式，它表示总偏差平方和可以一分为四，其中 Q_e 反映了随机误差，U_1 反映了因素 A 各水平间的偏差，U_2 反映了因素 B 各水平间的差异，U_3 反映了 A、B 间的交互作用。

4.4.3　自由度

令 f、f_e、f_1、f_2、f_3 分别为 Q、Q_e、U_1、U_2、U_3 的自由度，则

$$f = abc - 1 \tag{4-93}$$

$$f_e = abc - ab = ab(c - 1) \tag{4-94}$$

$$f_1 = a - 1 \tag{4-95}$$

$$f_2 = b - 1 \tag{4-96}$$

$$f_3 = ab - a - b + 1 = (a-1)(b-1) \tag{4-97}$$

$$f = f_e + f_1 + f_2 + f_3 \tag{4-98}$$

f_3 为交互作用自由度，正好等于 A、B 两因素各自自由度的乘积；而 f_e 为随机误差自由度，为水平组合数与每个组合下重复实验的自由度之积。它们均反映了实际情况，是"真正"的自由度。

4.4.4　方差

令 s^2、s_e^2、s_1^2、s_2^2、s_3^2 分别为 Q、Q_e、Q_1、Q_2、Q_3 的方差，则：

$$s^2 = \frac{Q}{abc - 1} \tag{4-99}$$

$$s_e^2 = \frac{Q_e}{ab(c-1)} \tag{4-100}$$

$$s_1^2 = \frac{U_1}{a-1} \tag{4-101}$$

$$s_2^2 = \frac{U_2}{b-1} \tag{4-102}$$

$$s_3^2 = \frac{U_3}{(a-1)(b-1)} \tag{4-103}$$

Q_e、Q_1、Q_2、Q_3 的期望值分别为：

$$E(Q_e) = ab(c-1)\sigma^2 \tag{4-104}$$

$$E(U_1) = (a-1)\sigma^2 + bc \sum_{i=1}^{a} \alpha_i^2 \tag{4-105}$$

$$E(U_2) = (b-1)\sigma^2 + ac \sum_{i=1}^{b} \beta_i^2 \tag{4-106}$$

$$E(U_3) = (a-1)(b-1)\sigma^2 + c \sum_{i=1}^{a} \sum_{j=1}^{b} \delta_{ij}^2 \tag{4-107}$$

所以：

$$E(s_e^2) = E\left(\frac{Q_e}{ab(c-1)}\right) = \sigma^2 \qquad (4\text{-}108)$$

$$E(s_1^2) = E\left(\frac{U_1}{a-1}\right) = \sigma^2 + \frac{bc}{(a-1)}\sum_{i=1}^{a}\alpha_i^2 \qquad (4\text{-}109)$$

$$E(s_2^2) = E\left(\frac{U_2}{(b-1)}\right) = \sigma^2 + \frac{ac}{(b-1)}\sum_{j=1}^{b}\beta_j^2 \qquad (4\text{-}110)$$

$$E(s_3^2) = E\left(\frac{U_3}{(a-1)(b-1)}\right) = \sigma^2 + \frac{c}{(a-1)(b-1)}\sum_{i=1}^{a}\sum_{j=1}^{b}\delta_{ij}^2 \qquad (4\text{-}111)$$

4.4.5 F-检验

显然，s_e^2 为 σ^2 的无偏估计。要使 s_1^2、s_2^2、s_3^2 也成为 σ^2 的无偏估计，只有在原假设 H_A、H_B、H_{AB} 都成立的条件下才能成立，否则就可能会偏大。于是，可通过 F-检验判断 s_1^2、s_2^2、s_3^2 是否偏大。

$$F_A = \frac{s_1^2}{s_e^2} = \frac{U_1/(a-1)}{Q_e/ab(c-1)} \qquad (4\text{-}112)$$

$$F_B = \frac{s_2^2}{s_e^2} = \frac{U_2/(b-1)}{Q_e/ab(c-1)} \qquad (4\text{-}113)$$

$$F_{AB} = \frac{s_3^2}{s_e^2} = \frac{U_3/(a-1)(b-1)}{Q_e/ab(c-1)} \qquad (4\text{-}114)$$

如果 F_A 大于临界值，H_A 不成立，因素 A 影响显著；同样 F_B 大于临界值，H_B 不成立，因素 B 影响显著；如果 F_{AB} 大于临界值，H_{AB} 不成立，交互作用影响显著。否则，若 H_A、H_B、H_{AB} 都成立，两因素无影响，也不存在交互作用。

4.4.6 方差分析表

有重复两因素方差分析表，如表 4-6。

表 4-6　有重复两因素方差分析表

偏差来源	偏差平方和	自由度	方差	F	F 临界值	显著性
A 的影响	$U_1 = bc\sum_{i=1}^{a}(\bar{x}_i - \bar{x})^2$	$f_1 = a-1$	$s_1^2 = \dfrac{U_1}{a-1}$	$F_A = \dfrac{s_1^2}{s_e^2}$	$F_{\alpha,(f_1,f_e)}$	
B 的影响	$U_2 = ac\sum_{j=1}^{b}(\bar{x}_j - \bar{x})^2$	$f_2 = b-1$	$s_2^2 = \dfrac{U_2}{b-1}$	$F_B = \dfrac{s_2^2}{s_e^2}$	$F_{\alpha,(f_2,f_e)}$	
交互作用	$U_3 = c\sum_{i=1}^{a}\sum_{j=1}^{b}(\bar{x}_{ij} - \bar{x}_i - \bar{x}_j + \bar{x})^2$	$f_3 = (a-1)(b-1)$	$s_3^2 = \dfrac{U_3}{(a-1)(b-1)}$	$F_{AB} = \dfrac{s_3^2}{s_e^2}$	$F_{\alpha,(f_3,f_e)}$	
随机误差	$Q_e = \sum_{i=1}^{a}\sum_{j=1}^{b}\sum_{k=1}^{c}(x_{ijk} - \bar{x}_{ij})^2$	$f_e = ab(c-1)$	$s_e^2 = \dfrac{Q_e}{ab(c-1)}$			
总和	$Q = \sum_{i=1}^{a}\sum_{j=1}^{b}\sum_{k=1}^{c}(x_{ijk} - \bar{x})^2$	$f = abc-1$	$s^2 = \dfrac{Q}{abc-1}$			

数据计算时要用到下列简化公式：

$$Q = \sum_{i=1}^{a}\sum_{j=1}^{b}\sum_{k=1}^{c}(x_{ijk} - \bar{x})^2$$

$$= \sum_{i=1}^{a}\sum_{j=1}^{b}\sum_{k=1}^{c}x_{ijk}^2 - \frac{1}{abc}\left(\sum_{i=1}^{a}\sum_{j=1}^{b}\sum_{k=1}^{c}x_{ijk}\right)^2 \qquad (4\text{-}115)$$

$$Q_e = \sum_{i=1}^{a} \sum_{j=1}^{b} \sum_{k=1}^{c} (x_{ijk} - \bar{x}_{ij})^2$$

$$= \sum_{i=1}^{a} \sum_{j=1}^{b} \sum_{k=1}^{c} x_{ijk}^2 - \frac{1}{abc} \sum_{i=1}^{a} \sum_{j=1}^{b} \frac{1}{c} (\sum_{k=1}^{c} x_{ijk})^2 \qquad (4\text{-}116)$$

$$U_1 = bc \sum_{i=1}^{a} (x_i - \bar{x})^2$$

$$= \frac{1}{bc} \sum_{i=1}^{a} (\sum_{j=1}^{b} \sum_{k=1}^{c} x_{ijk})^2 - \frac{1}{abc} (\sum_{i=1}^{a} \sum_{j=1}^{b} \sum_{k=1}^{c} x_{ijk})^2 \qquad (4\text{-}117)$$

$$U_2 = ac \sum_{j=1}^{b} (x_j - \bar{x})^2$$

$$= \frac{1}{ac} \sum_{j=1}^{b} (\sum_{i=1}^{a} \sum_{k=1}^{c} x_{ijk})^2 - \frac{1}{abc} (\sum_{i=1}^{a} \sum_{j=1}^{b} \sum_{k=1}^{c} x_{ijk})^2 \qquad (4\text{-}118)$$

$$U_3 = Q - U_1 - U_2 - Q_e \qquad (4\text{-}119)$$

【例 4-6】 为探讨化学反应中温度和催化剂对收率的影响，有人选了 4 个温度（A）和 3 种催化剂（B）甲、乙、丙进行试验，结果如表。试进行方差分析。

因素 B	因素 A			
	(1)70℃	(2)80℃	(3)90℃	(4)100℃
(1)甲	61,63 (124)	64,66 (130)	65,66 (131)	69,68 (137)
(2)乙	63,64 (127)	66,67 (133)	67,69 (136)	68,71 (139)
(3)丙	65,67 (132)	67,68 (135)	69,70 (139)	72,74 (146)

解：数据初步处理表如下。

数据初步处理表

因素 B	因　素 A				$\sum_{i=1}^{a}\sum_{k=1}^{c} x_{ijk}$	$(\sum_{i=1}^{a}\sum_{k=1}^{c} x_{ijk})^2$
	(1)70℃	(2)80℃	(3)90℃	(4)100℃		
(1) 甲	61,63 (124)	64,66 (130)	65,66 (131)	69,68 (137)	522	272484
(2) 乙	63,64 (127)	66,67 (133)	67,69 (136)	68,71 (139)	535	286225
(3) 丙	65,67 (132)	67,68 (135)	69,70 (139)	72,74 (146)	552	304704
$\sum_{j=1}^{b}\sum_{k=1}^{c} x_{ijk}$	383	398	406	422	1609	863413
$(\sum_{j=1}^{b}\sum_{k=1}^{c} x_{ijk})^2$	146689	158404	164836	178084	648013	
$\sum_{j=1}^{b}\sum_{k=1}^{c} x_{ijk}^2$	24469	26410	27492	29710	108081	

（1）偏差平方和

$$Q = \sum_{i=1}^{a}\sum_{j=1}^{b}\sum_{k=1}^{c} x_{ijk}^2 - \frac{1}{abc}\left(\sum_{i=1}^{a}\sum_{j=1}^{b}\sum_{k=1}^{c} x_{ijk}\right)^2$$

$$= 108081 - \frac{1609^2}{4\times3\times2} = 210.958$$

$$U_1 = \frac{1}{bc}\sum_{i=1}^{a}\left(\sum_{j=1}^{b}\sum_{k=1}^{c} x_{ijk}\right)^2 - \frac{1}{abc}\left(\sum_{i=1}^{a}\sum_{j=1}^{b}\sum_{k=1}^{c} x_{ijk}\right)^2$$

$$= \frac{648013}{3\times2} - \frac{1609^2}{4\times3\times2} = 132.125$$

$$U_2 = \frac{1}{ac}\sum_{j=1}^{b}\left(\sum_{i=1}^{a}\sum_{k=1}^{c} x_{ijk}\right)^2 - \frac{1}{abc}\left(\sum_{i=1}^{a}\sum_{j=1}^{b}\sum_{k=1}^{c} x_{ijk}\right)^2$$

$$= \frac{863413}{4\times2} - \frac{1609^2}{4\times3\times2} = 56.583$$

$$Q_e = \sum_{i=1}^{a}\sum_{j=1}^{b}\sum_{k=1}^{c} x_{ijk}^2 - \sum_{i=1}^{a}\sum_{j=1}^{b}\frac{1}{c}\left(\sum_{k=1}^{c} x_{ijk}\right)^2$$

$$= 108081 - \frac{216127}{2} = 17.5$$

$$Q_3 = Q - Q_1 - Q_2 - Q_e$$
$$= 210.958 - 132.125 - 56.583 - 17.5 = 4.75$$

（2）自由度

$$f = abc - 1 = 4\times3\times2 - 1 = 23$$
$$f_e = ab(c-1) = 4\times3\times(2-1) = 12$$
$$f_1 = a - 1 = 4 - 1 = 3$$
$$f_2 = b - 1 = 3 - 1 = 2$$
$$f_3 = (a-1)\times(b-1) = (4-1)\times(3-1) = 6$$
$$f = f_e + f_1 + f_2 + f_3$$

（3）方差

$$s^2 = \frac{Q}{abc-1} = \frac{210.958}{23} = 9.172$$

$$s_e^2 = \frac{Q_e}{ab(c-1)} = \frac{17.5}{4\times3\times(2-1)} = 1.458$$

$$s_1^2 = \frac{U_1}{a-1} = \frac{132.125}{4-1} = 44.04$$

$$s_2^2 = \frac{U_2}{b-1} = \frac{56.583}{3-1} = 28.29$$

$$s_3^2 = \frac{U_3}{(a-1)(b-1)} = \frac{4.75}{(4-1)(3-1)} = 0.792$$

（4）F-检验

$$F_1 = \frac{s_1^2}{s_e^2} = \frac{U_1/(a-1)}{Q_e/ab(c-1)} = \frac{44.04}{1.458} = 30.25$$

$$F_2 = \frac{s_2^2}{s_e^2} = \frac{U_2/(b-1)}{Q_e/ab(c-1)} = \frac{28.29}{1.458} = 19.40$$

$$F_3 = \frac{s_3^2}{s_e^2} = \frac{U_3/(a-1)(b-1)}{Q_e/ab(c-1)} = \frac{0.792}{1.458} = 0.543 < 1$$

显然，两因素间不存在交互作用。

查表得：

$$f_{0.05,(3,12)} = 3.49, \quad f_{0.01,(3,12)} = 5.95$$
$$f_{0.05,(2,12)} = 3.89, \quad f_{0.01,(2,12)} = 6.93$$

即，A 因素影响高度显著；B 因素影响高度显著。

（5）方差分析表

偏差来源	偏差平方和	自由度	方差	F 值	F 临界值	显著性
因素 A	132.125	3	44.042	30.200	3.49,5.95	＊＊＊
因素 B	56.583	2	28.292	19.400	3.89,6.93	＊＊
$A \times B$	4.750	6	0.792	0.543		—
随机误差	17.500	12	1.458			
总和	210.958	23	9.172			

第 2 篇

实验设计与统计应用

　　实验设计方法指的是安排和组织实验的方法，有了正确的实验设计，才能以较少的实验次数，较短的时间，较低的消耗，获得较多和较精确的信息，多快好省地完成试验任务。因而这是在一切实验工作中都必须考虑的一个带普遍性的问题，并不只是涉及各项专门试验的具体实验技术。

　　常用的实验设计方法有许多种，从不同的角度出发可有不同的分类方法。

　　从如何处理多因素问题的角度出发，可将实验设计方法分为单因素实验法和多因素组合实验设计两类。

　　传统的化学与化工实验方法，就是一种单因素实验法（单因素实验），即每次只变动一个因素，而将其他因素暂时固定在某一适当的水平上，待找到了第一个因素的最优水平后，便固定下来，再依次考查其他因素。此方法的主要缺点是，当各因素间存在交互作用时，实验须反复，实验工作量大，可靠性较差；而且，第一个因素的起点选择特别重要，若选择不合适，可能永远都找不出最优条件。

　　多因素组合实验法，是将多个需要考查的因素，通过数理统计原理组合在一起同时进行实验，而不是一次只变动一个因素，因而有利于揭露各因素间的交互作用，可较迅速地找到最优条件。

　　从如何处理实验因素多水平问题的角度出发，可将实验设计方法分为同时实验法和序贯实验法两类。

　　按照同时实验法，实验条件的安排是在实验前一次确定的。传统的"均分法"或"穷举法"就是同时实验法。例如，为了寻找选煤过程中黄药捕收剂的最优用量，就要先确定实验范围和实验精度，据此罗列出全部可能的试点，组成一组实验，考查对比。若已知其可能用量范围为 $40 \sim 120g/t$，要求实验精度为 $20g/t$，须安排的试点即为 $40g/t$、$60g/t$、$80g/t$、$100g/t$、$120g/t$。

　　第 5 章中要介绍的正交实验法虽然不是一次完成，但必须在实验前将全部实验安排好，待全部实验完成后才对结果进行处理，因而它也属于同步实验法。正交实验设计前需进行一些探索性实验，以便对实验因素和因素的不同水平进行更合理的设计，有时也要考虑交互作用的设计。

序贯实验法则不是一开始就将全部试点安排好，而是先选做少数几个水平，找出目标函数的变化趋势后，再安排下一批试点，因而可以省去一些无希望的试点，从而减少整个实验工作量，但实验批次会相应地增加。

还可将序贯实验法进一步划分为消去法和登山法两类。消去法要求预先确定实验范围，然后通过实验逐步缩小搜寻范围，直至缩小到所要求的精度为止。单因素优选法中的平分法、分批实验法、0.618法、分数法等都属于消去法。登山法则好像瞎子爬山，是从小范围探索开始，然后根据所获得的信息逐步向更优的方向移动，使目标函数逐步提高，直至不能再改进为止。工业部门常用的最陡坡法、调优运算和单纯形调优法等均属于登山法。

材料性能的分析与检测则具有不同的特点。不管板材、线材、管材以及诸如纺织品等的检测，由于需要借助特殊的检测加工设备，检测方法就必须避免各种偏倚或残差，起码应该有适当的方法对它们进行校正。这类检测最好的方法就是进行随机化区组设计或拉丁方设计。对于一些时间影响明显（实际上是季节影响或温度影响）的研究，如化工过程、催化过程等，进行这类设计也是避免"时间趋势"的最好策略。

析因设计（factor experiment dsign）是一种多因素（因子）、多水平、单效应的交叉分组实验设计，又称完全交叉分组实验设计。通过量化各因子及其交互作用对指标的效应，在筛选大量因子研究的初期阶段，析因设计具有明显效果。析因设计与方差分析有些类似，都是研究因素不同水平的全部组合，但二者在数据处理方法上差别很大；而且析因设计中因素的水平必须是量化的，而不像方差分析中可以仅仅分出等级。如搅拌速度的"快"和"慢"就可以用在方差分析中，而在析因设计中，则必须清楚搅拌速度分别为"高（＋），400r/min"、"低（－），200r/min"等。

响应曲面法设计是统计、数学和软件紧密结合和发展的结果，它将响应受多个变量影响的问题进行建模和分析并以此来优化响应。主要有一阶响应曲面设计、二阶响应曲面设计、正交多项式响应曲面设计等。

"实验设计方法"所研究的内容实际包括实验的"设计"和"分析"两个部分。显然，这两部分内容是相互联系的，因为实验数据的统计分析要求实验数据本身能满足一定的条件和假设，因而在安排实验时就应考虑到所提供的实验数据能满足实验分析的需要。

要想使实验设计获得预想的结果，需要对以下五方面的问题认真对待：

① 对实验结果的正确测量。选择实验指标时应注意采用与实验过程直接相关的输出作为指标。

② 可靠的设计方案。再大量的数据分析也无法补偿一个糟糕的设计方案所带来的不利因素，所以在方案选择、指标确定、实验因素、因素水平确定时务必认真对待。

③ 详尽的计划。为达到实验进度与计划相吻合，所有参与实验的资源必须提前准备。

④ 合格的测量系统。为确保数据的有效性，在实验前需验证测量系统的有效性。

⑤ 实验单元的追溯。需根据实验条件对每个单元做好标记，以防信息丢失。

⑥ 计算机软件的学习和使用。

与上述内容不同，本部分还包括数据处理方法应用的内容，这就是本篇的最后两章，《第10章　回归分析与聚类分析初步》，和《第11章　质量控制》。在回归分析中，介绍一元线性回归和二元线性回归，以及非线性关系如何转化为线性关系。这对于了解变量间的关系是非常有用的，也是不可缺少的；它也可以用于研究社会结构中的各种关系，如污染和疾病的关系等。

　　聚类分析主要介绍如何用统计方法对对象或变量进行分类，以把许多个研究对象或将用于研究的各个变量划分为不同的类别，以利于分清变量的性质、对象的分布等。这对于从宏观上对大样本进行把握是非常有用的，也可以把多变量问题变得简单，用少数几个变量代替原来的多变量。而本章中的主成分分析则可以对多变量进行化简，将多变量变为两到三个变量，即用两个或三个变量描述原来的多个变量。这是一种化繁为简的方法，有利于抓住主要矛盾，使问题变得简洁、清晰。

　　质量控制是统计检验的延伸，用于对分析质量进行连续监控，利于及时发现问题，将问题控制在萌芽状态。质量控制和管理是企业管理的组成部分，也是生产质量管理的核心，它包括对人员的管理、分析检测方法的管理等，是生产质量的在线检测。它对于生产过程的管理、产品质量的稳定是不可缺少的。

第5章 正交实验设计

在第 4 章，我们讨论了单因素和两因素实验的方差分析，在那里我们对各因素不同水平的组合安排了全面实验。但在生产和科研中，经常需要做多因素多水平的实验。如果对每个因素不同水平的相互搭配进行全面实验的话，常常是困难的甚至是不可能的。例如有 5 个因素，每个因素有 3 个水平，全面实验就要进行 $3^5 = 243$ 次。这会消耗大量人力、物力和时间，而且如此庞大的工作量到底有无必要？实践证明，进行这样规模的全面实验不仅浪费，而且极不现实。正交实验设计是研究和处理多因素实验的一种科学方法，它利用"正交表"来安排实验。由于正交表的构造有"均衡搭配"的特点，利用它能够选出代表性较强的少数实验来求得最优或较优的实验条件。

5.1 概述

5.1.1 正交表

我们以表 5-1 和表 5-2 来说明正交表的构造及其用法。这两个表分别记为 $L_8(2^7)$ 和 $L_9(3^4)$。其中 L 表示正交表，L 的下标 8 和 9 分别代表正交表的行数，即使用该正交表安排实验时所需的实验次数；括号内的底数 2 或 3 表示各因素的水平数，指数 7 或 4 表示表的列数，即使用该正交表最多可以安排的因素个数。

表 5-1 $L_8(2^7)$

实验号	列 号							指标
	1	2	3	4	5	6	7	
1	1	1	1	1	1	1	1	x_1
2	1	1	1	2	2	2	2	x_2
3	1	2	2	1	1	2	2	x_3
4	1	2	2	2	2	1	1	x_4
5	2	1	2	1	2	1	2	x_5
6	2	1	2	2	1	2	1	x_6
7	2	2	1	1	2	2	1	x_7
8	2	2	1	2	1	1	2	x_8

表 5-2 $L_9(3^4)$

实验号	列 号				指标
	1	2	3	4	
1	1	1	1	1	x_1
2	1	2	2	2	x_2
3	1	3	3	3	x_3
4	2	1	2	3	x_4
5	2	2	3	1	x_5
6	2	3	1	2	x_6
7	3	1	3	2	x_7
8	3	2	1	3	x_8
9	3	3	2	1	x_9

$L_8(2^7)$ 代表 7 因素 2 水平正交实验，若进行全面实验，则将有 $2^7=128$ 种组合，而正交实验仅有 8 次；$L_9(3^4)$ 表示 4 因素 3 水平正交实验，全面实验有 $3^4=81$ 种组合，而正交实验仅有 9 次。这就是正交实验的最主要优点。

5.1.2　正交表的特点

正交表本身具有以下三个典型特点：

（1）正交性　正交表中任意两列横向各数码搭配所出现的次数相同，这可保证实验的典型性。如正交表 $L_8(2^7)$ 中第 2、5 两列，两因素水平间共有 1-1、1-2、2-1、2-2 四种搭配，实验 1 和实验 6 为 1-1 搭配，实验 2 和 5 为 1-2 搭配，实验 3 和 8 为 2-1 搭配，实验 4 和 7 为 2-2 搭配。共有 8 个实验，按水平间的搭配自然分成了 4 组，每组正好两个实验。

对于任意一张正交表，都可以通过三个初等变换得到一系列与它等价的正交表：

① 正交表的任意两列之间可以相互交换，这使得因素可以自由安排在正交表的各列上。

② 正交表的任意两行之间可以相互交换，这使得实验的顺序可以自由选择。

③ 正交表的每一列中不同数字之间可以任意交换，称为水平置换。这使得因素的水平可以自由安排。

（2）均衡性　任一列中不同水平个数相同，这使得不同水平下的实验次数相同。如 $L_8(2^7)$ 中任一列均为 2 水平，每个水平下的实验次数均为 4 次；同样，$L_9(3^4)$ 中每个因素均为 3 水平，每个水平下均有 3 个实验。水平重复数实际上就相当于重复实验，因为根据正交性的特点，每个水平下，其他因素各水平出现的次数是相同的，这就保证了讨论某一因素时，可完全不用考虑其他因素。

以正交表 $L_9(3^4)$ 为例，9 个实验点在三维空间中的分布见图 5-1。图中正方体的全部 27 个交叉点代表全面实验的 27 个实验点，用正交表确定的 9 个实验点均匀散布在其中。具体来说，从任一方向将正方体分为 3 个平面，每个平面含有 9 个交叉点，其中都恰有 3 个是正交表安排的实验点。再将每一平面的中间位置各添加一条行线段和一条列线段，这样每个平面各有三条等间隔的行线段和列线段，则在每一行上恰有一个实验点，每一列上也恰有一个实验点。可见这 9 个实验点在三维空间的分布是均匀分散的。这也就是正交试验的均衡性。

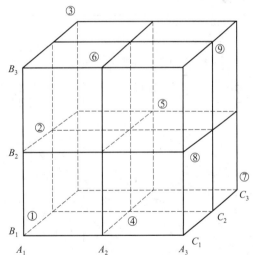

图 5-1　正交表 $L_9(3^4)$ 中 9 个实验点的分布

（3）独立性　没有完全重复的实验，任意两个结果间不能直接比较。任何两个实验间都有两个以上因素具有不同水平，所以直接比较两个实验结果无法就水平影响下结论。只有全部实验完成，对全部实验结果进行统计处理，才能得出相应的结论。因此，为了避免环境因素（如温度、湿度等）的干扰，实验应在尽量短的时间内完成，而且还应选择尽量小一些的正交表。

5.1.3　正交表的优点

节省：从全部组合中挑选出一部分，但能反映全面实验结果，且不进行重复实验。由上述正交表的特点可知，虽然没有重复实验，但每个因素下的每个水平都进行了一定的重复。

因此，正交实验没有必要进行重复。

方便：讨论某一因素时，其他因素均不考虑。这也是由正交表的特点决定的。

信息量大：每个因素的每个水平下的实验结果都包含了其他所有因素的全部水平，因此，某个因素任何水平下的结果都是一种综合效应，即统计结果。同时，对实验结果进行处理，可以了解因素是否对结果产生影响，因素间影响的差异，水平变化对结果影响的趋势等。对这些信息的综合处理，就可得出较为全面而又科学的结论。

5.1.4 正交表的分类

以上仅以两个应用最多的正交表为例，对正交表进行了初步介绍。实际上，科研和生产实际中使用的正交表往往具有不同的形式。总的说来，正交表具有两种不同的形式：规则表和不规则表。

规则表：各个因素均具有相同的水平数，如我们已经认识的 $L_8(2^7)$ 和 $L_9(3^4)$。这种表使用方便，实验安排和数据处理均比较简单，也易于掌握。但由于每个因素具有相同的水平，当我们需要对不同因素区别对待时，这种表就不太合适了。这时可以选择不规则表，即混合水平表。

不规则表，即混合水平表：每个因素的水平数不再严格相等，有的因素水平数很多，而有的因素水平数则可能很少。表 5-3 就是一个混合水平表。

表 5-3　$L_{16}(4^3 \times 2^6)$

实验号	列　号								
	1	2	3	4	5	6	7	8	9
1	1	1	1	1	1	1	1	1	1
2	1	2	2	1	1	2	2	2	2
3	1	3	3	2	2	1	1	2	2
4	1	4	4	2	2	2	2	1	1
5	2	1	2	2	2	1	2	1	2
6	2	2	1	2	2	2	1	2	1
7	2	3	4	1	1	1	2	2	1
8	2	4	3	1	1	2	1	1	2
9	3	1	3	1	2	2	2	2	1
10	3	2	4	1	2	1	1	1	2
11	3	3	1	2	1	2	2	1	2
12	3	4	2	2	1	1	1	2	1
13	4	1	4	2	1	2	1	2	2
14	4	2	3	2	1	1	2	1	1
15	4	3	2	1	2	2	1	1	1
16	4	4	1	1	2	1	2	2	2

该表中有两种水平，即 2 水平和 4 水平，有的表会更复杂。这种表的优势是因素可以具有不同水平，应用比较灵活。

5.2　正交实验设计

以下通过具体例子说明利用正交表安排实验的步骤。

【例 5-1】　某化工厂为了提高产品的收率，根据具体情况和经验决定用正交表安排实验，所需控制的条件如下：

因素 A　反应温度：$A_1 = 30℃$，$A_2 = 40℃$

因素 B　反应时间：$B_1=60\text{min}$，$B_2=90\text{min}$

因素 C　原料配比：C_1 1：1，C_2 1.5：1

因素 D　搅拌速度：$D_1=$慢，$D_2=$快

5.2.1　正交实验设计步骤

为求得最优或较优的水平组合，通常需要经过下述 5 个步骤。

（1）明确实验目的，选定实验指标　本例的目的在于提高产品收率，而反映这个目的的指标是产品的收率（％）。

（2）选定因素和水平　在认真分析指标影响因素的基础上，进一步选择合理的水平。这需要一定的专业知识和实践经验。本例中选择了四个因素，每个因素先确定两个水平：

因素 A　反应温度：$A_1=30\text{℃}$，$A_2=40\text{℃}$；

因素 B　反应时间：$B_1=60\text{min}$，$B_2=90\text{min}$；

因素 C　原料配比：C_1 1：1，C_2 1.5：1；

因素 D　搅拌速度：$D_1=$慢，$D_2=$快。

（3）选用正交表，作表头设计　可根据实际需要进行选择，可选规则表，也可选混合水平表。选择时须考虑因素数和水平数，还要考虑工作量。对于温度影响较大的实验，应选择尽量小一些的表。如本例可选 $L_8(2^7)$，共 8 个实验。

正交表选定后就要把每个因素分别置于不同的列上。本例共有四个因素（A、B、C、D），而正交表 L_8（2^7）有 7 列。一般第 3、5、6 列专门用来安排交互作用，故把 A、B、C、D 四个因素分别置于第 1、第 2、第 4 和第 7 列。

（4）按方案进行实验，记录实验结果　表头设计作好后，实验方案也就完全确定了。每个实验对应着各个因素不同的水平，实验时可根据方便，不一定按顺序实验。当全部实验完成后才能对数据进行处理，结果一并列于表中。

（5）结果分析。

5.2.2　正交实验的数据处理

为寻找较好的实验条件，就应对实验结果进行统计处理。正交实验的数据处理方法有两种，即直观法和方差分析法。此处先介绍直观法，即极差法。方差分析法随后介绍。

直观法简单易行，直观，计算量小，应用比较普遍。通过直观分析主要解决两个问题：

① 哪些因素对指标影响大，哪些因素影响较小或没有影响？

② 根据因素对指标影响的大小次序，如何选择各因素的水平对指标有利？

为了解决这些问题，直观法的数据处理过程如下：

（1）把与各因素有关的结果相加填入表中，以各水平为单位，分别记为 I_j、II_j…。也可取平均值，$\overline{\text{I}}_j$、$\overline{\text{II}}_j$。此处 Ⅰ、Ⅱ 表水平，j 为列，即因素；

（2）每个因素不同水平下的和数或平均值求极差 R_j 或 $\overline{R}_j$，填入表中；R_j 比较分组，按大小顺序排列，数值相近的排在一起，用"，"分开；相差较大的用"；"分开；

（3）水平确定及最优方案确定：

① 水平确定，根据具体情况，取和值最大或最小为最优。

② 最优方案：考虑因素影响和经济、方便及操作难易。对于主要因素，即 R 较大的因素要严格控制。

③ 验证，做进一步分析。

【例 5-1】 解：

（1）将 A、B、C、D 四因素分别安排在 1、2、4、7 列。第一列中的数字"1"、"2"分别代表反应温度为 30℃ 和 40℃，第二列中的数字"1"、"2"分别代表反应时间为 60min 和 90min，第四列中的数字"1"、"2"分别代表原料配比 1∶1 和 1.5∶1，第七列中的数字"1"、"2"分别代表搅拌速度的"慢"和"快"。

初看起来，以 2 号和 6 号实验结果最好。这两个实验，因素 B、C 为同水平，但因素 A、D 水平不同；而且"空列"上的水平数也互有异同。因此，单从这两个实验看，很难对各因素的影响下结论。要给出合理的结果，必须进行统计计算和数据处理。

（2）数据计算：以因素 A 为例，在 A 的 1 水平下有四次实验，即第 1、2、3、4 号实验，归为第一组。同样，A 的 2 水平下的 5、6、7、8 归为第二组。分别计算各组实验结果的加和值或平均值，填入表下部相应列中的相应位置上。如 A 因素：

$$\text{I}_1 = y_1 + y_2 + y_3 + y_4 = 75 + 84 + 81 + 83 = 323$$
$$\text{II}_1 = y_5 + y_6 + y_7 + y_8 = 80 + 84 + 72 + 77 = 313$$

两者的差值（三水平以上为极差，二水平可以称为差值）为：

$$R_1 = 323 - 313 = 10$$

而且，因为 $\text{I}_1 > \text{II}_1$，所以 A 应取 1 水平，即 30℃（若用平均值计算，上述三个结果分别为 80.75，78.25，2.50）。

实验号	列 号							y_i /%
	1(A)	2(B)	3	4(C)	5	6	7(D)	
1	1(30℃)	1(60 分)	1	1(1∶1)	1	1	1(慢)	75
2	1	1	1	2(1.5∶1)	2	2	2(快)	84
3	1	2(90 分)	2	1	1	2	2	81
4	1	2	2	2	2	1	1	83
5	2(30℃)	1	2	1	2	1	2	80
6	2	1	2	2	1	2	1	84
7	2	2	1	1	2	2	1	72
8	2	2	1	2	1	1	2	77
I_j	323	323	308	308	317	314	314	$T = 636$
II_j	313	313	328	328	317	322	322	
R_j	10	10	20	20	0	8	8	
$\overline{\text{I}}_j$	80.75	80.75	77	77	79.25	78.50	78.50	$\overline{T} = 159$
$\overline{\text{II}}_j$	78.25	78.25	82	82	79.75	80.50	80.50	
$\overline{R}_j$	2.50	2.50	5.00	5.00	0	2.00	2.00	

（3）因素影响分析：极差的大小反映各因素对指标影响的大小。在实验的四个因素中，以因素 C 的极差最大，为 5.00，其次是 A、B，以 D 最小，从而可排出因素影响的顺序：

$$C \to \genfrac{}{}{0pt}{}{A}{B} \to D$$

（4）最优方案的得出：由以上计算与分析可见，因素 A 取 1 水平，因素 B 取 1 水平，因素 C 取 2 水平，因素 D 取 2 水平。因此实验的最优方案为 $A_1 B_1 C_2 D_2$，即 30℃，60min，1.5∶1 的配比，快速搅拌。符合这一组合的 2 号实验也正是两个最好结果之一。

（5）进一步讨论：虽然经过统计计算，得出了实验的"最优方案"为 $A_1 B_1 C_2 D_2$，但这并不是真正的最优方案，因为还不知道水平继续加大或减小后结果如何。而且从极差看，$R_3 = R_C = 5.00$，第三列是空列，但并不是说就不用考虑。空列有时可以作为误差列，但它也可能是交互作用列，第三列若按交互作用处理，得出的结论与上述结论就不一定相同了。所以，要得到真正的最优方案，还必须对交互作用进行处理，同时还应对方案继续优化。

【例 5-2】 苯酚合成工艺条件试验，各因素水平分别为：

因素 A，反应温度：300、320℃；

因素 B，反应时间：20min、30min；

因素 C，压力：200atm、300atm；

因素 D，催化剂：甲、乙；

因素 E，加碱量：80L、100L。

试根据实验结果求出最佳工艺条件。

解：此实验 5 因素 2 水平，可选正交表 $L_8(2^7)$，此表可排 7 个因素，尚空 2 列，可做如下排列。苯酚收率一并列入，各水平结果加和值和差值一并列入表的下部。

实验号	列　　　　号							指标
	1(A)	2(B)	3	4(C)	5(D)	6(E)	7	y_i/%
1	1	1	1	1	1	1	1	83.4
2	1	1	1	2	2	2	2	84.0
3	1	2	2	1	1	2	2	87.3
4	1	2	2	2	2	1	1	84.8
5	2	1	2	1	2	1	2	87.3
6	2	1	2	2	1	2	1	88.0
7	2	2	1	1	2	2	1	92.3
8	2	2	1	2	1	1	2	90.4
I_j	339.5	342.7	350.1	350.3	349.1	351.6	348.5	
II_j	358.0	354.8	347.4	347.2	348.4	345.9	349.0	$T = 697.5$
R_j	18.5	12.1	2.7	3.1	0.7	5.7	0.5	

从"指标"看，7 号实验的结果是最好的，其次是 8 号，它们的共同特征是 A、B 两因素均为 2 水平，而其他 3 个因素互有不同。1 号结果是最差的，其次是 2 号，它们的共同特征是 A、B 两因素均为 1 水平；而且 1 号其他因素均为 1 水平，2 号其他因素均为 2 水平，但由于有三个因素共同作用，所以此处还无法判断这些因素的效应如何。

表中 3、7 两列为空列，其 R_j 反映随机误差的大小或交互作用。因其数值较小，说明无交互作用，可作为误差。

极差的大小顺序为：

$$R_A > R_B > R_E > R_C > R_D$$

各因素的水平作如下选择：

反应温度：选 A_2，320℃；

反应时间选 B_2，30min；

加碱量：选 E_1，80L；

压力 C：可选 200atm；

由于两种催化剂无差别，可根据经济、方便进行选择，若选 D_1，则最优设计为 $A_2B_2C_1D_1E_1$，与 8 号实验接近；若选 D_2，则最优设计为 $A_2B_2C_1D_2E_1$，与 7 号实验接近。显然，7、8 号两个都不是最优，而最优实验的结果应该比 7 号稍好。

根据这一结论，可对温度、时间和加碱量进一步试验，以最终确定最优工艺条件。指标优化方法有多种，从下一章开始，先后介绍几种常用的方法。

5.3 多指标的实验

迄今为止，我们讨论的问题还仅限于一个指标，故称为单指标实验。实际工作中，用来衡量实验结果的指标常常有多个，称之为多指标实验。因为指标多，指标间往往互相矛盾，那么，如何找到各项指标兼顾的最优或较优的因素水平组合呢？

多指标实验的数据处理方法有两种，分别为综合评分法和综合平衡法。

5.3.1 综合评分法

综合评分法就是给指标答分求和，从而转化为一个指标（总分），用单一指标代表实验结果。但转化的方法是至关重要的，而且也不纯是数学问题。因为如何加才能综合反映原来的多个指标，的确需要科学合理而又谨慎的。通常可以采用"加权平均法"，即根据各个指标的重要性来确定相应指标的"权"，然后算出每个实验结果的总分。如下式：

得分＝第1个指标值×第1个指标的权＋第2个指标值×第2个指标的权＋… （5-1）

【例5-3】 白地霉核酸的生产工艺试验，目的是提高核酸的收率。考查的指标有两个：核酸泥纯度和纯核酸回收率。这两个指标都是越大越好。因素和水平数如下表所示：

水平	因　　素			
	腌制时间 A/h	核酸含量 B/％	pH 值 C	加水量 D
1	24	7.4	4.8	1∶4
2	4	8.7	6.0	1∶3
3	0	6.2	9.0	1∶2

用 $L_9(3^4)$ 安排实验，实验方案和结果列于正交表中。

本例有两个指标，相对来说纯度更重要。根据经验，纯度提高1％，相当于收率提高5％，即纯度∶收率＝5∶1。因此，可将"纯度×2.5＋收率×0.5"或"纯度×5＋收率×1"作为总分。本例采用前者。计算得出的综合评分列于表末。

极差法计算所得结果可以看出，腌制时间 A 和加水量 D 是两个主要因素。于是，选定腌制时间为24h，加水量为1∶4或1∶3，pH 值选最便于操作的6.0。

实验号	列　　号				核酸泥纯度/％	纯核酸收率/％	综合评分
	1(A)	2(B)	3(C)	4(D)			
1	1	1	1	1	17.8	29.8	59.4
2	1	2	2	2	12.2	41.3	51.2
3	1	3	3	3	6.2	59.9	45.5
4	2	1	2	3	8.0	24.3	32.2
5	2	2	3	1	4.5	50.6	36.6
6	2	3	1	2	4.1	58.6	39.4
7	3	1	3	2	8.5	30.9	36.8
8	3	2	1	3	7.3	20.4	28.5
9	3	3	2	1	4.4	73.1	47.7
I_j	156.1	128.4	127.3	143.7			
II_j	108.2	116.3	131.1	127.4			
III_j	113.0	132.6	118.9	106.2			
R_j	47.9	16.3	12.2	37.5			

5.3.2 综合平衡法

分别把各个指标按单一指标进行分析，然后再把对各个指标计算分析的结果进行综合平衡，从而确定各因素水平的最优或较优组合。

【例 5-4】　液体葡萄糖生产工艺的优选试验，考查液体葡萄糖的 4 个指标：

① 产量，越高越好；

② 总还原糖，在 32％～40％ 之间；

③ 明度，比浊数越小越好，不得大于 300mg/L；

④ 色泽，比色数越小越好，不得大于 20mL。

因素和水平如下：

水平	因　　　素			
	粉浆浓度 A(°B'e)	粉浆酸度 B(pH 值)	稳压时间 C/min	加水量 D/(kg/cm²)
1	16	1.5	0	2.2
2	18	2.0	5	2.7
3	20	2.5	10	3.2

用 $L_9(3^4)$ 安排实验，实验结果以及极差法数据处理一并列于表中。

实验号		列　　　号				产量 (500g)	还原糖 /％	明度 /％	色泽 /％
		1(A)	2(B)	3(C)	4(D)				
1		1	1	1	1	996	41.6	近 500	10
2		1	2	2	2	1135	39.4	近 400	10
3		1	3	3	3	1135	31.0	近 400	25
4		2	1	2	3	1154	42.4	<200	<30
5		2	2	3	1	1024	37.2	<125	近 20
6		2	3	1	2	1079	30.2	近 200	近 20
7		3	1	3	2	1002	42.4	<125	近 20
8		3	2	1	3	1099	40.6	<100	<20
9		3	3	2	1	1019	30.0	<300	<20
产量	$\overline{\mathrm{I}}_j$	1088.7	1050.7	1058.0	1013.0	总　　　和			
	$\overline{\mathrm{II}}_j$	1085.7	1086.0	1102.7	1072.0	9643	334.8	<2350	<205
	$\overline{\mathrm{III}}_j$	1040.0	1077.7	1053.7	1129.3				
	$\overline{R}_j$	48.7	35.3	49.0	116.3				
还原糖	$\overline{\mathrm{I}}_j$	37.3	42.1	37.5	36.3				
	$\overline{\mathrm{II}}_j$	36.6	39.1	37.3	37.3				
	$\overline{\mathrm{III}}_j$	37.7	30.4	36.9	38.0				
	$\overline{R}_j$	1.1	11.7	0.6	1.7				
明度	$\overline{\mathrm{I}}_j$	<433.3	<275	<266.7	<308.3				
	$\overline{\mathrm{II}}_j$	<175	<208.3	<300	<241.7				
	$\overline{\mathrm{III}}_j$	<175	<300	<216.7	<233.3				
	$\overline{R}_j$	~258.3	~91.7	~83.3	~75				
色泽	$\overline{\mathrm{I}}_j$	15	<20	<20	<23.3				
	$\overline{\mathrm{II}}_j$	<26.7	<16.7	<26.7	<20				
	$\overline{\mathrm{III}}_j$	<26.7	<31.74	<21.7	<25				
	$\overline{R}_j$	~11.7	~15	~6.7	~5				

为了便于比较，将指标随因素各水平的变化情况绘成图 5-2。

综合考查四个指标：

还原糖含量，要求在 32％～40％ 之间，从图上可以看出粉浆酸度影响最大，1.5 和 2.5

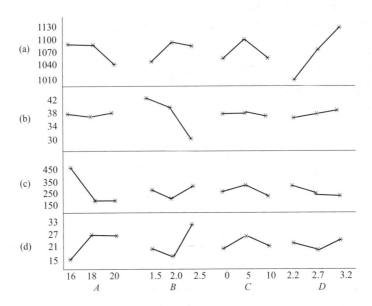

图 5-2 指标随因素变化情况

（a）产量；（b）还原糖；（c）明度；（d）色泽

都不满意，只有 2.0 合适，而其余各因素的各个水平都可以保证还原糖含量在 32%～40% 之间，因此粉浆酸度取 pH 值 2.0 为宜。

从计算结果看，也是酸度影响最大，其他因素的影响都非常之小，而且结论与由图得出的结论完全相同。

从色泽看，也是粉浆酸度最重要，而且也是以 pH＝2.0 为最好；但与还原糖相比来说，其他因素影响却不能忽略，尤其粉浆浓度的影响也是相当明显的，粉浆浓度不能大于 16。

从明度看，粉浆酸度不算重要，因为三个水平下比浊度均低于 300，但也是以 pH＝2.0 为最好；与前述两指标不同的是，粉浆浓度是最重要的，而且不能用 16。显然，要继续研究才能确定合格的取值。其他两因素影响不大，而且基本上小于 300。

从产量看，粉浆酸度是最不重要的，但也是以 pH＝2.0 为最好。因此，可以确定粉浆酸度 pH＝2.0 是较好的。粉浆浓度也不重要，是越低越好；但由于取 16 时明度不合格，因此可取 18，而且取 18 时对其他指标是有利的；所以，粉浆浓度可定为 18。稳压时间以 5min 最好，但 5min 时色泽不合格；其他两个指标没有要求；可取 5min，但还应进一步试验。工作压力影响最大，而且压力越大越好；但压力取 3.2 时，色泽最差，因此压力可取 2.7，或进一步试验再获得更精确的结果。

综上所述，可得出最优工艺条件如下：

粉浆浓度：18°B′e；粉浆酸度：pH＝2.0

稳压时间：5～7min；工作压力：2.7km/cm²

5.4 有交互作用的设计

在第 4 章已经讨论过，各因素对实验结果会产生一定影响，因素间也可能存在交互作用。进行方差分析时，可以通过重复实验，将随机误差和交互作用分开。但在正交实验设计中，一般不会进行重复实验。因此，交互作用的处理方式就与方差分析不尽相同。在正交实验设计中，可以把交互作用作为一种独立的因素，假定各因素、交互作用都是相互独立的，这样就可把交互作用安排到一个专门的列上，与其他因素一起讨论。先看下面一个例子，通过例题了解交互作用设计步骤。

【例 5-5】　乙酰苯胺磺化反应实验，目的在于提高乙酰苯胺的收率。影响因素有反应温度（A），反应时间（B），硫酸浓度（C）和操作方法（D）等。各因素水平如表：

水平	因　　　素			
	反应温度(A)	反应时间(B)	硫酸浓度(C)	操作方法(D)
1	50℃	1 小时	17%	搅拌
2	70℃	2 小时	27%	不搅拌

考虑到 A 与 B、A 与 C 间可能有交互作用，分别用 $A \times B$、$A \times C$ 表示。问如何安排实验？

5.4.1　正交表的选择和表头设计

因为四个因素均为二水平，可以用 $L_8(2^7)$ 安排实验，二列间交互作用如表 5-4 所示。

表 5-4　$L_8(2^7)$ 二列间交互作用表

列号	1	2	3	4	5	6	7
	(1)	3	2	5	4	7	6
		(2)	1	6	7	4	5
			(3)	7	6	5	4
				(4)	1	2	3
					(5)	3	2
						(6)	1
							(7)

表中第一行的数字代表的是发生交互作用的列，带括号的数字表示的是另一列，带括号的数字所在的行与交互作用的另一列所在的列的交叉点的数字表示的是交互作用所在的列。例如第 1、2 两列间的交互作用列，（1）在第二行，"2"所处的列与（1）所在的第二行交叉点的数字是"3"，即表示第 1、2 两列的交互作用处在第 3 列。再如第 4、7 两列，（4）所在的行与"7"所在的列的交叉点的数字是"3"，表示第 4、7 两列的交互作用处在第 3 列。再如第 2、5 两列的交互作用在第 7 列，第 4、6 两列的交互作用在第 2 列等，依次类推。

本例中 A、B 两因素可分别安排在第 1、第 2 列。从表 5-4 知，第 1、2 列的交互作用在第 3 列，因此 $A \times B$ 可排在第 3 列。C 若排在第 4 列，第 1、4 列的交互作用在第 5 列，即 $A \times C$ 在第 5 列；但同时，第 2、4 列的交互作用在第 6 列，所以第 6 列要空出来，若 B、C 间无交互作用，第 6 列可作误差列。这样，D 只能安排在第 7 列，根据经验，搅拌与其他实验条件间不存在交互作用。这样，就完成了正交实验的表头设计。

当然，本例也还有另外一种设计，如把 A、B、C 分别安排于第 1、2、3 列，那么第 3 列既是 C 因素，又是 A、B 的交互作用列，这就出现了重叠，也称为因素的"混杂"，使数据处理无法进行。因此，进行交互作用设计时应注意不要出现这种因素的"混杂"。

另外，三水平表中两列间的交互作用是另外两列。这样 $L_9(3^4)$ 就只能安排两个因素，实际工作中一般也不在三水平以上的正交表中安排交互作用。也就是说，若要考虑交互作用，最好选择两水平表，如 $L_8(2^7)$。

若四因素两两之间均存在交互作用，仍把这四个因素安排于 1、2、4、7 列，那么 4、7

列的交互作用也在第 3 列，2、7 列的交互作用也在第 5 列，2、4 列、1、7 列的交互作用在第 6 列。这样，所有交互作用都会发生"重叠"、"混杂"。为了避免产生"混杂"，就要改用更大的正交表如 $L_{16}(2^{15})$，但实验次数也增加了一倍。因此应根据具体情况合理选用正交表，既要避免因素混杂，又要适当略去不重要的交互作用以减少实验工作量。

5.4.2 按方案进行实验

实验设计与结果一并列于下表。

实验号	因　素							产率
	$1(A)$	$2(B)$	$3(A \times B)$	$4(C)$	$5(A \times C)$	6	$7(D)$	/%
1	1	1	1	1	1	1	1	65
2	1	1	1	2	2	2	2	74
3	1	2	2	1	2	2	2	71
4	1	2	2	2	1	1	1	73
5	2	1	2	1	1	2	2	70
6	2	1	2	2	1	2	1	73
7	2	2	1	1	2	2	1	62
8	2	2	1	2	1	1	2	67

5.4.3 结果分析

（1）将实验结果根据因素的不同水平分组求和，这一步与普通正交实验相同。结果列于下表：

水平	因　素						
	$1(A)$	$2(B)$	$3(A \times B)$	$4(C)$	$5(A \times C)$	6	$7(D)$
I_j	283	282	268	268	276	275	273
II_j	272	273	287	287	279	280	282
$\bar{\mathrm{I}}_j$	70.75	70.50	67.00	67.00	69.00	68.75	68.25
$\bar{\mathrm{II}}_j$	68.00	68.25	71.75	71.75	69.75	70.00	70.50
$\bar{R}_j$	2.75	2.25	4.75	4.75	0.75	1.25	2.25

（2）因素影响分析。从 $\bar{R}_j$ 数据看，因素影响的大小顺序为：

$$\begin{array}{c} A \times B \\ C \end{array} \rightarrow A \rightarrow \begin{array}{c} B \\ D \end{array} \rightarrow A \times C$$

由于 $R_5 < R_6 <$ 其他，而第 6 列为空列，所以可以肯定，第 6 列为误差列，A、C 间也不存在交互作用。

（3）最优水平的确定。由于

$$R_C, R_{A \times B} > R_A > R_B, R_D > R_6$$

因此，C 可取 C_2，同理 D 可取 D_2。即硫酸浓度选 27%，操作方式选不搅拌。

对于 A 和 B 两个因素，其水平的确定就比较复杂了，既要考虑本身的影响，更要考虑二者的交互作用。

对于交互作用的分析，与因素的独立作用不同。因为两个因素水平间有多种组合，因此，首先要考虑水平间的搭配。

A 和 B 间有四种搭配，按加和后平均的方法，求得这四种搭配的平均值如下表：

B	A	
	A_1	A_2
B_1	$\frac{1}{2}(65+74)=69.5$	$\frac{1}{2}(70+73)=71.5$
B_2	$\frac{1}{2}(71+73)=72$	$\frac{1}{2}(62+67)=64.5$

显然，$72>71.5>69.5>64.5$。即四种组合中以 A_1B_2 最好，但 A_2B_1 差别不大，即 50℃、2h 和 70℃、1h 的产率非常接近。而从生产效率上看，70℃、1h 比 50℃、2h 要好，因此，A、B 的最好搭配为 A_2B_1。于是可得较优的水平组合：

反应温度　70℃；反应时间　1h；硫酸浓度　27％；操作方法　不搅拌。

或：

反应温度　50℃；反应时间　2h；硫酸浓度　27％；操作方法　不搅拌。

另外，要取得最优组合，还需进行更多的实验。

【例 5-6】　试对例 5-1 中二列间的交互作用进行比较分析。

因为例 5-1 的表头设计与例 5-5 完全相同，读者可以根据例 5-5 的方法进行处理，此处不再仔细说明。

5.5　正交实验的方差分析

极差法简便、快速、计算量小，但由于未将偶然误差和条件误差分开，因此尚存在缺陷。而方差分析就可以解决这一问题，方法如下。

5.5.1　总变差的分解

参照方差分析中总偏差平方和的分解公式，正交表各列的偏差平方和及总偏差平方和分别为：

$$Q_j = 第 j 列\left(\frac{同水平数据和的平方}{水平重复数}\right)之和 - \frac{T^2}{n} \tag{5-2}$$

$$Q = \sum_{j=1}^{p} Q_j \tag{5-3}$$

其中 T 为数据总和，n 为实验总个数，p 为列数。如 $L_9(3^4)$，$n=9$，$p=4$，则：

$$\bar{x}_1 = \frac{\text{I}_j}{3} \quad \bar{x}_2 = \frac{\text{II}_j}{3} \quad \bar{x}_3 = \frac{\text{III}_j}{3} \tag{5-4}$$

$$Q_j = \left\{b\sum_{i=1}^{a}(\bar{x}_i - \bar{x})^2\right\}$$

$$= 3\left[\left(\frac{\text{I}_j}{3} - \frac{T}{9}\right)^2 + \left(\frac{\text{II}_j}{3} - \frac{T}{9}\right)^2 + \left(\frac{\text{III}_j}{3} - \frac{T}{9}\right)^2\right] \tag{5-5}$$

即：

$$Q_j = \frac{1}{3}(\text{I}_j^2 + \text{II}_j^2 + \text{III}_j^2) - \frac{T^2}{9} \tag{5-6}$$

5.5.2　分析方法

正交表的方差分析方法与第 5 章介绍的方法基本相同，步骤如下：

（1）随机误差　若表中有空列，则其偏差平方和为随机误差平方和，即：

$$Q_e = Q - \sum_{j \neq \text{空}} Q_j \tag{5-7}$$

（2）自由度　各列自由度为该列水平数减1，而总自由度为各列自由度之和，即：

$$f_j = r_j - 1 \tag{5-8}$$

$$f = \sum_{j=1}^{r_j} f_j \tag{5-9}$$

$$f = n - 1 \tag{5-10}$$

其中，r_j 为第 j 列水平数，式(5-10) 表示总自由度是实验总次数减1。

（3）方差　方差的计算方法与第5章完全相同，此处略。

（4）F-检验　方差分析方法仍然是 F-检验，方法是将随机误差方差作分母，因素的方差为分子，进行单边检验。F 的计算式为：

$$F = \frac{Q_{\text{因}}/f_{\text{因}}}{Q_e/f_e} \tag{5-11}$$

然后将计算得 F 值与临界值比较判断，即：

$$F = \frac{Q_{\text{因}}/f_{\text{因}}}{Q_e/f_e} \sim F_{\alpha, (f_{\text{因}}, f_e)} \tag{5-12}$$

若 $F_j \leqslant 1$，说明该因素对结果没有影响，此时应将两偏差平方和及自由度分别合并得到新的偏差平方和及自由度 Q'_e，f'_e，即：

$$Q'_e = Q_e + Q_j \tag{5-13}$$

$$f'_e = f_e + f_j \tag{5-14}$$

5.5.3　适应范围

若无空列，则无误差列，不能进行方差分析。此时可进行重复实验，但一般宁愿改用更大的正交表。

【例 5-7】　试对例 5-2 的实验结果进行方差分析。

解：对于两水平正交实验，其因素的偏差平方和的计算公式为：

$$Q_j = 第\ j\ 列\left(\frac{同水平数据和的平方}{水平重复数}\right)之和 - \frac{T^2}{n}$$

$$= 4\left[\left(\frac{\text{I}_j}{4} - \frac{T}{8}\right)^2 + \left(\frac{\text{II}_j}{4} - \frac{T}{8}\right)^2\right]$$

$$= \left(\frac{\text{I}_j^2}{4} + \frac{\text{II}_j^2}{4}\right) - \frac{T^2}{8}$$

$$= \frac{\text{I}_j^2 + \text{II}_j^2}{4} - \frac{(\text{I}_j + \text{II}_j)^2}{8}$$

$$= \frac{1}{8}(\text{I}_j - \text{II}_j)^2 = \frac{R_j^2}{8} \tag{5-15}$$

即：

$$Q_j = \frac{R_j^2}{n} \tag{5-16}$$

这是两水平因素偏差平方和独特的计算式，其他水平因素不能使用。

由此可求得各因素偏差平方和，列表如下：

列号	1	2	3	4	5	6	7	总和 Q
因素	A	B		C	D	E		
Q_j	42.78	18.301	0.911	1.201	0.061	4.061	0.031	67.347

由于：

$$Q_3 < Q_B < Q_A$$

即 A、B 间无交互作用，所以第 3 列也是误差列。又由于 $Q_D < Q_3$，所以 D 因素无影响。因此：

$$Q_e' = Q_e + Q_D = Q_3 + Q_7 + Q_D = 1.003$$

且：

$$f_e' = f_e + f_D = f_3 + f_7 + f_D = 3$$

对因素进行 F-检验时，一般可考虑四种情况：

① $F > F_{0.01, (f_{因}, f_e)}$，则因素对结果的影响高度显著，记为：$**$ 或 $***$。

② $F_{0.01, (f_{因}, f_e)} \geqslant F > F_{0.05, (f_{因}, f_e)}$，则该因素对结果的影响为"显著"，记为 $*$。

③ $F_{0.05, (f_{因}, f_e)} \geqslant F > F_{0.10, (f_{因}, f_e)}$，则该因素对结果有影响。

④ $F \leqslant F_{0.10, (f_{因}, f_e)}$，则该因素对结果无影响。

计算过程略，结果列成如下的方差分析表：

方差来源	偏差平方和	自由度	方差	F 值	F 临界值	显著性
因素 A	42.781	1	42.781	127.96		$***$
因素 B	18.301	1	18.301	54.74		$**$
因素 C	1.201	1	1.201	3.59		—
因素 D	0.061	1	0.061	—	$F_{0.05, (1,3)} = 10.1$	—
因素 E	4.061	1	4.061	12.15	$F_{0.01, (1,3)} = 34.1$	$*$
误差	0.942	2	0.471		$F_{0.10, (1,3)} = 5.54$	
误差	1.003	3	0.334			
总和	67.347	7	9.621			

可见，方差分析的结论与极差法的结论不尽相同。显然，由于方差分析利用了更多的信息，因此方差分析更加可靠、准确。

5.6 正交表的改造

有时，实验中所考察的因素的水平数可能不完全相等，这时需要采用混合水平正交表安排实验，或者对普通的正交表作修正，灵活使用正交表。

混合水平正交表实验设计方法与规则表类似，但由于其水平数的不规则，不能进行交互作用设计。其数据处理方法与规则表相似。

因素水平数不等的正交设计情况复杂多样，不可能对所有情况都事先编制好水平数不等的正交表，这时可以通过对一张现有正交表（称为基本表）进行改造。

（1）并列法

【例 5-8】　在 Vc 二步发酵的配方实验中，共有七个影响因素，其中因素 A "尿素"有 6 个水平，其他 6 个因素都是 3 个水平，因素水平见下表。

因素水平表

因　　素	1 水平	2 水平	3 水平	4 水平	5 水平	6 水平
A：尿素	CP0.7	CP1.1	CP1.5	GY0.7	GY1.1	GY1.5
B：山梨糖	7	9	11			
C：玉米浆	1	1.5	2			
D：K_2HPO_4	0.15	0.05	0.1			
E：$CaCO_3$	0.4	0.2	0			
F：$MgSO_4$	0	0.01	0.02			
G：葡萄糖	0	0.25	0.5			

注：CP，指化学纯；GY，指工业级。

选用混合水平正交表 $L_{18}(2^1 \times 3^7)$，该表共有 18 行，需要做 18 次实验，其中第一列是 2 水平列，其余 7 列都是 3 水平列。本例有 1 个 6 水平的因素和 6 个 3 水平的因素，这时可以把 $L_{18}(2^1 \times 3^7)$ 正交表中的 2 水平列和一个 3 水平列合并生成一个 6 水平列。具体方法为：

(1,1)→1　　　(1,2)→2　　　(1,3)→3

(2,1)→4　　　(2,2)→5　　　(2,3)→6

这样就由 $L_{18}(2^1 \times 3^7)$ 生成了一张新的 $L_{18}(6^1 \times 3^6)$ 混合水平正交表，可以安排 1 个 6 水平的因素和 6 个 3 水平的因素，实验的安排和实验结果见下表。

用混合水平正交表 $L_{18}(2^1 \times 3^7)$ 安排实验与实验结果

实验号	A	B	C	D	E	F	G	氧化率
	1	2	3	4	5	6	7	$y/\%$
1	1	1	3	2	2	1	2	65.1
2	1	2	1	1	1	2	1	47.8
3	1	3	2	3	3	3	3	29.1
4	2	1	2	1	2	3	1	70.0
5	2	2	3	3	1	1	3	68.1
6	2	3	1	2	3	2	2	41.5
7	3	1	1	3	1	3	2	63.0
8	3	2	2	2	3	1	1	63.5
9	3	3	3	1	2	2	3	59.0
10	4	1	1	1	3	1	3	45.7
11	4	2	2	3	2	2	2	56.4
12	4	3	3	2	1	3	1	42.0
13	5	1	3	3	3	2	1	70.0
14	5	2	1	2	2	3	3	58.3
15	5	3	2	1	1	1	2	53.6
16	6	1	2	2	1	2	3	66.3
17	6	2	1	1	3	3	2	66.7
18	6	3	1	3	2	1	1	50.0

这个例子中正交表的每列都安排上了因素，没有空列，这时作方差分析就没有误差列。

在实际工作中总是希望在相同次数的实验中考查尽量多的因素，如果仅是为了作方差分析而留出一列空白列，会认为是对实验资源的浪费。实际上，当实验中考查了较多因素时，总会有一个或几个因素对实验指标没有显著影响，这时的处理方法是先算出每列的离差平方和，把离差平方和最小的列作为误差列，然后作方差分析。当然，作为正式实验设计，还是应该保证其结果的可靠，尽量安排一个空列作为误差列，使结果分析更加具有说服力。

具体的计算工作留给读者作为练习。

以上用并列法生成混合水平正交表时所使用的基本表 $L_{18}(2^1 \times 3^7)$ 是无交互作用的正交表，如果使用有交互作用的基本表，就要把相应的交互作用列去掉。例如把 $L_8(2^7)$ 正交表的前两列并列生产一个 4 水平的列，前两列的交互作用在第 3 列，这时要把第 3 列去掉，生成一张有 1 个 4 水平列和 4 个 2 水平列的混合水平正交表 $L_8(4^1 \times 2^4)$。其余情况以此类推。

（2）拟水平法　拟水平法是对水平较少的因素虚拟一个或几个水平，使它与其他因素的水平数相等。例如一个实验中有 3 个因素，A 因素有 2 个水平，B，C 因素都是 3 水平的因素。如果直接使用混合水平正交表就要用 $L_{18}(2^1 \times 3^7)$ 混合表，需要做 18 次实验，实际上是全面实验。为了减少实验次数，可以用 $L_9(3^4)$ 安排实验。在 A 因素的两个水平 A_1，A_2 中选择出一个水平，例如选择 A_1 水平，然后虚拟一个 A_3 水平，A_3 水平与 A_1 水平实际上是同一个水平，这样 A 因素形式上就有 3 个水平。

（3）组合法　一个实验中有 2 个 2 水平因素和 3 个 3 水平因素，共有 5 个因素，不考虑交互作用。如果用拟水平法，需要用 $L_{18}(2^1 \times 3^7)$ 或 $L_{27}(3^{13})$ 正交表，实验次数过多。这时可以把 $L_9(3^4)$ 的 1 个 3 水平列拆分成 2 个 2 水平的列，或者看作是将 2 个 2 水平的列组合成 1 个 3 水平的列，通常的方法是：

$$1 \to (1,1) \qquad 2 \to (1,2) \qquad 3 \to (2,1)$$

用组合法改造的"正交表"不具有正交性，并且上面的改造方法有一个明显的缺陷，两个 2 水平列的 (2,2) 水平组合没有出现。所以使用这种组合正交表需慎重。

第6章　多因素序贯实验设计

在多因素多水平的情况下，为了减少实验工作量，除了可采用上章介绍的正交实验设计以外，更多地应用的是序贯实验设计法。单因素实验时，序贯设计的优越性一般不明显，因为单一工艺条件所需考查的水平数一般不会很多，采用序贯设计虽可适当减少试点数，却会增加实验批次，实验进度不一定会加快。多因素组合实验时，全面实验的工作量很大，采用序贯实验法就可明显地减少试点总数，缩短实验周期。例如三因素五水平全面析因实验试点总数达 125，若采用序贯进行的几批二水平析因实验代替，则至多只要安排三批 2^3 析因共 $3 \times 8 = 24$ 个试点即可达到实验目的，实验工作量可减少 80%。

本篇概述中已经谈到，序贯实验法可分为登山法和消去法两类。化工类试验中应用较多的多因素序贯实验法如最陡坡法、调优运算和单纯形调优法等均属于登山法。本章将着重介绍最陡坡法，然后再对其他几种主要方法给予若干简要说明。

6.1　最陡坡法

最陡坡法或译作最陡上升法（method of steepest ascent），是勃克思和威尔逊在 1951 年提出的一种多因素实验设计方法，目前在试验研究工作中应用得非常广泛。我们知道，登山时，若沿最陡坡攀登，路线将最短。实验指标的变化速度，也可看作是一种"坡度"；最陡坡法，就是要沿实验指标变化最快的方向寻找最优条件，其实验步骤可归结如下：

（1）查找最陡坡　利用二水平多因素正交实验，查找各因素对实验指标的效应。各因素效应的大小代表了该方向上指标的变率即坡度，故下一步调优时，应使各因素水平的变动幅度与各自效应的大小成比例，这就是最陡坡；

（2）沿最陡坡登山　沿着已确定的最陡方向安排一批试点，逐步调优，直至实验指标不再改进为止；

（3）检验顶点位置　以登山时找到的最优试点为中心，重新安排一组正交实验，检验该处是否已达"山顶"，如果不是，就要找出新的最陡方向，继续登山。

到达顶点后，一般即可结束试验。如果要求描述实验指标与因素条件间的对应关系，求解回归模型，则尚需安排一组更细致的实验。

下面结合实例介绍最陡坡法实验设计步骤及其数学原理。

6.1.1　实例

【例 6-1】某褐铁矿试样，粒度 $3 \sim 0.1mm$，品位 41% Fe，可跳汰法分选，要求精矿品位 $49\% \sim 50\%$，用最陡坡法寻求最优工艺操作条件。

（1）查找最陡坡　需考查的因素为：

A——人工床层厚度（mm）；

B——筛下水量 $[m^2/(m^2 \cdot h)]$；

C——冲程（mm）；

D——试料层厚度（mm）。

利用 2^{4-1} 部分正交实验寻找最陡坡——用正交表 $L_8(2^7)$，安排四个因素。由上章可知，这样的实验设计方案可保证全部主效应均不被混杂，而仅交互作用项相互混杂，因而有利于正确地找到最陡坡。

基点（中心点）的实验条件定为：

A_0——60(mm)；

B_0——7.06$[\text{m}^3/(\text{m}^2 \cdot \text{h})]$；

C_0——7.5(mm)；

D_0——45(mm)；

步长——相邻两试点间各因素取值的间距。由于基点的水平编码为 0，故它同高水平点（+1）和低水平点（-1）的间距均为"一步"（有的书刊上是将高、低二水平的间距作为一步，它们同基点的间距则作为半步）。设以 S 表示步长，各因素的步长定为：

S_A——15(mm)；

S_B——1.19$[\text{m}^2/(\text{m}^2 \cdot \text{h})]$；

S_C——1.5(mm)；

S_D——15(mm)。

于是可将各因素各水平的实际取值汇总如表 6-1。

表 6-1　各因素不同水平取值

水平	因　　素			
	A	B	C	D
-1	45	5.87	6.0	30
0	60	7.06	7.5	45
+1	75	8.25	9.0	60

表 6-2　最陡坡法实例

因素 试点号 j	A	B	AB CD	C	AC BD	BC AD	D	实验结果/%					
	1	2	3	4	5	6	7	β'_j	β''_j	β_j	$\beta'_j - \beta''_j$	$\hat{\sigma}^2_j$	$\hat{\sigma}_j$
①	-1	-1	+1	-1	+1	+1	-1	45.40	45.12	45.26	0.28	0.04000	0.20
②	+1	-1	-1	-1	-1	+1	+1	47.18	47.76	47.47	0.58	0.1682	0.41
③	-1	+1	-1	-1	+1	-1	+1	45.46	46.38	45.92	0.92	0.4232	0.65
④	+1	+1	+1	-1	-1	-1	-1	46.15	45.61	45.88	0.54	0.1444	0.38
⑤	-1	-1	+1	+1	-1	-1	+1	43.94	43.63	43.79	0.31	0.0480	0.22
⑥	+1	-1	-1	+1	+1	-1	-1	43.56	44.01	43.79	0.45	0.1012	0.32
⑦	-1	+1	-1	+1	-1	+1	-1	43.32	43.10	43.21	0.22	0.0242	0.16
⑧	+1	+1	+1	+1	+1	+1	+1	43.92	44.77	44.35	0.85	0.3612	0.60
$\sum\beta_+$	181.49	179.36	179.28	175.14	179.32	180.29	185.53	总计：	359.67	4.11	1.3083	—	
$\sum\beta_-$	178.18	180.31	180.39	184.53	180.35	179.38	178.14	总平均：	44.96	0.514	0.1635	0.4043	
$\beta_+ = 1/4\sum\beta_+$	45.37	44.84	44.82	43.78	44.83	45.07	45.38						
$\beta_- = 1/4\sum\beta_-$	44.54	45.06	45.10	46.13	45.09	44.85	44.53						
$r = \beta_+ - \beta_-$	+0.83	-0.24	-0.28	-2.35	-0.26	+0.22	+0.85						
$b = -1/2 \times r$	+0.415	-0.120	-0.140	-1.175	-0.130	+0.110	+0.425						

实验结果如表 6-2（最陡坡法实例）所示，所用判据为精矿品位 β，为了估计实验误差，每一试点均重复一次，表中：

β_j'——第 j 个试点第一次实验指标，$j=1,2,\cdots,N$，此处 $N=8$；

β_j''——第 j 个试点第二次实验指标；

β_j——第 j 个试点两次实验平均指标；

$\hat{\sigma}_j$——第 j 个试点的标准偏差，可按下列公式算得：

$$\hat{\sigma}_j = s = \sqrt{\frac{\sum_{j=1}^{n}(E_j - \bar{E})^2}{n-1}} \qquad (6-1)$$

式中，E_j 为第 j 次测试结果，$j=1,2,3,\cdots,n$；$\bar{E}$ 为 n 次测试结果的平均值；n 为测试次数。

8 个试点标准偏差的平均值：

$$\hat{\sigma}_e = \sqrt{\frac{\sum_{j=1}^{N}\hat{\sigma}_j^2}{N}} = \sqrt{\frac{1.3083}{8}} = 0.4043\%$$

这就是实验误差的估计值。

每一试点标准误差的自由度 $f = m-1 = 2-1 = 1$，此处 m 为每一试点重复实验次数。8 个试点合并估计实验误差时，即 $\hat{\sigma}_e$ 的自由度 $f_e = N(m-1) = 8(2-1) = 8$。

也可利用极差估计实验的标准误差。先算出每点的极差 $(\beta_j' - \beta_j'')$，再算出 8 个试点极差的平均值：

$$\bar{R}_{\beta_j} = \frac{1}{N}\sum_{j=1}^{N}(\beta_j' - \beta_j'') = 0.514\%$$

每一试点的结果看作一组数据，这就有 8 组，每组两个数据，按 $l=8$，$n=2$，可由极差系数表查得相应极差系数 $d=1.17$，自由度 $f \approx 7$，于是可算出实验标准误差的估计值

$$\hat{\sigma}_e = \frac{1}{1.17} \times 0.514 = 0.439\%$$

$\sum\beta_+$、$\sum\beta_-$——各列对应于水平"$+1$"和"-1"各试点指标总和；

$\bar{\beta}_+$、$\bar{\beta}_-$——各列对应于水平"$+1$"和"-1"各试点平均指标；

r——极差；

b——回归系数，相当于每步的效应值，亦可简称为效应。

回归系数的标准误差 $\hat{\sigma}_b$ 可按下式计算：

$$\hat{\sigma}_b = \frac{\hat{\sigma}_e}{\sqrt{N}} = \frac{0.4043}{\sqrt{8}} = 0.143\%$$

然后用 t-检验法检验各列的 b 是否显著，若 $b > t_\alpha \hat{\sigma}_b$，即可认为该项回归系数，即该列的效应是显著的，显著性水平为 α。由附表 7 t-分布表可查得，当误差项自由度为 8 时，$t_{0.05} = 2.31$，$t_{0.05}\hat{\sigma}_b = 2.31 \times 0.143 = 0.330\%$。由表 6-2 可知，效应最显著的是冲程，其次是试料层厚度和人工床厚度。筛下水量的效应不显著，故下一步登山时可不考虑。

最陡坡的确定：

冲程 C、试料层厚度 D、人工床厚度 A 三因素主效应的比值为：

$$b_C : b_D : b_A = -1.175 : 0.425 : 0.415 = -1 : 0.36 : 0.35$$

最陡方向应是：冲程每调一步，试料层厚度须调 0.36 步，人工床厚度须调 0.35 步，故可据此确定各因素的新步长 S'。

现首先选定冲程的新步长 $S'_C = 1\text{mm}$，$S'_C : S_C = 2 : 3$，即新步长相当于原步长的 2/3，然后即可相应地算出：

试料层厚度的新步长为：

$$S'_D = \frac{b_D}{b_C} \times \frac{S'_C}{S_C} \times S_D = 0.36 \times \frac{2}{3} \times 15 = 3.6(\text{mm})$$

人工床厚度的新步长为：

$$S'_A = \frac{b_A}{b_C} \times \frac{S'_C}{S_C} \times S_A = 0.35 \times \frac{2}{3} \times 15 = 3.5(\text{mm})$$

须注意的是，冲程的效应为负值，其余二因素的效应为正值，故登山时冲程需减小，而试料层和人工床厚度需增大。

（2）沿最陡坡登山　决定以原正交实验中的最优试点 2 作为登山起点，该点的条件为 $A = 75\text{mm}$，$B = 5.87\text{m}^2/(\text{m}^2 \cdot \text{h})$，$C = 6\text{mm}$，$D = 60\text{mm}$。

于是可算出登山路上各试点的条件如下。

第一步，试点 9 的条件为：

A：$75 + 3.5 = 78.5(\text{mm})$

C：$6 - 1 = 5(\text{mm})$

D：$60 + 3.6 = 63.6(\text{mm})$

表 6-3　登山实验条件和结果

试点号	试 验 条 件				精矿品位 $\beta(\%\text{Fe})$
	人工床厚度 A/mm	筛下水量 B/[$\text{m}^2/(\text{m}^2 \cdot \text{h})$]	冲　程 C/mm	试料层厚度 D/mm	
（2）	75.0	5.87	6	60.0	47.47
（9）	78.5	5.87	5	63.6	47.54
（10）	82.0	5.87	4	67.2	49.70
（11）	85.5	5.87	3	70.8	48.60

依次可算出第二步（试点 10）、第三步（试点 11）的条件。各点的实验条件和结果均已综合列入表 6-3。实验结果表明，最优试点为点 10，相应的操作条件为：人工床厚 82mm，筛下水量 $5.87\text{m}^2/(\text{m}^2 \cdot \text{h})$ 时，冲程 4mm，试料层厚 67.2mm。

6.1.2　数学原理

设以 E 表示各种矿物加工过程或作业的效率判据，则此目标函数与各因素间的关系可用下式表示：

$$E = f(x_1, x_2, \cdots x_n) \tag{6-2}$$

式中，x_1，x_2，$\cdots x_n$ 等表示各工艺变数。其图形为 n 维空间的一个平面或曲面，常称为响应面。

采用最陡坡法调优时，常首先假定响应面的某一区段为一斜平面，此时响应面方程即为线性回归方程：

$$\hat{E} = b_0 + b_1 x_1 + b_2 x_2 + \cdots + b_n x_n \tag{6-3}$$

式中　b_0——常数项，即 x_1，x_2 等的取值均为 0 时的 $\hat{E}$ 值；

b_i——回归系数，表示在 x_i $(i=1,2,\cdots,n)$ 方向上该平面的斜率，即 $\hat{E}$ 对 x_i 的偏导数，即相当于 x_i 的效应。

因为，若将上式分别对 x_1，$x_2\cdots$，x_n 取偏导数，则可得：

$$\frac{\partial \hat{E}}{\partial x_1}=b_1, \quad \frac{\partial \hat{E}}{\partial x_2}=b_2, \quad \cdots, \quad \frac{\partial \hat{E}}{\partial x_n}=b_n$$

可见 b_i 的物理意义就是，当其他因素不变时，因素 i 的取值 x_i 每变化一个单位，所引起的目标函数 $\hat{E}$ 的变化量，取正值时为增量，取负值时为减量。若 x_i 均以"步"为单位，则 b_i 就是 x_i 每变动一"步"时，目标函数 $\hat{E}$ 的变化量，在正交实验中，通常就叫做"效应"。

再回到上例中，若以 x_1，x_2，x_3，x_4 分别代表人工床厚度 A、筛下水量 B、冲程 C、试料层厚度 D 四个变量，则 b_i 可直接由表 6-2 中查得：$b_1=+0.145\%$、$b_2=-0.120\%$、$b_3=-1.175\%$、$b_4=+0.425\%$。b_0 应为 x_i 的取值均为 0 时的 $\hat{E}$ 值，即中心点的指标。

本实验设计没有安排中心试点，但由于假定模型是线性的，因而中心试点的指标应等于周围八个试点指标的总平均值，故由表 6-2 可得，$b_0=44.96\%$，将 b_0 和 b_1 的数值代入式 (6-3) 得出本例之回归模型为：

$$\hat{E}=44.96+0.415x_1-0.120x_2-1.175x_3+0.425x_4$$

须注意的是，上式中 x_i 均是以"步"为单位，表 6-2 中"+1"表示比中心试点高一步，"-1"表示比中心试点低一步。例如，当 $x_1=+1$ 时，人工床厚度的实际数值 $A=A_0+x_1S_A=60+15=75(\text{mm})$。反之，若已知 $A=75(\text{mm})$，则可得 $x_i=(A-A_0)\div S_A=(75-60)15=+1$。

下面再讨论如何判断最陡方向的问题。

当自变量的数目 $n=2$ 时，回归方程为一个二元一次方程：

$$\hat{E}=b_0+b_1x_1+b_2x_2 \qquad (6\text{-}4)$$

在等值线上（即 $\hat{E}$ 取某一恒定值 $\hat{E}_a$ 时），x_2 与 x_1 的关系可写成：

$$x_2=-\frac{b_1}{b_2}x_1+C \qquad (6\text{-}5)$$

式中，C 为新的常数项，$C=(\hat{E}_a-b_0)/b_2$，$\hat{E}_a$ 取不同值时，C 亦有不同值，表明等值线为一簇具有不同截距 C 的平行直线，其斜率为 $-b_1/b_2$。

显然，等值线（相当于地形图上的等高线）的法线方向就是目标函数变化最快的方向，即最陡坡。而由几何学可知，二垂线的斜率互为负倒数，故等值线法线的斜率应为 b_2/b_1。换句话说，在最陡坡上 x_2 对 x_1 的变率等于 b_2/b_1，即 $x_2 : x_1 = b_2 : b_1$。类似地可以证明，n 维空间的最陡方向上，$x_1 : x_2 : \cdots, x_n = b_1 : b_2 : \cdots : b_n$。这就是为什么要按照各因素效应大小的比例确定各因素步长的原因。

6.1.3 应用条件

采用上述最陡坡法的条件是：

(1) 目标函数为一单峰函数，即只有一个极大值。

(2) 在试验范围内响应面接近一斜面，而没有突然的转折点。一般来说，若目标函数对工艺条件的变化很敏感，就可能出现突变点。此时若采用二水平的正交实验，就不易找到"坡度"。

（3）对所研究的对象或工艺过程比较熟悉，因而在寻找最陡坡时能够有把握使所选用的二个水平恰好落在山坡上，而不是落在山脚外或横跨山岭。所谓落在山脚外，是指所选用的两个试点的指标都不好，因而无法显出坡度。所谓横跨山岭，是指由于步长太大，一个水平小于最优值，另一个水平却已超过了最优值，因而将指错调优方向（见图 6-1）。当然，步长也不能小到使实验结果的变化均落入实验误差范围内，那样也显不出坡度。

只有满足了以上三项条件，才能将实验范围内的响应面方程近似地看作线性方程，并按线性模型寻找最陡坡。为了判断线性模型与实验数据的拟合程度，除了可对回归方程的显著性进行统计检验外，还可根据中心效应和交互效应的大小做出初步估计。为此，在实验设计时，最好在二水平正交实验的基础上，加一个中心点，即各因素水平均为 0 的试点。若该点的指标与二水平正交实验各点指标的总平均值相差很大，即中心效应很显著，就表明该响应面的曲线性很显著，不能采用线性模型。交互作用很显著时，则应注意避免与主效应混杂而导致弄错调优方向。只要交互效应没有与主效应混杂，一般就仍可按线性回归方程所确定的最陡方向安排登高试点，否则应考虑改用二次模型。

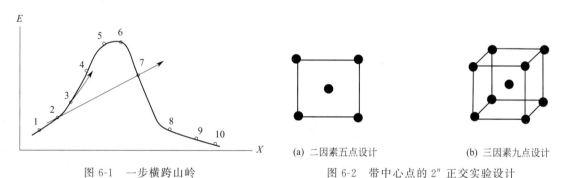

图 6-1 一步横跨山岭

(a) 二因素五点设计　　　(b) 三因素九点设计

图 6-2 带中心点的 2^n 正交实验设计

带中心点的 2^2 正交实验设计称二因素五点设计，带中心点的 2^3 正交实验设计称三因素九点设计，其图形分别如图 6-2(a) 和 (b) 所示。四因素为 17 点设计，……。由于中心点比较重要，最好能适当安排重复实验。

在试验研究中，也常有这样的情况，尽管中心效应比较显著，有时却可凭借专业知识的帮助，适当调整调优方向，就可找到最优区域，而不一定要采用二次模型。图 6-3 即为某萤石浮选试验安排实例。

第一批实验的试点为第 1、2、3、4、5 五点，实验结果表明，磨矿细度主效应 $r_A = -7.1\%$，捕收剂用量主效应 $r_B = +16.1\%$，若不考虑中心效应，则按最陡坡法，下一步登山应从点 4 出发，让 A、B 二因素的步长比取 $S_A : S_B \approx r_A : r_B = -1 : 2$，向左上方调优。现中心效应 $r_0 = 6.9$，表明至少有一个因素的最优水平就在中心点附近，具体分析各试点指标后即可看出中心效应主要是磨矿细度引起，据此调整了登山方向，很快就找到了最优区域。

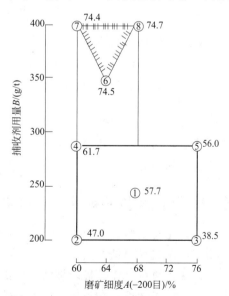

图 6-3 某萤石矿浮选试验安排

如果需要采用二次模型，实验的设计和数据分析都将比较复杂。正像两点可以确定一直线一样，n 维空间的平面只需采用 2^n 正交实验设计；而为了估计一曲面，至少应采用三水平的实验设计。常用的实验设计方案是"中心组合设计"。

n 维中心组合设计的试点，包括以下三个组成部分：

2^n 正交实验的试点；

中心点；

n 个坐标轴上，距中心 $+\gamma$ 和 $-\gamma$ 的 $2n$ 个点。图 6-4 所示为二维中心组合设计。γ 的取值与实验设计的要求（正交性、旋转性）、实验因素的个数 n、以及中心试点的重复次数 m_0 有关，若 $m_0 = 1$，则为了使设计具有正交性，应使：

$n = 2$ 时，$\gamma = 1$

$n = 3$ 时，$\gamma = 1.215$

$n = 4$ 时，$\gamma = 1.414$

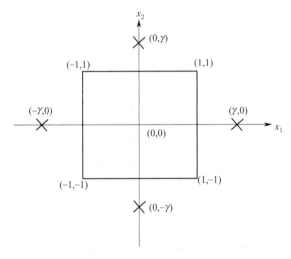

图 6-4　二维中心组合设计

若欲同时具有旋转性（与中心点距离相等的各点预测值方差相等），则应使：

$n = 2$ 时，$m_0 = 8$，$\lambda = 1.414$

$n = 3$ 时，$m_0 = 9$，$\lambda = 1.682$

$n = 4$ 时，$m_0 = 12$，$\lambda = 2.000$

使设计具有正交性是为了简化回归分析的计算。使设计具有旋转性的好处是，若以零水平的中心点为球心，则同一球面上各点的预测值的方差是相等的，因而实验者可以直接比较各点预测值的好坏，准确地找到预测值相对较优的区域。

6.2　调优运算和单纯形调优法

在化工类实验设计中，可以与最陡坡法相提并论的，是调优运算和单纯形调优法，三者都属于小步伐登山的方法。

调优运算可看作是最陡坡法的仔细运用。因为二者的基本实验设计单元都是 2^n 正交实验设计，但最陡坡法在利用正交实验找到最陡坡后即一直沿既定方向运动，直至目标函数不再改进为止，然后才重新安排第二批正交实验进行检查；而调优运算是每步安排一套正交实验，每步校正一次调优方向，工作更加细致，但工作量比较大［对比图 6-5（a）和（b）］。
显然，当调优步数不多时，二者的试点数将相差不多，此时就宁愿采用调优运算法，以便可
较细致地查明目标函数的变化规律。因而实验设计中，若在预先试验阶段已采用了多水平的
部分正交实验，探索到了最优点的大致位置，条件实验时就一般可采用调优运算法而不必采
用最陡坡法；反之，当试验的初始阶段，最陡坡法将明显地优于调优运算法。基于同样原
因，最陡坡法较多地用于实验室试验，而调优运算更多地用于工业试验，包括现场生产的自
动最优化控制。

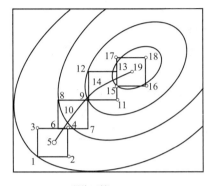

(a) 调优运算

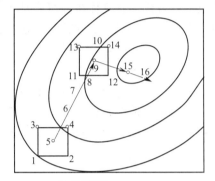

(b) 最陡坡法

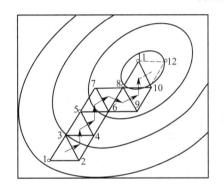

(c) 单纯形调优法

图 6-5　几种登山法的比较

　　单纯形调优法是以 n 维空间中顶点数最少的几何图形——单纯形代替 2^n 正交实验安排
作为调优运算的基本实验单元。例如，二维空间的单纯形是三角形；三维空间的单纯形是四
面体，每面是一个三角形；n 维空间的单纯形具有 $n+1$ 个顶点。实验就是从单纯形的这
$n+1$ 个顶点开始，每一个顶点做完实验后，就可以比较目标函数的大小，一般去掉结果最
差的顶点而代之以与此顶点相对称的点（故称为镜面反映）。这个新的对称点与去掉最差
点后留下的 n 个顶点又形成一个新的单纯形。再比较这新单纯形上 $n+1$ 个顶点的实验结
果，如此继续下去（当然，有时还要使用一些补充规则），逐步调向目标函数的最优值，
如图 6-5（c）所示。

　　单纯形调优法优点是，计算比较简单，不论因素多少，除了第一步需安排 $n+1$ 个试点
以外，以后每一步只需安排一个试点，且可随时调整最优方向，因而调优速度很快。如果需
要中途引进新的变数，也非常方便。例如，二维空间的三角形，只需补充一个试点，即成为
三维空间的四面体。也就是说，不论试验进展到哪步，只要多加一个试点，即可多考查一个

因素。而 2^n 正交实验 n 每增大 1，试点数将增大一倍。因而国外从 1962 年提出该法以来，推广很快，特别是在化工方面。实验室试验时，单纯形调优法由于每一步的安排都要依赖于上一步试验的结果，而不像最陡坡法那样一次可以安排好几步，因而时间上不一定节省。对比图 6-5(a)、(b)、(c) 也看出，单纯形调优法的试点数最少，而实验批次最多。

6.3 消去法

以上三种方法，都是以小步伐逐步登山的方法。消去法则是从大步伐探索开始，逐步收缩试验范围的方法，其具体步骤可归结为：

（1）根据专业知识和已知信息，选定各因素的试验范围；

（2）利用"0.618"，分批试验法或分数法等优选法，分别分割各个因素的试验范围，确定第一批实验的水平；

（3）将各因素的第一批实验水平组合在一起，按正交实验法安排第一批实验；

（4）根据第一批实验提供的信息，收缩各因素的试验范围，再按同样的方法，安排第二批实验，如此继续做下去，直至将最优值的所在范围缩小到所要求的精度为止。

6.3.1 "0.618"法

【例 6-2】 某赤铁矿正浮选药方试验，实验考查三种药剂，采用多因素组合试验法，三种药剂的试验范围分别定为：

捕收剂：500～1500g/t；

调整剂：0～200g/t；

碳酸钠：0～4000g/t。

决定采用"0.618"法分割试验范围，将整个试验范围作为 1 个单位，然后将对应于 0.382 和 0.618 处的二个用量水平作为第一批实验的水平：

	0.382	0.618
捕收剂(g/t)：	880	1120
调整剂(g/t)：	76	124
碳酸钠(g/t)：	1500	2500

于是组成一三因素二水平的 2^3 正交实验。实验结果表明：

捕收剂，低用量较好，故可将试验范围收缩为 500～1120g/t；

调整剂，低用量较好，故可将试验范围收缩为 0～124g/t；

碳酸钠，高用量较好，故可将试验范围收缩为 1500～4000g/t。

然后将新的试验范围作为 1 个单位，重新按"0.618"法分割试验范围，得到第二批实验各因素的水平为：

	0.382	0.618
捕收剂(g/t)：	740	880
调整剂(g/t)：	46	76
碳酸钠(g/t)：	2500	3000

组成第二个 2^3 正交实验设计,最终结论是：

捕收剂:880g/t 较好,实验精度是 −140 和 +240g/t；

调整剂:76g/t 较好,实验精度是 −30 和 +48g/t；

碳酸钠:2500g/t 较好,实验精度是 −1000 和 +500g/t。

显然,若不采用序贯设计,而采用均分法,一批实验,则为了达到同样的实验精度,每个因素至少要取 5 个水平,而一个三因素五水平的 5^3 全面正交实验,试点数将达 125,而正交实验最少也需 25 个实验点 $[L_{25}(5^6)]$。

6.3.2　分批试验法

【例 6-3】　赤铁矿反浮选药方试验,用石灰和碳酸钠活化石英并调整矿浆 pH 值。考虑到这两种药剂可能有交互作用,决定将它们组合在一起试验。每个因素拟取 5 个水平,考虑到若采用全面正交试验,则共需 $5^2=25$ 个试点,故决定改用分批试验法,序贯析因。

第一批实验,每个因素取 3 个水平,即两个极端水平和一个中心水平。但 3^2 析因试点数为 9,实验工作量仍然很大,因而决定改用带中心点的 2^2 析因,即图 6-2(a)所示的二因素五点设计。第一批实验试点编号为 1~5,各点的条件和实验结果如图 6-6 所示,可算得各项效应如下:

碳酸钠用量主效应:

$$A=\frac{1}{2}(E_2+E_3)-\frac{1}{2}(E_1+E_4)=-2.2\%$$

石灰用量主效应:

$$\frac{1}{2}(E_3+E_4)-\frac{1}{2}(E_1+E_2)=-3.3\%$$

交互效应:

$$\frac{1}{2}(E_1+E_3)-\frac{1}{2}(E_2+E_4)=2.1\%$$

中心效应:

$$r_0=E_5-\frac{1}{4}(E_1+E_2+E_3+E_4)=14.4\%$$

计算结果表明,只有中心效应很显著,表明最优区域就在中心点附近,决定收缩试验范围,安排第二批析因试验,试点号为 6~9,中心点仍用原来的中心点,即点 5。实验条件和结果仍见图 6-6,算得:

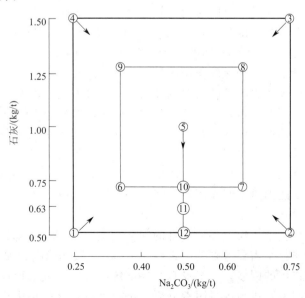

图 6-6　分批试验法(石灰-碳酸钠用量组合试验)

碳酸钠主效应 $A=0.8\%$；

石灰主效应 $B=-12.7\%$；

交互效应 $AB=-0.7\%$；

中心效应 $r_0=9.6\%$。

表明碳酸钠的最优水平就是中心点的水平，石灰用量则应减小，据此安排了第三批试验，即点 10、11、12。最终结果表明，石灰用量以 $0.63\sim1.0$ kg／t 为好，碳酸钠用量以 0.50kg／t 为好，至此一共做了三批共 12 个实验，实验精度不亚于二因素五水平的全面析因正交实验，提供的信息量也与 5^2 正交实验设计大致相当。

6.4　小结

比较以上几种多因素序贯实验设计法可以看出，尽管登山法与消去法在本质上有区别，在实验安排的形式上却有许多共同点。除了单纯形调优法之外，本章介绍的其他几种序贯实验法，都是用几批序贯进行的二水平正交实验代替多水平的正交实验，常用的布点方式都是二因素五点实验安排和三因素九点实验安排等。这类实验安排，点数虽不多，却控制了上、下、左、右、前、后、里、外等各个方向，既能准确地计算一次模型的斜率，又能初步估计二次曲率，因而在实验设计中是一种非常有用的实验安排方式。

若将带有中心点的二水平序贯实验安排统称为"调优实验"，则可将此类调优实验的决策原则归纳如下：

（1）若某一因素的主效应为正，则应沿该因素水平增加的方向调优；若主效应为负，则应沿水平减小的方向运动。当几个因素均显出效应时，各因素下一步变动的步伐应与各自的效应大小成正比。

（2）中心效应为正，且大于主效应，说明最优点就在中心点附近，下一步应收缩试验范围；若中心效应虽为正，但小于主效应，说明指标的增长是先快后慢。

若中心效应为负，一般应扩大试验范围。

（3）交互效应很显著，表明最优点在某一对角线上，即存在"山脊"地带。若同时中心效应为负，则应沿该对角线同时自两对角向外运动，因这表明可能存在"驼峰"。

n 因素 p 水平的全面析因试验试点数为 p^n。上述各种序贯实验法，主要是为了解决由于水平数 p 过大而引起的实验工作量过大的问题。显然，即使 p 较小，若 n 较大，实验工作量仍然是较大的，且不易处理交互作用的问题。因而广义地来说，序贯设计还包括如何将多因素的问题化为一连串较少因素的实验设计问题。一般来说，预先试验时可采用多因素的部分实验法，进行大范围的探索，条件实验时则最好采用规模较小的设计，这才有利于揭露可能存在的交互作用。例如，调优运算和分批实验法用的是带中心点的 2^n 析因，二因素和三因素时都比较好安排，概念也很清楚，因为试点位置可用几何图形表示，四因素时就比较复杂。最陡坡法和多因素"0.618"法，常采用正交表 $L_8(2^7)$，三因素时才能揭露交互作用，四因素时虽不一定能揭露交互作用，但却尚可保证主效应不被混杂，因素再多时就不一定安全。

关于在多因素的情况下，实验如何分批的问题，主要根据专业知识决定。一般原则是，在条件实验阶段，除非整个需要考查的因素数目不多，主要因素与次要因素，以及有交互作用的因素与没有交互作用的因素，一般没有必要统统组合在一起，而应尽可能地分批实验。一般来说相对次要的因素，可与主要因素分开，单独考查，这样可采用水平数较少的设计，且可采用部分实验法，实验工作量通常较小。

第7章 随机化区组和拉丁方

在对实验因素进行研究时，固定其他因素而使所研究因素做某些变动是经常用到的方法，但由于随机误差与实验误差交织在一起，使数据处理的可靠性降低。平行测定或重复实验可以得出随机误差，同时还能为实验误差的估计提供信息，这在许多时候是有用的。但若进行全面实验，同时全部实验进行重复，无疑实验工作量会变得很大。但是，如果在相同条件下每次只做一组实验，而组与组之间的相应条件允许有所不同，则可使实验工作量大大降低。利用适当的设计方法——随机化区组设计，则执行各组处理时的条件之间的差异，能够与处理之间的差异分离开来，并且能与实验误差分离开来。这种设计相当于把实验条件细分为具有相对相同条件的区组，而且这种细分的方法可能不止一种。例如，在某一综合车间中的各个单元可能功能不同，此时可能存在某种时间趋势，如在某些电解和催化过程中，这种时间趋势可能会造成很大的误差。这时，关于不同实验处理的比较，最有效益的设计就是采用拉丁方。

7.1 随机化区组

7.1.1 什么是随机化区组

假设我们需要比较 5 种处理（如用不同方式制备的 5 批材料或反应的 5 种温度）的效应，为了减少实验误差造成的不确定性，决定对每种处理试验 3 次，总共需做 15 次实验，则理想的设计应该是除各种处理应有的变差外能使 15 次实验在相同条件下进行。但在实际中或许无法作到这一点，如不可能制备出足够 15 次实验用的质量相同的原材料。再如片状材料的试验，最典型的如橡胶，假如要试验橡胶的五种处理方法，而原料是大片橡胶。可以设想，从一片橡胶上切取的毗邻试样间的相似程度往往大于非毗邻的试样。因此，最好用毗邻的试样来进行处理的比较。试验的目的是比较五种处理，每种处理重复三次。因此，首先从这一大片橡胶的不同部位切下三片，每片再一分为五，即共进行三组每组五次的试验比较。这样，组与组之间的差异就不会影响五种处理的比较。另一方面，若从该片橡胶上随机切取十五块，并随机地实行五种处理，实验的精确性就会大大降低，因为材料的不均匀性会增大实验误差。

在上述橡胶的试验中，切取的每一大片分成的一个五块的组称为一个区组。为了预防同一区组内的系统误差，应按随机顺序安排区组内的处理，用这种方法得到的结果就是一个随机化区组设计。农业田间实验最适宜用这种随机化区组设计。为了减少不同土壤肥力、光照、水浇条件等引起的效应，试验田被划分为紧凑的区组，每个区组内的齐性程度优于整块试验田，每个区组再划分为小区，一个小区上做一种处理，为了避免系统性变差，实验也必须进行随机化设计。另外应注意，区组越大，区组内部变差也越大，因此把材料划分为区组的效果也越差。而且有些时候必须对区组进行限制。例如某些测定织物抗磨性的仪器，能够同时测定的样品数目是有限的。如 Martindale 磨损实验机，只有四个工位，每次只能试验四个样品，而且工位之间存在一定差异，两轮试验间变差效应更大。如果把一轮试验作为一个区组，并且区组内实行随机化，若四种材料进行三轮随机化区组实验，则工位和各轮试验间的变差都可消除。

交互作用的效应。如果处理和区组间存在交互效应，由于交互效应与实验误差无法分离，可能会得出错误结论。因此区组和处理之间不能存在交互影响。若存在交互效应，应设法消除。

时间趋势。例如一个化工车间周期性生产某一特定材料，或用连续流水工艺生产，或用间歇逐批系列生产。由于季节的变化，或原材料质量的变动，产量中的系统变差是很容易发生的，经常出现一些不明原因的波动，而且无法控制。在一个流水工艺中，如果不是有意改变生产条件，两个相继批次或班次的产量不会有太大变化；但若间隔一个相当长的时间，如两个月，甚至半年，产量或质量可能就会有很大的变动。利用随机化区组设计，就可以减少或消除这种时间趋势的影响。而且，随机化区组设计还适应于诸次试验分布在一段时间或者空间、尤其适应于可能存在系统变差或趋势的场合。随机化能安全有效地防止偏倚。

随机化区组设计是广泛应用的一种实验设计方法，机械设备零部件、原材料不同批次、操作人员技术差异、实验因素控制的差异等，往往会对实验结果产生影响。这些"外来"影响都可以利用区组设计加以消除。

例如，考查用四种不同方式制备的一种催化剂对某一生产过程的产量的影响，完成一次合适的实验大约需要一个星期，而完成四种催化剂的全部试验需六个月时间。如果每种催化剂的实验花一个月，由于其他原因（如原料）引起的差异，可能会造成月产量之间的差异。如果每种催化剂的试验花一个星期，四种催化剂按顺序一一试验，则差异会小一些，但由于每种催化剂都未进行连续试验，精度可能会有所降低。为了减少或消除各种趋势对结论的影响，进行随机化区组设计是较为理想的：以一个月为一个区组，这样六个月共六个区组；每个区组内四种催化剂的试验顺序是随机的。当然，若生产效率是随着时间线性变化的，则还有一种更有效的消除趋势的方法，即采用拉丁方设计。

7.1.2　随机化区组设计的数据处理

7.1.2.1　分析方法

区组化实验的结果可用表 7-1 表示。

表 7-1　随机化区组设计实验结果

处理	区　组			平均值
	Ⅰ	Ⅱ	Ⅲ	
1				
2				
3				
4				
5				
平均值				

处理和区组的自由度分别为 4 和 2，而实验总共进行 15 次，自由度为 14，因此随机误差自由度为 8。

一般随机化区组设计的数据处理也用方差分析，设有 k 个区组和 m 种处理，则方差分析表如表 7-2 所示。

表 7-2　随机化区组设计方差分析表

变差来源	变差平方和	自由度	方差	F 值	F 临界值	显著性
区组之间	Q_b	$k-1$	s_b^2	s_b^2/s_e^2		
处理之间	Q_t	$m-1$	s_t^2	s_t^2/s_e^2		
误差	Q_e	$(k-1)(m-1)$	s_e^2			
总计	Q	$km-1$	s^2			

其中，区组之间的变差没有什么实际用途，但若其值较大，说明区组之间的差异已经相当大，若不将其分解出来，势必影响实验的灵敏度，有可能导致错误结论。同时，掌握了这种差异，可帮助改善实验设计，同时，还可帮助确定最优区组。

7.1.2.2　数学模型

假设处理的相对效应在全体区组中是相同的，并且假设区组和处理间无交互作用，则随机化区组设计的数学模型可以表示为：

$$y_{ij} = \mu + B_i + T_j + r_{ij} \tag{7-1}$$

从形式上看，该数学模型与"无重复两因素方差分析"类似，只是此处不存在交互作用，所以与无重复两因素方差分析有所区别。μ 为总体平均值，B_i 是第 i 个区组的效应（即该区组的平均值与全部区组相应平均值之差）。T_j 为第 j 个处理的效应（即该处理的平均值与全部处理相应平均值之差）。r_{ij} 为实验误差，即随机误差。它们的实验计算值分别用 $\bar{y}$、b 和 t 表示。计算方法分别为：

B_i：将第 i 个区组中的所有观测数据加和，除以区组内的实验次数，再减去总平均数 $\bar{y}$。

T_j：计算方法类似，即将第 j 个处理的所有观测数据加和，除以处理的实验次数，再减去总平均数 $\bar{y}$。

7.1.2.3　数据处理方法

这样，就可求出不存在实验误差时观测数据的最可能值，即：$\hat{y} = \bar{y} + b_i + t_j$。它与实验观测值 y_{ij} 之差，就是实验随机误差 r_{ij} 的估计值。r_{ij} 的总平方和，就是随机误差偏差平方和，除以随机误差自由度 $(k-1)(m-1)$，就得到误差方差的一个估计量：σ_e^2。上述过程可用公式表示如下：

$$b_i = \frac{1}{k} \sum_{i=1}^{k} y_{ij} - \bar{y} \tag{7-2}$$

$$t_i = \frac{1}{m} \sum_{j=1}^{m} y_{ij} - \bar{y} \tag{7-3}$$

$$\hat{y} = \bar{y} + b_i + t_i \tag{7-4}$$

$$r_{ij} = y_{ij} - \hat{y} = y_{ij} - (\bar{y} + b_i + t_i) \tag{7-5}$$

因此，可以得出各偏差平方和及方差为：

随机误差：

$$Q_e = \sum_{i=1}^{k} \sum_{j=1}^{m} r_{ij} \tag{7-6}$$

$$s_e^2 = \frac{Q_e}{f_e} = \frac{\sum_{i=1}^{k} \sum_{j=1}^{m} r_{ij}^2}{(k-1)(m-1)} \tag{7-7}$$

区组:

$$Q_b = m \sum_{i=1}^{k} b_i^2 - \frac{1}{n} \left[\sum_{i=1}^{k} \sum_{j=1}^{m} y_{ij} \right]^2 \tag{7-8}$$

$$s^2 = \frac{Q_b}{f_b} = \frac{m \sum_{i=1}^{k} b_i^2 - \frac{1}{n} \left[\sum_{i=1}^{k} \sum_{j=1}^{m} y_{ij} \right]^2}{k-1} \tag{7-9}$$

处理:

$$Q_t = k \sum_{i=1}^{m} t_j^2 - \frac{1}{n} \left[\sum_{i=1}^{k} \sum_{j=1}^{m} y_{ij} \right]^2 \tag{7-10}$$

$$s_t^2 = \frac{Q_t}{f_t} = \frac{k \sum_{j=1}^{m} t_j^2 - \frac{1}{n} \left[\sum_{i=1}^{k} \sum_{j=1}^{m} y_{ij} \right]^2}{m-1} \tag{7-11}$$

若允许进行重复试验,则随机误差就可进行计算,从而与交互作用区分开来,因而可以计算交互作用。但这要求样品数量要足够大。

【例 7-1】 一种有机化学品的生产。关于氯磺化乙酰苯胺的一项研究,产量总是低于理论值,主要原因是原液中产品的损失(如过滤造成的损失)。现欲试验乙酰苯胺的不同混合物对损失量的影响,先制备出五种不同混合物,并从每种混合物制备出三批产品。若存在时间趋势,它会对实验误差产生影响,为此进行了随机化设计:将 15 个批次划分为 3 个区组,每个区组内的 5 批是按随机顺序从五种乙酰苯胺混合物制备出来的。结果如表 7-3。

表 7-3 某有机化学品生产中的产品损失

区 组	批 次	乙酰苯胺混合物	损失百分数	平 均
Ⅰ	1	B	18.2	
	2	A	16.9	
	3	C	17.0	17.10
	4	E	18.3	
	5	D	15.1	
Ⅱ	1	A	16.5	
	2	E	18.3	
	3	B	19.2	17.62
	4	C	18.1	
	5	D	16.0	
Ⅲ	1	B	17.1	
	2	D	17.8	
	3	C	17.3	17.90
	4	E	19.8	
	5	A	17.5	

五种处理的百分比损失为:

混合物	A	B	C	D	E
均 值	16.97	18.17	17.47	16.30	18.80

解:统计分析过程如下:

(1) 数据初步整理:将表中各项数据减去 17.5 后再乘以 10,且将数据重新排列成下表:

数据初步处理结果

| 混合物 | $y=10$(损失%-17.5) | | | | | | T（总和） | T^2 |
| | I | | II | | III | | | |
	y	y^2	y	y^2	y	y^2		
A	-6	36	-10	100	0	0	-16	256
B	7	49	17	289	-4	16	20	400
C	-5	25	6	36	-2	4	-1	1
D	-24	576	-15	225	3	9	-36	1296
E	8	64	8	64	23	529	39	1521
$\sum$	-20	750	6	714	20	558	6	3474

（2）计算过程

偏差平方和：

$$Q = \sum_{i=1}^{k} \sum_{j=1}^{m} y_{ij}^2 - \frac{1}{n} \left[\sum_{i=1}^{k} \sum_{j=1}^{m} y_{ij} \right]^2$$

$$= 750 + 714 + 558 - \frac{6^2}{15} = 2022 - 2.4 = 2019.6$$

$$Q_b = m \sum_{i=1}^{k} b_i^2 - \frac{1}{n} \left[\sum_{i=1}^{k} \sum_{j=1}^{m} y_{ij} \right]^2$$

$$= \frac{1}{5} \left[(-20)^2 + 6^2 + 20^2 \right] - 2.4 = 164.8$$

$$Q_t = k \sum_{i=1}^{m} t_j^2 - \frac{1}{n} \left[\sum_{i=1}^{k} \sum_{j=1}^{m} y_{ij} \right]^2$$

$$= \frac{3474}{3} - 2.4 = 1155.6$$

$$Q_e = Q - Q_b - Q_t = 2019.6 - 164.8 - 1155.6 = 699.2$$

自由度：

$$f_b = 2, \quad f_t = 4, \quad f_e = 8$$

（3）方差分析表：将计算得到的偏差平方和除以 100，得到真实的偏差平方和。除以自由度，得方差。然后进行 F-检验。结果如表：

方差分析表

变差来源	变差平方和	自由度	方差	F 值	F 临界值	显著性
区组之间	1.648	2	0.824	0.943	3.11,4.46	—
处理之间	11.556	4	2.889	3.305	2.81,3.84	?
误差	6.992	8	0.874			
总计	20.196	14	1.443			

结论：区组之间无差异，即未检测到趋势的存在；五种混合物差别虽不太明显，但在 $P=90\%$ 的概率下是显著的，说明混合物对损失有一定的影响。

另外，从计算结果看，随机误差偏大，可能存在某些交互影响，应从重复试验进行验证。

7.1.3　小结

在假设检验中，一个随机取样都只是总体的一小部分，由于一个小样本的均匀性一般要优于大样本。就像一个小的区组，其一致性要优于大的区组。同样，在一般的分析方法中，同一天或同一人所做的实验结果，其相似程度大于不同的日子里或由不同的操作人员所做的实验结果。每一天或每一名操作人员就相当于一个区组，而且尽量使实验的比较工作能在区组之内进行，这样就避免了区组之间的变差对实验误差的影响。

7.2 拉丁方

7.2.1 概述

1925 年 R. Fisher（Ronald Aylmer Fisher，1890—1962，生于伦敦）为了克服随机化区组法完全随机不易把握而提出的，控制各试验项目在每一行和每一列都只出现一次，以防试验项目过于集中。

当只存在一个"外来"因子干扰的时候，可以使用随机化区组设计加以消除。但若存在多于一个的干扰就需要采取其他方法进行消除了。"拉丁方"就是一种可以对这些干扰加以考查并且消除的实验设计方法。

例如用一个四工位磨损机试验一种材料的抗磨强度，四个工位所得结果可能发生变动，而且这种变动与随机误差无关。如果全部实验都在同一工位上进行，结果比较会更精确，但却又无法在该机器的同一运转中得以试验，因为运转之间可能也存在变动；反之，若全部试验都在同一运转里进行，不同材料的比较会很精确，但它们又不能在同一工位上试验了。如果运转之间或工位之间的变差很小可以忽略不记，就可采用随机化区组设计，否则就应采取更精确的设计。其中拉丁方就是其中的一种。表 7-4 是拉丁方的一个例子，是一个 4×4 方阵。

表 7-4 4×4 拉丁方

运转	工 位 编 号			
	1	2	3	4
1	A	B	C	D
2	B	C	D	A
3	C	D	A	B
4	D	A	B	C

拉丁方是一个 $m \times m$ 方阵，含有 m^2 个单元，每个单元中含有 m 个字母，对应于 m 种处理，而且每个字母在各行和各列中出现且仅出现一次。

总偏差平方和由四种单独的来源构成：

（1）各行（运转）之间；

（2）各列（工位）之间；

（3）字母（处理）之间；

（4）随机误差。

与随机化区组设计一样，各因素应相互独立。若存在交互作用，数据处理结果将会产生错误结论。其方差分析表如表 7-5。

表 7-5 拉丁方方差分析表

变差来源	变差平方和	自由度	方差	F	F 临界值	显著性
各行（运转）之间	Q_r	$m-1$	s_r^2	s_r^2/s_e^2		
各列（工位）之间	Q_c	$m-1$	s_c^2	s_c^2/s_e^2		
字母（处理）之间	Q_t	$m-1$	s_t^2	s_t^2/s_e^2		
随机误差	Q_e	$(m^2-1)-3(m-1)=(m-1)(m-2)$	s_e^2			
总　计	Q	m^2-1	s^2			

7.2.2　拉丁方设计的数据处理

7.2.2.1　数学模型

设行、列和处理是相互独立的，则拉丁方设计所得测值可表示为：

$$y_{ijk} = \mu + R_i + C_j + T_k + r_{ijk} \tag{7-12}$$

式中，y_{ijk} 表观测结果；μ 为总体平均值；R_i 为行的影响，即第 i 行的平均值与行的总平均值之差，它对所有列和处理是相同的；C_j 列的影响，即第 j 列的平均值与列的总平均值之差，它对所有行和处理是相同的；T_k 为处理的影响，即第 k 种处理的平均值与处理的总平均值之差，它对所有行和列是相同的；r_{ijk} 为第 i 行、第 j 列上进行第 k 种处理的随机误差。

此处应注意，化工过程的各种因素：温度、生产率、浓缩度等，往往并非相互独立，因此拉丁方设计一般不太适应于化工过程。

7.2.2.2　随机化

拉丁方设计的试验也必须按随机顺序进行，与随机化区组设计一样，也是为了避免某种趋势的发生。

拉丁方可以消除任何方向上的任何线性趋势。但不能消除交互作用。一般交互作用表现为随机误差的一部分，若存在交互作用，则表现为随机误差较大，这就可能掩盖因素的效应，甚至使试验失败。

一个 4×4 拉丁方，通过置换行、列或字母（即处理），可以生成许多不同的方阵。一个 4×4 拉丁方可以通过各种变换生成 $4! \times 3! \times 4 = 576$ 种不同种方阵。而随机化的工作就是从这些方阵中随机地取出一个。

7.2.3　拉丁方设计举例

【例 7-2】　纺织品的磨损试验。用一台 Matindale 磨损实验机试验橡胶涂敷织物，这是一个 4×4 拉丁方实验。此实验机设有四块矩形铜板，每块铜板上设置一个由特殊质量的金刚砂纸构成的磨蚀面。金刚砂表面放置四个衬套，上面安装纺织品实验样品，通过一套机械装置使衬套在金刚砂表面上移动，从而对试样进行磨蚀。经过一定磨蚀后，以其重量损耗作为判定抗磨蚀性的标准。在实验机的四个工位间存在微小差异，如果要比较纺织品的抗磨蚀强度，应尽量消除工位之间和运转之间的变差。设工位、运转和材料三种因素相互独立，则可以对实验进行如下设计：

在实验机上共进行四轮运转，每一轮试验四种材料。运转、工位均用 1、2、3、4 四个数字表示，用 A、B、C、D 表示四种材料，而用单位长度的材料在一轮运转中的重量损失（0.1mg）为实验结果，如表 7-6。

表 7-6　磨损试验的拉丁方实验结果

运　转	实　验　机　工　位				平均值
	4	2	1	3	
2	A(251)	B(241)	D(227)	C(229)	240
3	D(234)	C(273)	A(274)	B(226)	252
1	C(235)	D(236)	B(218)	A(268)	239
4	B(195)	A(270)	C(230)	D(225)	230
平均值	229	255	237	237	240

数据初步计算如下：只写出四种材料的初步计算结果，其他从略。

A 的总和：1063，A 的平均值：266；B 的总和：880，B 的平均值：220

C 的总和：967，C 的平均值：242；D 的总和：922，D 的平均值：231

从这些数据看起来，似乎材料 B 最好（损耗最小），运转 3 磨损最大，工位 2 磨损最大。但最后的结论必须在进行了统计分析之后。

解：表 7-6 中的数据减去 240，可得下表：

运 转	实验机工位				总 和
	4	2	1	3	
2	$(A)+11$	$(B)+1$	$(D)-13$	$(C)-11$	-12
3	$(D)-6$	$(C)+33$	$(A)+34$	$(B)-14$	$+47$
1	$(C)-5$	$(D)-4$	$(B)-22$	$(A)+28$	-3
4	$(B)-45$	$(A)+30$	$(C)-10$	$(D)-15$	-40
总 和	-45	$+60$	-11	-12	-8

材料 A 的总和：$+103$，材料 B 的总和：-80

材料 C 的总和：$+7$，材料 D 的总和：-38

偏差平方和的计算与随机化区组设计相似，计算过程如下：

$$Q = \sum_{i=1}^{m}\sum_{j=1}^{m}\sum_{k=1}^{m} y_{ijk}^2 - \frac{1}{m^2}\left[\sum_{i=1}^{m}\sum_{j=1}^{m}\sum_{k}^{m} y_{ijk}\right]^2 = 7448 - \frac{(-8)^2}{4 \times 4} = 7444.0$$

$$Q_R = \frac{(-12)^2 + 47^2 + (-3)^2 + (-40)^2}{4} - \frac{(-8)^2}{4 \times 4} = 986.5$$

$$Q_C = \frac{(-45)^2 + 60^2 + (-11)^2 + (-12)^2}{4} - \frac{(-8)^2}{4 \times 4} = 1468.5$$

$$Q_T = \frac{103^2 + (-80)^2 + 7^2 + (-38)^2}{4} - \frac{(-8)^2}{4 \times 4} = 4621.5$$

$$Q_e = Q - Q_R - Q_C - Q_T = 7444.0 - 986.5 - 1468.5 - 4621.5 = 367.5$$

其他计算过程略，方差分析表如下：

变差来源	变差平方和	自由度	方差	F	F 临界值	显著性
各行（运转）之间	986.5	3	328.8	5.368	$F_{0.10,(3,6)}=3.29$	*
各列（工位）之间	1468.5	3	489.5	7.992	$F_{0.05,(3,6)}=4.76$	*
字母（处理）之间	4621.5	3	1540.5	25.151	$F_{0.01,(3,6)}=9.78$	* * *
随机误差	367.5	6	61.25			
总 计	7444.0	15	496.3			

可见，运转和工位的影响不能忽略，否则会给结果带来相当大的误差，甚至导致错误的结论。

有了平均值和方差，进一步就可以对观测值的区间进行估计，其结果为：

$A[256，276]$，$B[210，230]$，$C[232，252]$，$D[221，241]$。

显然，A 最差，B 比 C 好，D 与 B、C 重叠，需进一步计算处理。

7.3 正交方

有两个大小相同的方阵，它们均具有正交性，如下列两组四个字母组成的 4×4 方阵，每个方阵以其第一个字母进行简单标记：

组 A				组 P			
A	B	C	D	P	Q	R	S
B	A	D	C	R	S	P	Q
C	D	A	B	S	R	Q	P
D	C	B	A	Q	P	S	R

如果把这两个方阵迭置在一起，得到一个结果方阵：

AP	BQ	CR	DS
BR	AS	DP	CQ
CS	DR	AQ	BP
DQ	CP	BS	AR

在这些方阵中，组 A 的每个字母在每一行和每一列中出现且仅出现一次，组 P 亦然。组 A 的每个字母在组 P 的每个字母相同单元中也是出现且仅出现一次。如组 A 和组 P 表示两组不同的处理，则在 16 次实验中，组 A 的每一成员与组 P 的每一成员共同且仅被共同试验一次，我们称两组处理是正交的，这两个方阵称为一个正交偶。若重叠在一起的方阵多于两个，就构成了一个正交组。

设第三个方阵用字母 W、X、Y、Z 标记，为组 W，即：

W	X	Y	Z
Z	Y	X	W
X	W	Z	Y
Y	Z	W	X

把它和方阵 A 和 P 组合迭置在一起，有：

APW	BQX	CRY	DSZ
BRZ	ASY	DPX	CQW
CSX	DRW	AQZ	BPY
DQY	CPZ	BSW	ARZ

每个方阵的每一个成员在每一行和每一列出现一次，与其他任一方阵的任一成员共同出现一次。这种正交性不因任何组互换行、互换列或互换处理而受到影响。显然，正交组有许多。如 5×5 方阵有四种正交方，没有 6×6 正交方，7×7 方阵有六种正交方等。

正交方设计的优点是：在一组实验中可以试验多组处理，只要处理是相互独立的。但由于总自由度为 (m^2-1)，因此，字母组的数目是有限的。一组用去自由度 $(m-1)$ 个，行和列分别用去自由度 $(m-1)$，若有 n 组，则留给随机误差的自由度为 $(m^2-1)-(n+2)(m-1)=(m-1)(m-n-1)$ 个。因此，$m-n-1 \geqslant 1$，即 $m-n \geqslant 2$，$n \leqslant m-2$。如 $m=4$，即 4×4 方阵，$n \leqslant m-2=2$，最多安排两组字母；$m=5$，$n \leqslant m-2=3$，最多可安排三组字母等。

【例 7-3】 铜管的退火。欲考查某种修改过的退火工艺能否应用在轻型铜管的生产中，基本要求是产品的拉伸强度应均匀，最少不低于 $2635 \mathrm{kg/cm}^2$。通常采用的方法是完全退火，然后稍加精整。现寻找一种可能的替代工艺，以低于完全退火的温度将材料退火，从而免除了随后的拉伸，使工艺变得简单易行。

首先考虑变差来源，包括材料本身的变差，退火烘炉里各处温度的不均匀等。烘炉的一个装架上可装 64 根铜管,排成 8 个水平的行,8 个垂直的列,即组成 8×8 方阵,材料变差的研究方法是:在三周的时间里,随机地在其中 8 天各选取一个铜管样品,这样就能合适地包含着常规过程的变差;实验在不同的预定温度下进行,而且尽量选用温度均匀的烘炉,以确定哪个温度最可能得出满意的结果。而且已知行与列间的交互作用可忽略。因此,可以用拉丁方进行设计。除了行、列外,本试验研究的因素有两个:生产日期和铜管编号。编号可以根据需要,表示生产次序、管子的不同预处理或不同后处理等。在 300℃ 的实验结果列于表 7-7,其中括号里的数字为拉伸强度,单位 kg/cm^2。

表 7-7 轻型铜管退火实验结果

行	列								平均
	1	2	3	4	5	6	7	8	
1	D_3(2573)	H_4(2620)	C_5(2697)	B_6(2697)	E_8(2449)	A_1(2721)	G_2(2434)	F_7(2449)	2592
2	F_6(2465)	E_5(2542)	G_4(2449)	A_3(2945)	H_2(2728)	B_7(2759)	C_8(2930)	D_1(2651)	2683
3	B_5(2651)	C_6(2604)	H_3(2976)	D_4(2573)	G_1(2449)	F_8(2759)	E_7(2852)	A_2(2837)	2720
4	A_4(2744)	G_3(2465)	E_6(2527)	F_5(2480)	C_7(2728)	D_2(2759)	H_1(2806)	B_8(2558)	2633
5	C_1(2697)	B_2(2635)	D_8(2604)	H_7(2976)	A_5(3147)	E_3(2852)	F_4(2465)	G_6(2434)	2726
6	E_2(2558)	F_1(2480)	A_7(2620)	G_8(2465)	D_6(2651)	C_4(2713)	B_3(2697)	H_5(3038)	2652
7	G_7(2449)	A_8(2620)	F_2(2465)	E_1(2558)	B_4(2726)	H_6(3007)	D_5(2651)	C_3(2837)	2664
8	H_8(2883)	D_7(2697)	B_1(2697)	C_2(2976)	F_3(2604)	G_5(2433)	A_6(2697)	E_4(2852)	2730
平均	2627	2582	2629	2709	2686	2762	2691	2706	2675

其中,行与列的平均值已在表中列出,批组和编号的平均值如下表:

批组	A	B	C	D	E	F	G	H	综合
平均值	2804	2678	2773	2644	2649	2520	2447	2880	2674
编号	1	2	3	4	5	6	7	8	
平均值	2644	2674	2744	2643	2705	2635	2691	2658	

由于编号之间的偏差方差小于随机误差方差,所以先将二者合并作为新的随机误差方差。由表可见,炉架各行之间对结果无影响。炉架各列之间、位置之间可能存在差异,90% 概率下表现为显著。差异主要来自批组之间,为高度显著。显然,在强度上造成变差的主要原因是批组,即生产日期。

炉架的行与行之间、列与列之间影响很小甚至无,说明烘炉的工作性能很好。但在 300℃ 下退火并不能使所有管子的拉伸强度保持在 $2635kg/cm^2$ 以上,总变差达 $3147-2433=714kg/cm^2$,超过最高值的 22%,这是无法接受的。所以,只有经过完全退火,然后经过进一步精整才能达到要求的拉伸强度,即目前的铜管退火过程不宜修改。

计算过程略,方差分析表如下:

变差来源	变差平方和	自由度	方差	F	F 临界值	显著性
炉架各行之间	84196	7	12028	1.498	$F_{0.10,(7,40)}=1.87$	—
炉架各列之间	119335	7	17048	2.134	$F_{0.05,(7,42)}=2.24$	?
位置之间	203531	14	14538	1.811	$F_{0.01,(7,42)}=3.10$	?
字母(批组)之间	748916	7	106988	13.33	$F_{0.10,(15,40)}=1.66$	* * *
编号之间	49941	7	7134	0.8694	$F_{0.05,(12,42)}=1.99$	—
随机误差	287200	35	8206		$F_{0.01,(10,42)}=2.78$	
随机误差′	337141	42	8027			
总　计	1289588	63	20470			

第8章 析因设计初步

8.1 基本原理

很多实验要仔细研究两个或多个因素（因子）的效应，析因设计（factor experiment design）对这类研究是很有效的。所谓析因设计是一种多因素（因子）、多水平、单效应的交叉分组实验设计，又称完全交叉分组实验设计。每一个完整的析因设计中，都对这些因子不同水平的所有可能的组合进行全面研究。如 A 因素有 a 个水平，B 有 b 个水平，则每个完整的设计实验都包含全部 ab 组合。通过量化各因子及其交互作用对指标的效应，在筛选大量因子研究的初期阶段，析因设计具有明显优势。

因素的水平改变所引起的响应变化称为因子的主效应。在图 8-1 中，因子的水平分别记为"－"和"＋"，因子的主效应就是其高水平（＋）平均效应和低水平（－）平均效应之差，即：

$$A = \frac{44+35}{2} - \frac{21+12}{2} = 23$$

$$B = \frac{21+44}{2} - \frac{12+35}{2} = 13$$

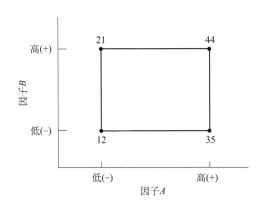

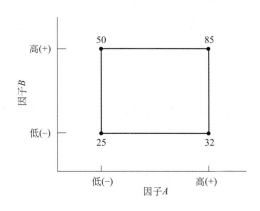

图 8-1　二因子析因实验　　　　　　　　　图 8-2　有交互作用的二因子实验

若因素间存在交互作用，则因子的主效应与其他因素水平的变化有关。如图 8-2 中，对因子 B 的低水平（－），A 的主效应是：

$$A = 32 - 25 = 7$$

对 B 的高水平（＋），A 的主效应是：

$$A = 85 - 50 = 35$$

交互作用的效应是这两个 A 主效应的差除以 2，即：

$$AB = \frac{35-7}{2} = 14$$

也可用图解法说明，图 8-3、图 8-4 分别是图 8-1、图 8-2 的响应图。图 8-3 中低 B 水平和高 B 水平数据线相互平行，表明 A、B 间无交互作用；图 8-4 中低 B 水平和高 B 水平数据线明显不平行，表明 A、B 间有交互作用。

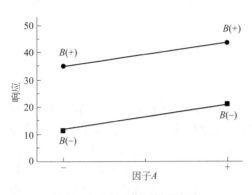

图 8-3   无交互作用析因实验

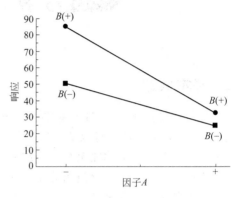

图 8-4   有交互作用的析因实验

一般地，对于可以定量的因素，如温度、压力、浓度等，若存在交互作用，可以用下式表示二因子析因设计的数学模型：

$$y = \beta_0 + \beta_1 x_1 + \beta_2 x_2 + \beta_{12} x_1 x_2 + \varepsilon \tag{8-1}$$

其中，y 是响应，β_i 是待定系数，x_1、x_2 分别表示因子 A 和 B，$x_1 x_2$ 表示因子 A 和 B 的交互作用，ε 是随机误差。

该模型的参数估计值可以根据相应的响应进行计算。对于无交互作用的图 8-1，根据前边主效应的计算结果，可得：

$$\hat{\beta}_1 = \frac{23}{2} = 11.5, \quad \hat{\beta}_2 = \frac{13}{2} = 6.5$$

考虑到 A、B 的交互作用效应是 $A \times B = 1$，因此有：

$$\hat{\beta}_{12} = \frac{1}{2} = 0.5$$

参数 β_0 可根据所有四个响应的平均值来估计：

$$\hat{\beta}_0 = \frac{12+35+21+44}{4} = 28$$

因此得回归模型为：

$$\hat{y} = 28 + 11.5 x_1 + 6.5 x_2 + 0.5 x_1 x_2$$

此处由于交互作用系数很小，可以忽略。所以模型可变为：

$$\hat{y} = 28 + 11.5 x_1 + 6.5 x_2$$

图 8-5 给出了该模型的图形。左为三维平面图，称为响应曲面图；右为响应的等高线图，为一组平行直线。

而根据图 8-2 的结果得出的模型为：

$$\hat{y} = 35.5 + 10.5 x_1 + 5.5 x_2 + 8 x_1 x_2$$

显然，该模型的图形应为被交互作用扭曲了的响应面，交互作用在该实验的潜在响应曲面中表现为弯曲的形式。

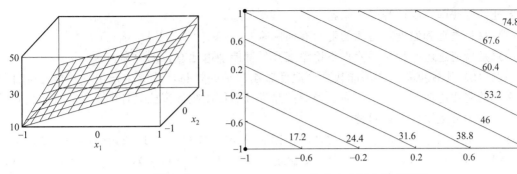

图 8-5　模型 $\hat{y}=28+11.5x_1+6.5x_2$ 的响应曲面和等高线图

实验的响应曲面模型是极其重要和有用的。

8.2　析因设计的优点

析因设计具有如下优点：

（1）比一次一因子的实验效率高；

（2）若存在交互作用，为避免产生错误结论，必须使用析因设计；

（3）析因设计允许一个因子相对于其他各因子的不同水平进行效应估计，所得结论在实验条件下是有效的。

8.3　二因子析因设计

8.3.1　简单析因设计

最简单的析因设计是只包含两个因子或两个处理组。因子 A 有 a 个水平，因子 B 有 b 个水平，实验的每次重复都含有 ab 个处理组合，共有 n 次重复。很多实验要研究两个或多个因子（因素）的效应，析因设计对这类研究是最有效的。所谓析因设计是指这类实验的每一次完全试验或每一次重复中，这些因子不同水平的所有可能的组合都被研究到。如 A 因素有 a 个水平而 B 有 b 个水平，则每次重复都包含全部 ab 个组合。

例如，一位工程师设计一种用在某装置内的电池，该装置将遭受温度高低的急剧变化，他能够选择的唯一设计参数是电极材料，有三种材料可供选择；经验告诉他，温度有可能影响电池的有效寿命。

他决定在 3 个温度水平下（15℉、70℉、125℉）检验所有 3 种电极材料，这 3 个温度与其使用温度相符。此处有 2 个因子，每个因子有 3 个水平，所以该设计也称为 3^2 析因设计。在每种组合上检验 4 节电池，按随机顺序进行全部 36 次实验。实验设计与结果见表 8-1。

表 8-1　电池寿命设计数据（单位：小时）

材料类型	温度/℉					
	15		70		125	
1	130	155	34	40	20	70
	74	180	80	754	82	58
2	150	188	136	122	25	70
	159	126	106	115	58	45
3	138	110	174	120	96	104
	168	160	150	139	82	60

此处，工程师主要回答以下问题：

（1）材料类型和温度对电池的寿命有何影响？

（2）是否能选出一种材料使得不论温度高低都能使电池有长的寿命？

问题（2）比较重要。如果能找到受温度影响较小的材料，就能生产出一种能经受外界温度变化的耐用电池。这是一个为了稳健产品设计而使用统计试验设计的例子，而稳健产品设计是一个十分重要的工程问题。

这是一个一般二因子析因设计的特例。因子 A 取 i 水平（$i=1, 2, \cdots, a$），B 取 j 水平（$j=1, 2, \cdots, b$），每个 ij 组合有 k 次重复（$k=1, 2, \cdots, n$），用 y_{ijk} 表示响应观测值，实验设计可如表 8-2 所示，其中 abn 个观测值的顺序是随机选择的，因此。这是一个完全随机化设计。

二因子析因设计的数学模型有多种，效应模型为：

$$y_{ijk}=\mu+\alpha_i+\beta_j+(\tau\beta)_{ij}+\varepsilon_{ijk}\begin{cases}i=1,2,\cdots,a\\j=1,2,\cdots,b\\k=1,2,\cdots,n\end{cases} \tag{8-2}$$

其中，μ 是总平均效应，α 是行因子 A 的效应，β 是列因子 B 的效应，$\tau\beta$ 是 A、B 间交互作用的效应，ε 是随机误差。这个数学模型与第 4 章中有重复两因素方差分析的数学模型形式上相同，当然其数据处理方法也类似。

表 8-2　二析因设计表

因子 A	因子 B			
	1	2	…	b
1	$y_{111},y_{112},\cdots,y_{11n}$	$y_{121},y_{122},\cdots,y_{12n}$	…	$y_{1b1},y_{1b2},\cdots,y_{1bn}$
2	$y_{211},y_{212},\cdots,y_{21n}$	$y_{221},y_{222},\cdots,y_{22n}$	…	$y_{2b1},y_{2b2},\cdots,y_{2bn}$
⋮	⋮	⋮	⋮	⋮
a	$y_{a11},y_{a12},\cdots,y_{a1n}$	$y_{a21},y_{a22},\cdots,y_{a2n}$	…	$y_{ab1},y_{ab2},\cdots,y_{abn}$

8.3.2　统计分析

【例 8-1】 表 8-3 为根据 8.3.1 所述的电池设计中所观测到的有效寿命（单位：h）。

表 8-3　电池有效寿命实验结果

材料类型	温度									y_i
	15℉			70℉			125℉			
1	130	155	(539)	34	40	(229)	20	70	(230)	998
	74	180		80	75		82	58		
2	150	188	(623)	136	122	(479)	25	70	(198)	1300
	159	126		106	115		58	45		
3	138	110	(576)	174	120	(583)	96	104	(342)	1501
	168	160		150	130		82	60		
y_j	1738			1291			770			$3799=y$

由于数据处理过程与两因素方差分析相同，此处不再进行计算。表 8-4 为其方差分析表。

表 8-4　例 8-1 的方差分析表

偏差来源	偏差平方和	自由度	方差	F 值	F 临界值	显著性
材料类型	10683.72	2	5341.86	7.91	3.35	* *
温度	39118.72	2	19558.36	28.97	3.35	* * *
交互作用	9613.78	4	2403.44	3.56	2.73	*
随机误差	1823.075	27	675.21			
总和	77646.97	35	2218.48			

可见，材料主效应是显著的，而温度影响高度显著，同时二者交互作用影响明显。

实际上，析因设计的基本思路与方差分析类似，因此，这类设计并没有很大优势。另外，对数据的分析利用还可进行多重比较，以得到更多因素影响的细节，有利于进一步的实验设计。

8.3.3　一般的析因设计

二因子析因设计的结果很容易推广到一般情况，如因子 A 有 a 个水平，因子 B 有 b 个水平，因子 C 有 c 个水平，等等。当有完全实验的 n 次重复时，将有 $abc\cdots n$ 个观测值。考虑交互作用的情形，$n \geqslant 2$。

如果所有因子都是固定的，则容易给出计算公式并检验关于主效应可交互作用的假设。对固定效应模型来说，主效应和交互作用的检验统计量都可以将相应的主效应或交互作用的均方差除以误差均方差而得。所有的 F 检验也都是单侧的，任一主效应的自由度是因子的水平数减一，交互作用的自由度是和交互作用有关的各个成分的自由度的乘积。

8.3.4　响应曲线和曲面的拟合

在因子的水平和响应间可以建立拟合曲线，称为响应曲线。响应曲线可以预测在因子水平上的响应，当然，这些水平应处在实验中使用过的水平之间。其中线性回归模型是常用的实验数据拟合模型。

例如上述例 8-1 的情形。温度是定量的，材料类型是定性的；温度有三个水平，因此可以计算温度的线性或二次效应，以便研究温度怎样影响电池寿命。

【例 8-2】　人们猜想，装配在数控机床上的切割工具的有效寿命受切割速度和工具角度的影响。选用 3 种速度和 3 种角度，实施两次重复的 3^2 析因实验，规范数据如表 8-5 所示，括号内为单元总和（y_{ij}）。

表 8-5　工具寿命实验结果

工具角度/(°)	切割速度/(in/min)						y_i
	15		70		125		
1	-2 -1	(-3)	-3 0	(-3)	2 3	(5)	-1
2	0 2	(2)	1 3	(4)	4 6	(10)	16
3	-1 0	(-1)	5 6	(11)	0 -1	(-1)	9
y_j	-2		12		14		$24 = y$

表 8-6 为该例的方差分析表。显然，工具角度和切割速度的影响都很大。而从交互作用 F 值看，比二者 F 值都大，说明交互作用更显著。

表 8-6　方差分析表

变差来源	变差平方和	自由度	方差	F	F 临界值	显著性
工具角度	24.33	2	12.17	8.45	$F_{0.01,(2,9)} = 8.02$	* *
切割速度	25.33	2	12.67	8.80	$F_{0.05,(2,9)} = 4.26$	* *
交互作用	61.34	4	15.34	10.65	$F_{0.01,(4,9)} = 6.42$	* *
随机误差	13.00	9	1.44		$F_{0.05,(4,9)} = 3.63$	
总　　计	124.00	17	7.29			

图 8-6 为根据工具寿命的预测公式生成的曲面的等高线图，图 8-7 为三维响应曲面图。从图中可以看出，工具寿命在切割速度为 150r/min 和切割角度为 25° 时达到寿命极大值。

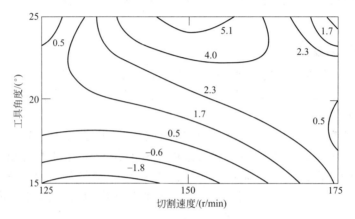

图 8-6　工具寿命的等高线图

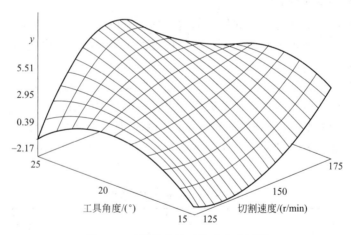

图 8-7　工具寿命的三维响应曲面图

8.4　2^k 析因设计

8.4.1　简介

析因设计广泛应用于涉及多因子的实验，所以有必要研究这些因子的联合效应。一般析因设计有几种特殊情况很重要，因为它们广泛应用于研究工作，而且它们也是一些有重要实践价值的设计的基础。

这些特殊情况中最重要的一种是，有 k 个因子，每个因子仅有 2 个水平。这些水平可以是定量的，如温度、时间等；也可以是定性的，如两台设备，两位操作员，"出现"或"不出现"等。这类设计的一个完全的重复需要 $2 \times 2 \times \cdots \times 2 = 2^k$ 个观测值，称之为 2^k 析因设计。

在实验研究的初期阶段，可能有很多因子需要研究，2^k 析因设计就特别有用。它只需要最少的实验次数就可以研究完全析因设计的 k 个因子，因此广泛应用于因子筛选。

8.4.2　2^2 设计

这是一种仅有 2 个因子，每个因子都有 2 个水平的设计。

【例 8-3】　一个化学反应中反应物浓度 A 和催化剂量 B 对产率的影响，目的是确定如何改变这两个因素才能提高产率。A 的两个水平分别为 15% 和 25%，B 的两个水平分别为"高"：2磅和"低"：1磅；每种组合重复 3 次，共进行 12 次试验，这 12 次实验进行了完全随机化。结果如下：

处 理 组 合	实验结果			总 和
	I	II	III	
A 低 B 低	28	25	27	80
A 高 B 低	36	32	32	100
A 低 B 高	18	19	23	60
A 高 B 高	31	30	29	90

图 8-8 为设计的 4 个处理组合示意图。图中因子的效应用大写字母表示，因子的高、低水平分别用"＋"、"－"表示。处理组合中因子的高水平用其小写字母表示，低水平不写。这样，图中的 a 代表 A 的高水平、B 的低水平组合下的总和，b 代表 A 的低水平、B 的高水平组合的总和，ab 代表 A、B 都是高水平的总和，（1）代表 A、B 都是低水平的总和。这种记法通用于 2^k 序列。

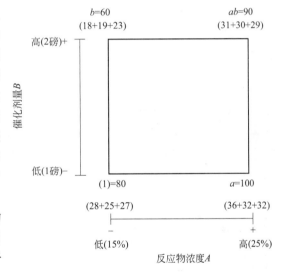

图 8-8　2^2 设计的处理组合

在二水平析因设计中，一个因子的平均效应定义为该因子不同水平下响应差值对另一因子的水平数取平均值，即除以另一因子的水平数。如 A 在 B 的低水平下的效应为 $[a-(1)]/n$，A 在 B 的高水平下的效应为 $[ab-b]/n$，则 A 的主效应为：

$$A = \frac{1}{2n}\{[ab-b]+[a-(1)]\} = \frac{1}{2n}[ab+a-b-(1)] \tag{8-3}$$

B 的主效应由 B 在 A 的低水平上的效应和 B 在 A 的高水平上的效应求得：

$$B = \frac{1}{2n}\{[ab-a]+[b-(1)]\} = \frac{1}{2n}[ab+b-a-(1)] \tag{8-4}$$

而交互作用效应为 B 在 A 的高水平上的效应与 B 在 A 的低水平上的效应之差或 A 在 B 的高水平上的效应与 A 在 B 的低水平上的效应之差求得：

$$AB = \frac{1}{2n}\{[ab-b]-[a-(1)]\} = \frac{1}{2n}[ab+(1)-a-b] \tag{8-5}$$

实际上，AB 的交互作用效应就是正方形右至左对角线上的处理组合 $[ab+(1)]$ 的平均值减去左至右对角线上的处理组合 $(a+b)$ 的平均值。

因此，本例中的估计平均效应为：

$$A = \frac{1}{2(3)}(90+100-60-80) = 8.33$$

$$B = \frac{1}{2(3)}(90+60-100-80) = -5.00$$

$$AB = \frac{1}{2(3)}(90+80-60-100) = 1.67$$

A 的效应（反应物浓度）为正，表明它是递增的，即 A 从低水平（15%）到高水平（25%）将增加产率。B 的效应（催化剂）是负的，说明增加催化剂的量会降低产率。而交互作用效应最小，说明 A、B 之间不存在交互作用。

也可用方差分析法对上述结果进行处理，而且方差分析的结果更加可靠。

第9章 响应曲面设计

9.1 响应面概述

正交试验设计能很好地解决多因素、多水平影响下的响应问题并可指出优化方向，但由于正交设计是以线性模型为基础的，因子的水平特别整齐，这使得它使用特别方便，结论也特别清楚。但当响应达到最优点附近，需要进行细致的优化时，正交设计的缺点就显现出来了，而响应曲面法（response surface methodology，RSM）正好可以弥补这方面的不足。响应曲面法是数学方法和统计方法结合的产物，是一种最优化方法，用于对感兴趣的响应受多个变量影响的问题进行建模和分析，以优化这个需要。例如，研究温度（x_1）、压强（x_2）的变化使产率（y）达到最大，此处产率是温度和压强的函数，即：

$$y = f(x_1, x_2) + \varepsilon \tag{9-1}$$

此函数统称为响应函数，其中 ε 表示响应 y 的观测误差或噪音，通常假定其在不同的试验中是独立的，而且其均值为 0，方差为 σ^2。记：

$$E(y) = f(x_1, x_2) = \eta \tag{9-2}$$

则：

$$\eta = f(x_1, x_2) \tag{9-3}$$

表示的曲面称为响应曲面。

上一章已经绘制过几个响应曲面，而且对其作用也有过简单的说明。

响应曲面法是用来优化实验方案或建立指标和因素关系模型的，可以给出指标和因素的关系式。但并非所有的实验都可以应用响应曲面法进行优化，也不是所有的实验都适于采用响应曲面法，更不是必须使用响应曲面法才能得出最优结论，有的实验研究用正交设计或第6章及其之后的那些方法完全可以达到目的。只是响应曲面法可以得出函数关系式，所以其优化设计的优势更加明显；如果模型建立的好，可以通过所得方程计算出任意条件组合下的函数估计值。

图 9-1 就是一个三维空间中的响应曲面，为了准确预测响应曲面的形状，经常同时画出响应曲面的等高线图。在等高线图中，常数值的响应线是画在 x_1、x_2 平面上的。每一条等高线对应于响应曲面的一个特定的高度。这样的图形有助于研究导致响应曲面的形状或高度改变 x_1、x_2 的水平。

一般响应和自变量之间的关系是未知的，因此 RSM 设计的第一步是寻求响应面函数 y 和自变量之间函数关系的一个合适的逼近式。这种逼近式通常是自变量的一个低阶多项式，其近似一阶模型是：

$$y = \beta_0 + \beta_1 x_1 + \beta_2 x_2 + \cdots + \beta_k x_k + \varepsilon \tag{9-4}$$

如果系统有弯曲，则必须用更高阶的多项式，如二阶模型：

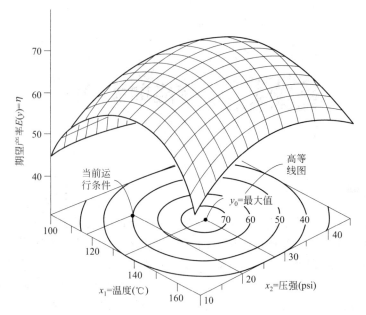

图 9-1　期望产率（η）作为温度（x_1）和压强（x_2）

函数的响应曲面及其等高线图

$$y = \beta_0 + \sum_{i=1}^{k} \beta_i x_i + \sum_{i=1}^{k} \beta_{ii} x_i^2 + \sum_{i<j} \beta_{ij} x_i x_j + \varepsilon \tag{9-5}$$

几乎所有的 RSM 问题都用这些模型。当然，一个多项式模型不可能在自变量的这个空间内都是真实函数的合理近似，但在一个相对小的区域内通常是可以的。

多项式模型的参数可以用第 10 章中的最小二乘法进行估计，然后用拟合曲面进行响应分析。响应曲面设计方法就是利用合理的试验设计方法并通过实验得到一定数据，采用多元二次回归方程来拟合因素与响应值之间的函数关系，通过对回归方程的分析来寻求最优工艺参数，解决多变量问题的一种统计方法。关于响应曲面的设计称为响应曲面设计。

RSM 也是一种序贯方法。当试验点远离最优点时，系统可能只有微小的弯曲，可以使用一阶模型。但如何才能找到最快速有效的路径使实验结果向着最优点快速逼近？解决此问题最好的方法仍然是"最速上升法"，即第 6 章的"最陡坡法"。

9.2　最速上升法

最速上升法是沿着响应最大增量的方向逐步移动的方法。当然若寻求最小指标值，则应为最速下降法。这是一种既简单又经济有效的实验方法。当远离最优点时，通常假定在 x 的一个小区域内一阶模型是真实曲面的合适近似。所拟合的一阶模型为：

$$\hat{y} = \hat{\beta}_0 + + \sum_{i=1}^{k} \hat{\beta}_i x_i \tag{9-6}$$

与一阶响应曲面相应的等高线是一组平行直线，最速上升法就是按平行于响应曲面等高线的法线方向，一般取通过设定区域的中心且垂直于拟合曲面等高线的直线为最速上升路径。这样，沿着路径的步长就和回归系数（$\hat{\beta}_i$）成正比。实际步长的大小由实验者根据经验和实际情况确定。具体方法与第 6 章中的最陡坡法类似。下面通过一个例子进行说明。

【例 9-1】　一位化学工程师要确定使化工产品收率最高的操作条件，考虑影响产率的两个因素：反应时间和反应温度。工程师当前使用的运行条件是 155℉下反应 35min，产率为 40%。因为此区域不大可能包含最优值，于是应用最速上升法拟合一阶模型，如图 9-2。

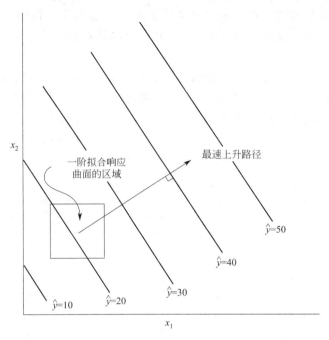

图 9-2　一阶响应曲面的等高线与最速上升路径

初步确定一阶模型的试验区域是反应时间 30～40min，反应温度 150～160℉。为了简化计算，将自变量进行规范，使其落在（-1，1）区间内。即：

$$x_1 = \frac{t-35}{5}, \ x_2 = \frac{T-155}{5}$$

此处 t、T 分别代表时间和温度。

实验数据如表 9-1 所示。

表 9-1　实验设计表

自然变量		规范变量		响应
t	T	x_1	x_2	y
30	150	-1	-1	39.3
30	160	-1	1	40.0
40	150	1	-1	40.9
40	160	1	1	41.5
35	155	0	0	40.3
35	155	0	0	40.5
35	155	0	0	40.7
35	155	0	0	40.2
35	155	0	0	40.6

用来收集这些数据的设计是增加五个中心点的 2^2 析因设计。在中心点处的重复观察值是用来估计实验误差的，并可以用来检验一阶模型的适合性。过程的当前运行条件在设计的中心点处。

用二水平设计法，以一阶模型进行最小二乘拟合，求得以规范变量表示的下列模型：

$$\hat{y} = 40.44 + 0.775x_1 + 0.325x_2$$

以中心点的 5 次实验观测值为重复实验结果，可求出标准偏差估计量，根据 2^2 析因设计模型可求得交互作用效应，然后对二者进行 F 检验，表明交互作用可以忽略。因此，该线性模型是准确的。即最速上升路径为沿 x_2 方向每移动 0.325 个单位，则应沿 x_1 方向移动 0.775 个单位。

以设计中心点（$x_1 = 0$，$x_2 = 0$）为起点，若以 5min 反应时间为基本步长，由上述 t 与 x_1 的关系式，可知规范变量的步长为 $\Delta x_1 = 1$，则 $\Delta x_2 = (0.325/0.775)\Delta x_1 = 0.42$。表 9-2 列出了新的试验点的规范变量和相应自然变量的值以及根据这些变量取值所得到的实验结果。从实验结果（响应 y）可以看到，直到第十步，所得到的观测值都是增加的；而此后就开始下降了，见图 9-3。因此，应该在该点附近（$t = 85$，$T = 175$）进行新的拟合。

表 9-2　实验方案与结果

步长	规范变量		自然变量		响应
	x_1	x_2	t	T	y
原点	0	0	35	155	
△	1.00	0.42	5	2	
原点＋△	1.00	0.42	40	157	41.0
原点＋2△	2.00	0.84	45	159	42.9
原点＋3△	3.00	1.26	50	161	47.1
原点＋4△	4.00	1.68	55	163	49.7
原点＋5△	5.00	2.10	60	165	53.7
原点＋6△	6.00	2.52	65	167	59.9
原点＋7△	7.00	2.94	70	169	65.0
原点＋8△	8.00	3.36	75	171	70.4
原点＋9△	9.00	3.78	80	173	77.6
原点＋10△	10.00	4.20	85	175	80.3
原点＋11△	11.00	4.62	90	177	76.2
原点＋12△	12.00	5.04	95	179	75.1

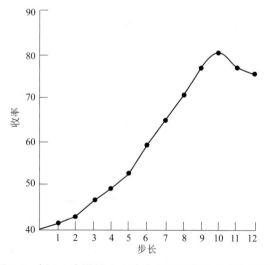

图 9-3　例 9-1 中沿最速上升路径的收率对步长曲线图

从设计过程和数据处理来看，此处的最速上升法和第六章的最陡坡法非常相似。但应该注意到，在模型拟合过程中须对一阶模型进行检验。如果检验结果表明不符合一阶模型，就应利用更高阶模型，如二阶模型进行设计和计算。

9.3　二阶响应曲面的分析

当实验接近最优点时，通常需要一个具有弯曲性的模型来逼近响应。在大多数情况下，二阶模型［式(9-5)］是合适的，因此，二阶响应曲面得到了广泛应用。

9.3.1　稳定点的位置

求出 x_1，x_2，…，x_k 的水平使所预测的响应能够最优化，这个点（x_1，x_2，…，x_k）如果存在，它应使函数对各变量的偏导数为零，即必须符合下式：

$$\frac{\partial \hat{y}}{\partial x_1} = \frac{\partial \hat{y}}{\partial x_2} = \cdots \frac{\partial \hat{y}}{\partial x_k} = 0 \tag{9-7}$$

记该点为（$x_{1,0}$，$x_{2,0}$，…，$x_{k,0}$），称为稳定点（stationary point）。稳定点可以是（1）响应的最大值点，（2）响应的最小值点，或（3）鞍点（saddle point）。如图 9-4 所示。

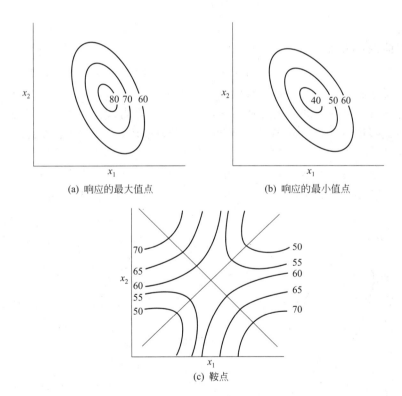

(a) 响应的最大值点　　　　　　(b) 响应的最小值点

(c) 鞍点

图 9-4　二阶拟合响应曲面中的稳定点

可以求出稳定点位置的一般数学解。将拟合的二阶模型写成矩阵形式，有：

$$\hat{y} = \hat{\beta}_0 + x'b + x'Bx \tag{9-8}$$

其中：

$$x = \begin{pmatrix} x_1 \\ x_2 \\ \vdots \\ x_k \end{pmatrix} \quad b = \begin{pmatrix} \hat{\beta}_1 \\ \hat{\beta}_2 \\ \vdots \\ \hat{\beta}_k \end{pmatrix} \quad B = \begin{pmatrix} \hat{\beta}_{11} & \hat{\beta}_{12}/2 & \cdots & \hat{\beta}_{1k}/2 \\ & \hat{\beta}_{22} & \cdots & \hat{\beta}_{2k}/2 \\ & & \ddots & \\ \hat{\beta}_k & & & \hat{\beta}_{kk}/2 \end{pmatrix}$$

是一阶回归系数的一个 $(k \times 1)$ 向量，B 是 $(k \times k)$ 对称矩阵，其主对角线元素是纯二次系数 $(\hat{\beta}_{ii})$，非对角元素是混合二次系数 $(\hat{\beta}_{ii}, i \neq j)$ 的 $1/2$。$\hat{y}$ 关于向量 x 的元素的导数等于 0，即：

$$\frac{\partial \hat{y}}{\partial x} = b + 2Bx = 0 \tag{9-9}$$

稳定点是(9-8) 式的解，即：

$$x_0 = -\frac{1}{2}B^{-1}b \tag{9-10}$$

然后将(9-10) 式代入(9-8) 式，求得稳定点处的预测响应为：

$$y_0' = \beta_0' + \frac{1}{2}x_0'b \tag{9-11}$$

9.3.2　响应曲面的特征

求出稳定点后，通常表示出响应曲面在这一点的临近区域内的特征，即这个点究竟是最大值点、最小值点还是鞍点，同时还希望研究响应对 $(x_1, x_2, \cdots, x_k)$ 的相对灵敏度。

要做到这一点，最直接的方法是考察所拟合模型的等高线图。如果只有 2～3 个过程变量 (x)，则等高线图的构造和解释相对容易。但更为准确、正规的方法是正则分析，即使仅有少量的变量。

首先利用坐标变换将模型放入一个新的坐标系，其原点在稳定点 x_0 处；然后旋转坐标系至其与所拟合响应曲面的主轴平行，如图 9-5。这样得出的拟合模型是：

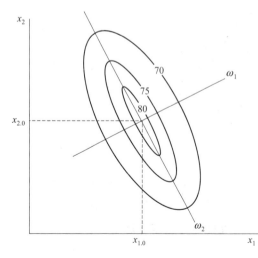

图 9-5　二阶模型的正则形式

$$\hat{y} = \hat{y}_0 + \lambda_1 \omega_1^2 + \lambda_2 \omega_2^2 + \cdots + \lambda_k \omega_k^2 \tag{9-12}$$

此式就是模型的正则形式，其中 $\{\omega_i\}$ 是变换后的自变量，$\{\lambda_i\}$ 是常数，而且正好是矩阵 B 的特征值或特征根。

响应曲面的性质可以由稳定点与 $\{\lambda_i\}$ 的符号和大小确定。假定稳定点在拟合二阶模型所探测的区域内，如果 $\{\lambda_i\}$ 都是正值，则 x_0 是响应最小值点；若 $\{\lambda_i\}$ 都小于 0，则 x_0 是响应最大值点；若 $\{\lambda_i\}$ 有不同的正负号，则 x_0 是鞍点。另外，当 $|\lambda_i|$ 最大时，ω 的方向是曲面最陡的方向。图 9-5 的二阶模型中，x_0 就是响应最大值点。

【例 9-2】继续例 9-1 中的化工生产过程。例 9-1 中拟合得到了一阶模型，因为不存在交互作用，所以不能拟合二阶模型，于是实验者决定增大这个设计以拟合一个二阶模型。实

者在 ($x_1 = 0$，$x_2 = \pm 1.414$) 和 ($x_1 = \pm 1.414$，$x_2 = 0$) 处增加 4 个观测点。完整的数据列于表 9-3，设计显示在图 9-6 中，这样就组成了中心组合设计。

表 9-3　完整的设计和结果

自然变量		规范变量		响应
t	T	x_1	x_2	y_1（产率）
80	170	-1	-1	76.5
80	180	-1	1	77.0
90	170	1	-1	78.0
90	180	1	1	79.5
85	175	0	0	79.9
85	175	0	0	80.3
85	175	0	0	80.0
85	175	0	0	79.9
85	175	0	0	79.8
92.07	175	1.414	0	78.4
77.93	175	-1.414	0	75.6
85	182.07	0	1.414	78.5
85	167.93	0	-1.414	77.0

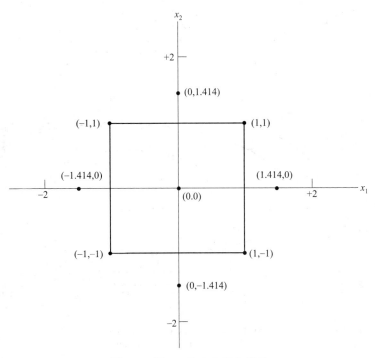

图 9-6　例 9-2 的中心复合设计

用最小二乘法对规范数据进行二阶拟合，得：

$$\hat{y} = 79.9408 + 0.9949x_1 + 0.5151x_2 - 1.3770x_1^2 - 1.0018x_2^2 + 0.2500x_1x_2$$

回归分析表明，此二阶模型合适地近似于真实的曲面。

下面进行正则分析。由于：

$$b = \begin{bmatrix} 0.9949 \\ 0.5151 \end{bmatrix} \quad B = \begin{bmatrix} -1.3770 & 0.1250 \\ 0.1250 & -1.0018 \end{bmatrix}$$

由式(9-10)，稳定点为：

$$x_s = -\frac{1}{2}B^{-1}b = -\frac{1}{2}\begin{bmatrix} -0.7345 & -0.0917 \\ -0.0917 & -1.0096 \end{bmatrix}\begin{bmatrix} 0.9949 \\ 0.5151 \end{bmatrix} = \begin{bmatrix} 0.3890 \\ 0.3056 \end{bmatrix}$$

即 $x_{1,0} = 0.3890$，$x_{2,0} = 0.3056$。若用自然变量，则为 $t = 86.9450 \approx 87\text{min}$，$T = 176.5280 \approx 176.5℉$。使用(9-10)式，求得稳定点处的预测响应为 $\hat{y}_0 = 80.21$。

表示响应曲面特征的最简单方法是构造收率作为时间和温度函数的等高线图。图 9-7 是拟合模型生成的三维空间中的响应曲面，图 9-8 是对应的二维等高线图。图中清楚地显示，最优点非常接近 85min 和 175℉，而且该点的响应达到最大值。从等高线图还可看出，过程对反应时间的变化比对温度的变化更为敏感。

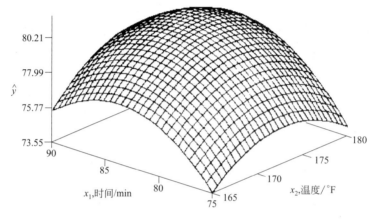

图 9-7　产率响应的响应曲面图

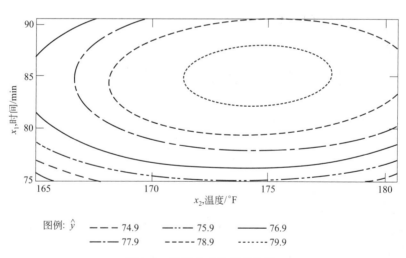

图例：$\hat{y}$　－－－　74.9　—·—·—　75.9　——　76.9
　　　　　—·—·—　77.9　－－－－　78.9　·······　79.9

图 9-8　产率响应的等高线图

也可用正则方法来表示响应面的特征。特征值的行列式方程为：

$$|B - \lambda I| = 0$$

$$\begin{vmatrix} -1.3770 - \lambda & 0.1250 \\ 0.1250 & -1.0018 - \lambda \end{vmatrix} = 0$$

简化，即得：

$$\lambda^2 + 2.3788\lambda + 1.3639 = 0$$

此方程的根 $\lambda_1 = -0.9641$、$\lambda_2 = -1.4147$，所以所拟合模型的正则形式是：

$$\hat{y} = 80.21 - 0.9641\omega_1^2 - 1.4147\omega_2^2$$

因两个特征值均为负值，且稳定点在探测区域内，所以，稳定点是最大值点。这从图 9-8 也能清楚地观察出来。

9.3.3　岭系统

前边讨论了响应曲面的纯最大值点、最小值点或鞍点。但也经常会遇到它们的各类变种，如岭系统也相当普遍。

考虑响应面二阶模型的正则形式(9-11)，设稳定点 x_0 在实验区域内并且有一个或多个 λ_i 很小（$\lambda_i \approx 0$）。于是，响应变量对 ω_i 就很不灵敏了。如图 9-9 中的等高线所示，此处 $k = 2$ 个变量且 $\lambda_1 = 0$（实际上，λ_1 可以很接近但不精确等于零）。此响应曲面的正则模型为：

$$\hat{y} = \hat{y}_0 + \lambda_2 \omega_2^2 \tag{9-13}$$

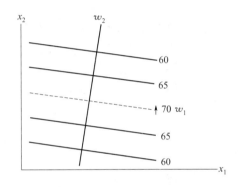

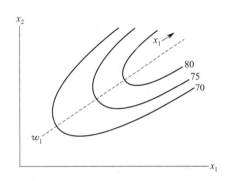

图 9-9　稳定岭系统等高线图　　　　　图 9-10　上升岭系统等高线图

λ_2 为负值，岭系统沿 ω_1 方向拉长而成为一条 $\hat{y} = 70$ 的中心线，且这一直线上的任意点处都取得最优值。这类响应面称为稳定岭系统。

如果稳定点远离二阶拟合模型的探测区域并且有一个（或多个）λ_i 接近零，则此曲面可能是一个上升岭，如图 9-10 所示，此时 λ_2 是负值。此类岭系统中，由于 x_0 在所拟合的区域之外，故无法进行真实曲面或稳定点的推断，应按 ω_1 方向作进一步探测。如果 λ_2 是正值，则此系统为下降岭系统。

9.4　响应曲面法实验设计

用适当选取的实验设计方法来拟合和分析响应曲面会带来极大的方便。

选择响应曲面设计时，理想的设计应具有下面一些特点：

① 在所研究的整个区域内，能够提供数据点的合理分布以及其他信息；

② 允许研究模型的合适性，包括拟合不足；

③ 允许分区组进行实验；

④ 允许逐步建立较高阶的设计；

⑤ 提供内部的误差估计量；

⑥ 提供模型系数的正确估计；

⑦ 提供在实验区域内好的预测方差；

⑧ 对异常值或缺失数据提供适当的稳健性；

⑨ 不需要大量的实验；

⑩ 不需要自变量有太多的水平；

⑪ 确保模型参数计算的简单性。

这些特点有时会存在矛盾，在设计时需加以判断。

9.4.1 拟合一阶模型的设计

设要拟合 k 个变量的一阶模型：

$$y = \beta_0 + \sum_{i=1}^{k} \beta_i x_i + \varepsilon \tag{9-14}$$

有一类独特的设计，它使得回归系数（$\{\hat{\beta}_i\}$）的方差极小化，这就是正交一阶设计。一个一阶设计是正交的，如果（$X'X$）矩阵的非对角线元素全为零，这就意味着 X 矩阵列的叉积之和为零。

响应曲面设计中变量的变化范围各不相同，甚至可能有相当大的差别。为了方便统一处理，可将所有自变量进行线性变换或称编码变换，一方面使因子区域都转化为以中心为原点的"立方体"，更主要的是，编码可以解决量纲不同给设计带来的麻烦。编码变换方法是：

设第 i 个变量 z_i 的实际变化范围为 $[z_{1i}, z_{2i}]$，$i = 1, 2, 3 \cdots, m$；记区间的中点和半长分别为 z_{0i} 和 Δ_i，后者也称为因素的变换半径，即：

$$z_{0i} = \frac{z_{1i} + z_{2i}}{2}, \quad \Delta_i = \frac{z_{2i} - z_{1i}}{2} \tag{9-15}$$

做如下 m 个线性变换：

$$x_i = \frac{z_i - z_{0i}}{\Delta_i}, \quad i = 1, 2, \cdots, m \tag{9-16}$$

这样，就将变量 z_i 的变化范围 $[z_{1i}, z_{2i}]$ 转换成新变量的变化范围 $[-1, 1]$，这样就将形如"长方体"的因子区域变换成中心在原点的"立方体"区域。

【例 9-3】 硝基蒽醌中某物质的含量 y 与以下三个因素有关：

z_1 亚硝酸钠，g

z_2 大苏打，g

z_3 反应时间，h

为提高该物质的含量，用响应曲面法的正交设计，试建立 y 与这三个因素的响应曲面方程。

解：根据因素、水平的特点，可利用 2 水平正交表，实验设计如下：

（1）确定每个因素的变化范围并进行编码变换 以（+1）和（-1）分别表示因素的上下水平，以 0 表示其零水平，根据式(9-15) 和式(9-16)，得出因素的水平和编码值如表 9-4。

表 9-4 因素的水平和编码值

编码值	因素		
	z_1	z_2	z_3
上水平(+1)	9.0	4.5	3
下水平(-1)	5.0	2.5	1
零水平(0)	7.0	3.5	2
变化半径(Δ_i)	2	1	1

（2）实验安排　把上下两水平作为因素的两水平，由于只有三个因素，可选择二水平正交表 $L_8(2^7)$ 进行实验；将原表中的"2"水平改为"-1"，"1"水平不动，这样，表中的水平同时也代表了该水平的取值；因素间的交互作用可以作为单独的因素安排在相应的列上。如表 9-5 所示。

表 9-5　实验方案与结果

实验号	因素						*	结果
	x_1	x_2	x_1x_2	x_3	x_1x_3	x_2x_3	$x_1x_2x_3$	
1	1	1	1	1	1	1	1	92.35
2	1	1	1	-1	-1	-1	-1	86.10
3	1	-1	-1	1	1	-1	-1	89.58
4	1	-1	-1	-1	-1	1	1	87.05
5	-1	1	-1	1	-1	1	-1	85.70
6	-1	1	-1	-1	1	-1	1	83.26
7	-1	-1	1	1	-1	-1	1	83.95
8	-1	-1	1	-1	1	1	-1	83.38

数据计算量较大，采用 SPSS 软件进行数据处理，可得响应面方程为：

$$\hat{y} = 86.42 + 2.35x_1 + 0.43x_2 + 1.47x_3$$

方差分析表明，该响应曲面方程成立；同时因素 x_2 不显著，可将其删除。所以响应曲面方程应为：

$$\hat{y} = 86.42 + 2.35x_1 + 1.47x_3$$

还原，将变量 x 用相应的原始变量 z 代替，得到最终的响应面方程为：

$$\hat{y} = 75.255 + 1.175z_1 + 1.47z_3$$

从该方程可以看出，随着亚硝酸钠加入量的增加和反应时间的延长，某物质含量增加；而大苏打的加入量对其没有影响。

9.4.2　拟合二阶模型的设计——中心复合设计

前边已经介绍了拟合二阶模型的中心复合设计（central composite desigh，CCD），这是用于拟合这些模型的最广的一类设计。

所谓组合设计就是在编码空间中选择几类不同特点的试验点，适当组合起来形成的实验方案，一般包括三类不同的试验点：

$$N = m_c + m_r + m_0 \tag{9-17}$$

式中，m_c 是各因素均取二水平（$+1$，-1）的全面试验点；$m_r = 2m$ 是分布在 m 个坐标轴上的星号点，它们与中心点的距离 r 称为星号臂，r 为待定参数，调节 r 可以得到所期望的优良性，如正交性、旋转性等；m_0 是各因素均取零水平的试验点即中心点，它无严格限制，一般 $m_0 \geqslant 3$。图 9-11 和表 9-6 给出了 $m = 2$，$m_0 = 4$ 时的 CCD。

表 9-6　CCD 实验方案

实验号	x_1	x_2	试验点类别
1	-1	-1	
2	1	-1	用 $L_4(2^3)$
3	-1	1	$m_c = 2^m = 4$
4	1	1	
5	$-r$	0	
6	r	0	星号点
7	0	$-r$	$m_r = 2m = 4$
8	0	r	

续表

实验号	x_1	x_2	试验点类别
9	0	0	
10	0	0	中心点
11	0	0	$m_0=4$
12	0	0	

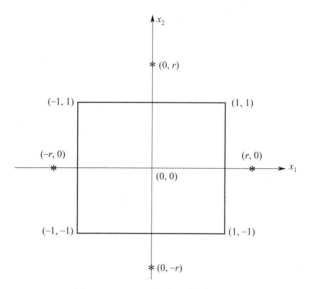

图 9-11　$m=2$ 的中心复合设计

利用 CCD 编制实验方案，既能全面满足试验要求，大大减少试验次数，还能使二次设计在一次设计的基础上进行，即可以进行序贯设计。2^k 设计用于拟合一阶模型，但这个模型拟合不足，需增加试验点，加入二阶模型。CCD 对拟合二阶模型而言是非常有效的设计，设计中需指定两个参数：从数据中心到坐标轴试验点的距离 r 和中心点个数 m_0。其中 r 的选取上可以有多种出发点。

对于 2^k 析因设计，若弯曲检验是显著的，则只能假定二阶模型，如：

$$y=\beta_0+\beta_1x_1+\beta_2x_2+\beta_{12}x_1x_2+\beta_{11}x_1^2+\beta_{22}x_2^2+\varepsilon \tag{9-18}$$

该模型中有 6 个未知参数要进行估计，而对于中心点的 2^2 设计也只有 5 个独立实验，因此在该模型中无法对参数进行估计。

若在设计中增加 4 个轴试验，如图 9-11 所示，则成为 CCD。CCD 是在编码空间中选择几类具有不同特点的试验点，适当组合起来形成的。CCD 由 3 类不同的试验点构成：

在组合设计中，安排 2^m 个 m_c 试验点，主要是为了求因素的一次项和交互作用的系数，共 $L=C_m^1+C_m^2$ 个；当 $m>4$ 时，若仍取 $m_c=2^m$，由于 L 远小于 m_c，则实验造成的剩余自由度太多。为此应该进行 $\lambda=1/2^i$ 的部分实施，但必须满足：

$$m_c=\lambda\times2^m\geqslant C_m^1+C_m^2 \tag{9-19}$$

m_c 为能安排下 L 个因素和交互作用的正交表的实验次数。

例如，$m=6$ 时，若安排 $2^6=64$ 个实验点，则工作量太大，此时可以取 $\lambda=1/2$，则 $m_c=\lambda\times2^m=32>L=C_6^1+C_6^2=21$ 选用 $L_{32}(2^{31})$ 就可以满足要求。

$m=3$ 的 CCD 方案如表 9-7。

表 9-7　$m=3$ 时的 CCD 方案

实验号	x_1	x_2	x_3	试验点类别
1	-1	-1	-1	
2	1	-1	-1	
3	-1	1	-1	
4	1	1	-1	用 $L_8(2^7)$
5	-1	-1	1	$m_c=2^m=8$
6	1	-1	1	
7	-1	1	1	
8	1	1	1	
9	$-r$	0	0	
10	r	0	0	
11	0	$-r$	0	星号点
12	0	r	0	$m_r=2m=6$
13	0	0	$-r$	
14	0	0	r	
15	0	0	0	中心点
$\vdots$	$\vdots$	$\vdots$	$\vdots$	m_0
N	0	0	0	

CCD 包括了通用旋转组合设计和二次正交设计。

正交设计：

正交性使数据分析非常方便，为使二次响应曲面设计具有正交性，当 $m=2$ 时，$Z^T Z$ 矩阵为：

$$Z^T Z = \begin{bmatrix} N & 0 & 0 & 0 & 0 & 0 \\ 0 & e & 0 & 0 & 0 & 0 \\ 0 & 0 & e & 0 & 0 & 0 \\ 0 & 0 & 0 & m_c & 0 & 0 \\ 0 & 0 & 0 & 0 & s_n & g \\ 0 & 0 & 0 & 0 & g & s_{22} \end{bmatrix} \tag{9-20}$$

其中：

$$g = \left(1-\frac{e}{N}\right)^2 m_c + \left(r^2-\frac{e}{N}\right)\left(-\frac{e}{N}\right) + \left(-\frac{e}{N}\right)^2 (N-m_c-4) \tag{9-21}$$

只有当 $g=0$ 时，设计才能称为正交的，而其中只有 r 可以进行选择。对于具有不同 m 值不同的设计方案及不同的 m_0 值，求得的 r 值见表 9-8。

表 9-8　二次回归正交组合设计实验点常用 r 值

m_0	$m=2$	$m=3$	$m=4$	$m=5$(一半实施)
1	1.000	1.215	1.414	1.546
2	1.077	1.285	1.483	1.606
3	1.148	1.353	1.546	1.664
4	1.214	1.414	1.606	1.718
5	1.267	1.471	1.664	1.772

旋转设计：

如果在点 x 处预测响应值 $\hat{y}$ 的方差仅是点到设计中心距离的函数而与方向无关，或者说，当设计围绕中心点 $(0, 0, 0, \cdots, 0)$ 旋转时，$\hat{y}$ 的方差不变，则该设计为可旋转的设计。

在 RSM 中，可旋转性是十分重要的性质。因为 RSM 的目的是优化，而最优点的位置无法预知，可旋转的意义就在于所使用的设计在各个方向上提供等精度的估计。另外，任意一阶正交设计是可旋转的。

对于二次响应曲面设计，要使设计具有旋转性，必然要求：

$$r^4 = m_c \tag{9-22}$$

这一要求可从式(9-21)推出。表 9-9 和表 9-10 给出了二次响应面的正交旋转组合设计的参数。更多关于正交性和旋转性的说明，请参考相关书籍。

表 9-9 二次响应面的正交旋转组合设计的参数

因素数与方案	m_c	r	m_0	N
$p = 2$	4	1.414	8	16
$p = 3$	8	1.682	9	23
$p = 4$	16	2.000	12	36
$p = 5$	32	2.378	17	50
$p = 5$(一半实施)	16	2.000	10	36

表 9-10 二次响应面通用旋转组合设计的参数

因素数与方案	m_c	r	m_0	N
$p = 2$	4	1.414	5	13
$p = 3$	8	1.682	6	20
$p = 4$	16	2.000	7	31
$p = 5$(一半实施)	16	2.000	6	32

一个设计具有通用性，就是说在与中心距离小于 1 的任意点上预测的方差近似相等。由上两表可知，一般通用旋转设计的试验次数比正交旋转设计少，加上在单位超球体内各点方差近似相等，因此在实用中人们更喜欢采用通用性设计，尽管其计算也更加麻烦，因为用计算机软件进行计算可以轻松完成。

9.4.3 二阶响应曲面的 Box-Behnken 设计

这种设计也是二阶响应曲面设计的常用方法之一，是由析因设计和不完全区组设计结合而成的适应响应曲面设计的 3 水平设计。因为随机完全区组设计在某些情况下不适应，所以进行了不完全区组设计。Box-Behnken 设计对所要求的实验次数来说十分有效，而且符合旋转性或几乎具有旋转性；Box-Behnken 设计所有实验点与设计中心等距离，是一种圆形设计。

Box-Behnken 设计是可以评价指标和因素间非线性关系的一种实验设计，常用于对因素的非线性影响进行研究。其重要特性是以较少的实验次数去估计一阶、二阶与一阶具有交互作用项之多项式模式，是一种高效率的响应曲面设计。它是一种不完全的三水平析因设计，其实验点的特殊选择使二阶模型中系数的估计比较有效。

Box-Behnken 设计可以安排 3～7 个因素，试验次数一般为 15～62 次，在因素数相同时比 CCD 设计所需的试验次数少，而且不需多次连续试验。由于没有将所有因素同时安排为高水平的实验组合，对某些有特别需要或安全要求的设计尤为合适。和中心设计相比，Box-Behnken 设计不存在轴向点，因而在操作时水平设置不会超出安全操作范围。图 9-12 为 3 因素 Box-Behnken 设计的实验点。

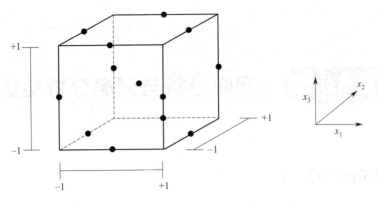

图 9-12　3 因素 Box-Behnken 设计的实验点

可以看出，Box-Behnken 设计在设计方案中加入了一些中心点，但不包含由各个变量的上限和下限所生成的立方体区域的顶点处的任何一点，因而更安全（中心复合设计的轴向点取值一般会超出立方点 ［−1，+1］），尤其当立方体顶角上的点所代表的因素水平组合、或实验成本过高或是因实际限制而不可能达到时，此设计的长处更加突出。

表 9-11 列出了 3 个变量的 Box-Behnken 设计。

表 9-11　3 个变量的 Box-Behnken 设计

实验号	x_1	x_2	x_3
1	−1	1	0
2	−1	1	0
3	1	−1	0
4	1	1	0
5	−1	0	−1
6	−1	0	1
7	1	0	1
8	1	0	1
9	0	−1	−1
10	0	−1	1
11	0	1	−1
12	0	1	1
13	0	0	0
14	0	0	0
15	0	0	0

最后的 Box-Behnken 设计是利用 Design-Expert 软件进行的。该软件有专门的 Box-Behnken 设计模块。

10.1　一元线性回归分析

【例 10-1】　空气污染是致癌因素之一，许多有机物、重金属、石棉等都是致癌物，而惰性元素氡也是致肺癌的因素之一。英国的 Cliff 根据英国的情况编制成表如下：

冬季通风换气/(次/小时)	居民平均接触量/(WLM/a)	氡所致肺癌病例/(人·年/10^6)
0.8	0.14	29
0.5	0.23	46
0.4	0.29	57
0.3	0.38	74
0.2	0.58	115
0.1	1.15	231

显然，居民平均接触量与氡所致肺癌病例两者关系非常明显，即接触氡量是致癌因素之一。但若注意通风换气，则可减少接触氡量，间接降低患病率。像这种变量间相互作用、相互影响，但又难以用定量数学方程表达的关系称为相关关系。

10.1.1　概述

生产和科研中考查几个量之间的相互关系时，发现变量间的关系各有特色。以两个变量 x 和 y 为例，一般会遇到以下三种情况：

（1）二者为一般变量，即非随机变量。这种关系可以通过一个函数式准确表达出来，称为函数关系。

（2）x 为非随机变量，y 为随机变量。此时 x 不含误差，y 是含有随机误差的测量值。如某药合成的氯化反应一步，经验证明，通氯量充分时收率就高一些，但有时却相反，即耗氯量和收率之间的关系存在于随机背景中。这时，通氯量和收率的关系称为回归关系。

（3）x 和 y 均为随机变量。如维生素片的含水量 x 和药片的贮存期 y，分别受多种随机因素的影响，都是随机变量。虽然水分多时贮存期可能会短，但含水量多的不一定不如含水量少的稳定。它们之间的关系存在于随机背景中，x 和 y 的这种关系称为相关关系。

上述后两种情况不完全一样，但一般并不严格区分。本章主要讨论这两种情况，而且不加区分，通称为相关关系或回归分析。

设两个随机变量 x 和 y 的实验数据 $[(x_i, y_i), i=1, 2, \cdots, n]$ 成对出现，若将它们一一对应到直角坐标系中，就会得到一幅散点图，如图 10-1 所示。

其中后 4 种情况变量间表现出了很明显的相互影响，变量间的这种关系称相关关系。用统计的方法建立变量间的数量关系并对其进行检验称为相关分析，所得数学表达式叫相关方程。若变量间的相关方程是一次线性方程的形式，则称为线性回归分析。

如果散点的排布呈直线或接近直线，就表明 x 和 y 间线性相关，简称相关。即相关是

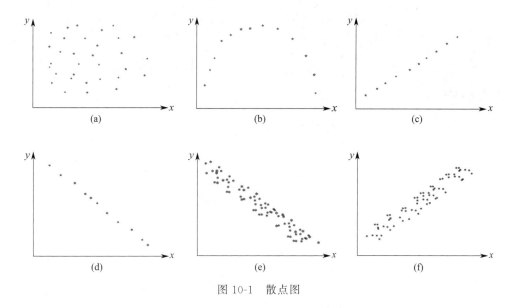

图 10-1　散点图

指两个随机变量之间存在的特殊关系—线性关系。

10.1.2　回归方法

在仪器分析中，常用作图法描述标准系列的测定结果，但目测作图误差较大；而像图 10-1 中的（e）、（f）两种情况，目测画线是不可能的。因此最好能用统计方法求出直线的斜率和截距，这就是"最小二乘法"。

10.1.2.1　统计模型

$$\begin{cases} y = \alpha + \beta x + \varepsilon \in N(\alpha + \beta x, \sigma^2) & (10\text{-}1) \\ \mu_y = \alpha + \beta x & (10\text{-}2) \end{cases}$$

其中，α 和 β 是不受 x 影响的参数，$y = \alpha + \beta x$ 表示线性关系，ε 为随机因素造成的误差。回归分析就是在方差齐性正态分布的前提下，求出 y 的总体参数 μ_y 和 x 之间的线性关系式(10-2)。

10.1.2.2　最小二乘原则

如果 y 的总体均值 μ_y 和 x 之间的关系如式(10-1) 所示，那么，在 x_i 处 y 的均值：

$$\mu_{yi} = \alpha + \beta x_i$$

但实际得到的则是 y_i，实际值和理论值间有偏差：

$$y_1 - \mu_{y_1}, y_2 - \mu_{y_2}, \cdots, y_i - \mu_{y_i}, \cdots \tag{10-3}$$

那么，如何才能求出两个参数 α、β 呢？若将上式的偏差平方后求和，即可得偏差平方和：

$$Q = \sum_{i=1}^{n} (y_i - \mu_{y_i})^2 = \sum_{i=1}^{n} [y_i - (\alpha + \beta x_i)]^2 \tag{10-4}$$

Q 表示诸散点离开直线 $\mu_y = \alpha + \beta x$ 上对应点的垂直距离平方之和。Q 越小，散点越接近直线，即线性越高。使 Q 达到最小就是求 α 和 β 的原则，其方法称为最小二乘法。

10.1.2.3　$\boldsymbol{\alpha}$ 和 $\boldsymbol{\beta}$ 的估计

欲使误差最小，则：

$$\begin{cases} \dfrac{\partial Q}{\partial \alpha} = -2\sum_{i=1}^{n}[y_i - \alpha - \beta x_i] = 0 & (10\text{-}5) \\ \\ \dfrac{\partial Q}{\partial \beta} = -2\sum_{i=1}^{n}[y_i - \alpha - \beta x_i]x_i = 0 & (10\text{-}6) \end{cases}$$

由此可得方程组：

$$\begin{cases} n\alpha + \beta\sum_{i=1}^{n}x_i = \sum_{i=1}^{n}y_i & (10\text{-}7) \\ \\ \alpha\sum_{i=1}^{n}x_i + \beta\sum_{i=1}^{n}x_i^2 = \sum_{i=1}^{n}x_iy_i & (10\text{-}8) \end{cases}$$

该方程称为正规方程组，因为系数都由样本值构成。所以，方程的解为 α 和 β 的估计值，分别记为 a 和 b。即：

$$\begin{cases} a = \dfrac{\sum\limits_{i=1}^{n}y_i - b\sum\limits_{i=1}^{n}x_i}{n} = \bar{y} - b\bar{x} & (10\text{-}9) \\ \\ b = \dfrac{\sum\limits_{i=1}^{n}x_iy_i - \dfrac{1}{n}\sum\limits_{i=1}^{n}x_i\sum\limits_{i=1}^{n}y_i}{\sum\limits_{i=1}^{n}x_i^2 - \dfrac{1}{n}\left(\sum\limits_{i=1}^{n}x_i\right)} = \dfrac{l_{xy}}{l_{xx}} & (10\text{-}10) \end{cases}$$

a、b 称为样本回归系数，因此可得回归方程：

$$\hat{y} = a + bx \qquad (10\text{-}11)$$

由式（10-10）知，要求 a、b，首先要计算 l_{xx} 和 l_{xy}。

10.1.2.4 回归方程的求法

先求出以下几个统计量：

$$\begin{cases} l_{xx} = \sum_{i=1}^{n}x_i^2 - \dfrac{1}{n}\left(\sum_{i=1}^{n}x_i\right)^2 & (10\text{-}12) \\ \\ l_{xy} = \sum_{i=1}^{n}x_iy_i - \dfrac{1}{n}\sum_{i=1}^{n}x_i\sum_{i=1}^{n}y_i & (10\text{-}13) \end{cases}$$

代入式（10-9）、式（10-10）即可求出回归系数 a 和 b。

【例 10-2】分别以 x、y、z 代替图 10-1 中的冬季通风换气、居民平均接触氡量和氡所致肺癌病例数。试利用最小二乘法分别求出 y、z 对 x 的回归方程。

解：

（1）$y \sim x$ 相关方程：

$$l_{xx} = \sum_{i=1}^{n}x_i^2 - \frac{1}{n}\left(\sum_{i=1}^{n}x_i\right)^2 = 0.308333333$$

$$l_{xy} = \sum_{i=1}^{n}x_iy_i - \frac{1}{n}\sum_{i=1}^{n}x_i\sum_{i=1}^{n}y_i = -0.373833333$$

求得：

$$b = -1.2, \quad a = 0.93$$

因此，所求回归方程为：

$$y = 0.93 - 1.2x$$

（2）同理，$z \sim x$ 相关方程为

$$z = 185 - 242x$$

10.1.2.5　一元非线性关系的转化与回归

对于本身不是线性关系的变量间的关系，可以用多种方法进行拟合。当变量间的关系可以用某种函数关系进行描述时，则可以将函数方程进行简单变换，转化成线性方程，然后利用线性回归求得方程中的参数，进而最后求出函数关系或对问题进行拟合。

例如：

（1）$y = a + b\ln x \rightarrow y = a + bx'$（$x' = \ln x$）

（2）$y = ae^{bx} \rightarrow y' = a' + bx$（$y' = \ln y$，$a' = \ln a$）

（3）$\dfrac{1}{y} = a + \dfrac{b}{x} \rightarrow y' = a + bx'\left(x' = \dfrac{1}{x}，y' = \dfrac{1}{y}\right)$

10.1.3　一元线性回归方程的检验

从以上可以看出，用最小二乘法对数据进行处理，就可以得到一条直线。但直线的准确度如何？相关关系真的成立吗？在得到相关方程后，还必须对其线性进行检验。

回归方程的检验方法有两种，即相关系数法和方差分析法。

10.1.3.1　相关系数法

相关系数法就是首先求出回归方程的相关系数，然后与临界值进行对比。若计算值大于临界值，说明两个变量不是独立变量，相关关系成立。否则，相关关系不成立。

相关系数用下式求出：

$$\rho = \frac{l_{xy}}{\sqrt{l_{xx}l_{yy}}} \tag{10-14}$$

其中 l_{xx}，l_{xy} 分别用式（10-12）和式（10-13）求出，而 l_{yy} 通过下式求出：

$$l_{yy} = \sum_{i=1}^{n} y_i^2 - \frac{1}{n}\left(\sum_{i=1}^{n} y_i\right)^2 \tag{10-15}$$

查表求得 $\rho_{\alpha,f}$，然后 ρ 与 $\rho_{\alpha,f}$ 比较。此处 $f = n - 2$，因为两个变量相关，自由度减少 1。

【例 10-3】　用相关系数法对例 10-2 求出的回归方程进行检验。

解：

（1）$y \sim x$ 相关方程：

先求得：

$$l_{yy} = \sum_{i=1}^{n} y_i^2 - \frac{1}{n}\left(\sum_{i=1}^{n} y_i\right)^2 = 0.681083333$$

则相关系数为：

$$\rho = \frac{l_{xy}}{\sqrt{l_{xx}l_{yy}}} = \frac{-0.373833333}{\sqrt{0.308333333 \times 0.681083333}} = -0.8158$$

查表：

$$\rho_{\alpha,f} = \rho_{0.05,4} = 0.8114$$

所以，相关关系成立。

（2）同理，$z \sim x$ 相关方程的相关系数为

$$\rho = 0.8113$$

显然，它非常接近 $\rho_{0.05,4}$，但稍嫌小，即二者的相关关系不成立。通过下图可以看出，虽然相关关系不是很好，但变化趋势非常明显。若用其他方程进行拟合，可能就会得到非常好的相关方程。

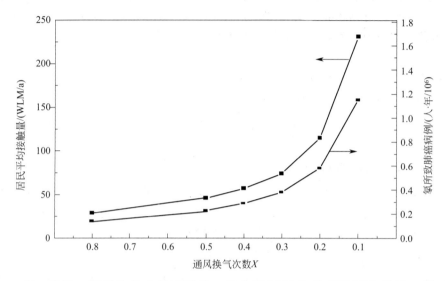

【例 10-4】 用邻二氮菲分光光度法测铁，首先配制标准系列测标准曲线，得下列结果。用最小二乘法求出回归方程并对该标准曲线准确度进行检验。

序号	1	2	3	4	5	6
浓度 $c/(\times 10^{-5} \text{mol/L})$	1.00	2.00	3.00	4.00	6.00	8.00
吸光度 A	0.114	0.212	0.335	0.434	0.670	0.868

解：首先对数据进行转化，令：

$x = 10^5 c$，$y = 10A$。

求得：

$$l_{xx} = \sum_{i=1}^{n} x_i^2 - \frac{1}{n}\left(\sum_{i=1}^{n} x_i\right)^2 = 34$$

$$l_{yy} = \sum_{i=1}^{n} y_i^2 - \frac{1}{n}\left(\sum_{i=1}^{n} y_i\right)^2 = 40.5397$$

$$l_{xy} = \sum_{i=1}^{n} x_i y_i - \frac{1}{n}\sum_{i=1}^{n} x_i \sum_{i=1}^{n} y_i = 37.1100$$

$$\rho = \frac{l_{xy}}{\sqrt{l_{xx} l_{yy}}} = \frac{37.11}{\sqrt{34 \times 40.5397}} = 0.9996$$

而根据第 11 章中所规定标准曲线的相关系数要求，即：

$$|\rho| \geqslant 0.9990$$

因此，该标准曲线准确度符合要求。其回归系数为：

$$b = \frac{l_{xy}}{l_{xx}} = \frac{37.11}{34} = 1.0915$$

$$a = \bar{y} - b\bar{x} = \frac{26.3298 - 1.0915 \times 24}{6} = 0.0224$$

因此，回归方程为：

$$y = 0.0224 + 1.0915x$$

还原，则回归方程为：

$$A = 0.00224 + 1.0915 \times 10^4 c$$

经截距检验，0.00224 可以忽略，因此回归方程为：

$$A = 1.0915 \times 10^4 c$$

为了减少不必要的浪费，一般先求出相关系数，若相关关系成立，再求出回归系数，最后求出回归方程。

10.1.3.2　方差分析法

首先对离差平方和进行分解：

$$l_{yy} = \sum_{i=1}^{n}(y_i - \bar{y})^2 \quad l_{yy} = \sum_{i=1}^{n}\left[(y_i - \hat{y}_i) + (\hat{y}_i - \bar{y})\right]^2$$

$$= \sum_{i=1}^{n}(y_i - \hat{y}_i)^2 + 2\sum_{i=1}^{n}(y_i - \hat{y}_i)(\hat{y}_i - \bar{y}) + \sum_{i=1}^{n}(\hat{y}_i - \bar{y})^2 \tag{10-16}$$

右边第二项：

$$\sum_{i=1}^{n}(y_i - \hat{y}_i)(\hat{y}_i - \bar{y}) = \sum_{i=1}^{n}\left\{[y_i - (a + bx_i)][(a + bx_i) - \bar{y}]\right\}$$

$$= \sum_{i=1}^{n}\left[(y_i - \bar{y}) - b(x_i - \bar{x})\right]b(x_i - \bar{x})$$

$$= bl_{xy} - b^2 l_{xx} = bl_{xy} - bl_{xy} = 0$$

所以：

$$l_{yy} = \sum_{i=1}^{n}(y_i - \bar{y})^2 = \sum_{i=1}^{n}(y_i - \hat{y}_i)^2 + \sum_{i=1}^{n}(\hat{y}_i - \bar{y})^2 \tag{10-17}$$

其中，$\hat{y}_i = a + bx_i$，是回归直线上横坐标为 x_i 点的纵坐标。且：

$$\frac{1}{n}\sum_{i=1}^{n}\hat{y}_i = \frac{1}{n}\sum(a + bx_i) = a + b\bar{x} = \bar{y}$$

所以：

$$\sum_{i=1}^{n}(\hat{y}_i - \bar{y})^2$$

是回归直线上各点纵坐标的离差平方和，记为 U。这个离差平方和是 x_i 的改变所引起的线性效应。

$$U = \sum_{i=1}^{n}(\hat{y}_i - \bar{y})^2 = \sum_{i=1}^{n}[a + bx_i - (a + b\bar{x})] = b^2\sum_{i=1}^{n}(x_i - \bar{x})^2 \tag{10-18}$$

$$U = b^2 l_{xx} = bl_{xy} \tag{10-19}$$

因为 $\hat{y}_i$ 是 μ_{yi} 的估计值，所以式(10-17) 右边第一项 $\sum_{i=1}^{n}(y_i - \hat{y}_i)^2$ 也是离差平方和，记为 Q。它是扣除了线性效应后，所有其他因素对 y 的效应，包括随机误差、实验误差、曲线效应等。因此又称为剩余离差平方和。因此：

$$l_{yy} = U + Q \tag{10-20}$$

其中，l_{yy} 的自由度为 $n-1$；Q 的自由度为 $n-2$，因为 a 和 b 都是由样本值计算而得；

这样，U 的自由度就只能是 1 了。

回归方程显著性检验的方法是 F 检验，分子分母分别为回归方差和剩余方差：

$$F=\frac{U/1}{Q/(n-2)}=\frac{s^2_{回}}{s^2_{剩}}\sim F_{\alpha,(1,n-2)} \tag{10-21}$$

若 $F>F_{\alpha,(1,n-2)}$，说明相关关系成立。否则，x 和 y 间不存在相关关系，为独立变量。

计算完成后，还必须绘出方差分析表，如：

方差来源	离差平方和	自由度	方差	F 值	临界值	显著性
回归	$U=bl_{xy}$	1	$s^2_{回}=bl_{xy}$	$F=s^2_{回}/s^2_{剩}$	$F_{\alpha,(1,n-2)}$	
剩余	$Q=l_{yy}-U$	$n-2$	$s^2_{剩}=\dfrac{Q}{n-2}$			

所以，相关系数的平方正好是回归平方和在总平方和里所占的比例，相关系数的绝对值越大，回归效果越好。因此相关系数检验和方差分析的结论是一样的。

【例 10-5】 试对例 10-4 的回归方程进行方差分析。

解：

$$U=bl_{xy}=1.0915\times37.1100=40.505565$$

$$Q=l_{yy}-U=40.5397-40.505565=0.034135$$

$$f_1=1, \quad f_e=n-2=4$$

$$F=\frac{U/1}{Q/(n-2)}=\frac{40.505565/1}{0.034135/4}=4746.5$$

查表得：

$$F_{0.05,(1,4)}=7.71, \quad F_{0.01,(1,4)}=21.2$$

显然，回归方程高度显著，相关关系成立。方差分析表如下：

方差来源	离差平方和	自由度	方差	F 值	临界值	显著性
回归	40.505565	1	40.505565	4746.5	21.2	＊＊＊
剩余	0.034135	4	0.00853375			

10.2　二元线性回归

10.2.1　回归方法

先看一个例子。

【例 10-6】 某小学校从各年级中随机挑选 12 名学生，测量了三个指标（一律四舍五入取整数），样本数据如下：

指标	1	2	3	4	5	6	7	8	9	10	11	12
身高 x_1/cm	147	149	139	152	141	140	145	138	142	132	151	147
年龄 x_2/岁	9	11	7	12	9	8	11	10	11	7	13	10
体重 y/kg	34	41	23	37	25	28	47	27	26	21	46	38

以上表中 12 个小学生的身高、年龄、体重的数据为例，说明二元线性回归的原理和计算法。以身高 x_1 和年龄 x_2 为自变量，体重 y 为因变量，这就是二元回归问题。

如果变量 y 与 x_1，x_2 的关系能近似地用一次因数式来描述：

$$y=a+b_1x_1+b_2x_2 \tag{10-22}$$

这就是一个二元线性回归方程式，其特点是两个一次项：$b_1 x_1$ 和 $b_2 x_2$，一个常数项：a。求解系数 a、b_1、b_2 的方法仍然是最小二乘法。

令 y 的估计值 $\hat{y}$ 为根据回归方程的计算值，即：

$$\hat{y}_i = a + b_1 x_{1i} + b_2 x_{2i} \tag{10-23}$$

则一般 $y_i \neq \hat{y}_i$，即存在偏差：

$$y_i - \hat{y}_i = y_i - a - b_1 x_{1i} - b_2 x_{2i} \tag{10-24}$$

则偏差平方和为

$$\sum_{i=1}^{n}(y_i - \hat{y}_i)^2 = \sum_{i=1}^{n}(y_i - a - b_1 x_{1i} - b_2 x_{2i})^2 \tag{10-25}$$

使上述偏差平方和最小须满足下述方程：

$$\begin{cases} l_{x_1 x_1} b_1 + l_{x_1 x_2} b_2 = l_{x_1 y} & \tag{10-26} \\ l_{x_2 x_1} b_1 + l_{x_2 x_2} b_2 = l_{x_2 y} & \tag{10-27} \end{cases}$$

求得：$l_{x_1 x_1} = 2.7$，$l_{x_1 x_2} = 0.688333$，$l_{x_1 y} = 3.3458333$，$l_{x_2 x_1} = l_{x_1 x_2} = 0.688333$，$l_{x_2 x_2} = 0.2758333$，$l_{x_2 y} = 1.00333$。上述方程变为：

$$\begin{cases} 2.7b_1 + 0.688333b_2 = 3.3458333 \\ 0.688333b_1 + 0.2758333b_2 = 1.00333 \end{cases}$$

所以：

$$\begin{cases} a = -105.04 \\ b_1 = 0.857 \\ b_2 = 1.500 \end{cases}$$

最后得到回归方程：

$$y = -105.04 + 0.857x_1 + 1.500x_2$$

应当注意的是，虽然 $1.500 > 0.857$，但却不能说 x_2 对 y 的贡献大于 x_1，因为这两个自变量具有不同的单位。若要比较二者的贡献大小，需先将这两个回归系数标准化。

10.2.2　二元线性回归方程的检验

二元线性回归方程的检验分为两个方面：一是回归方程整体有效性的检验；二是每个自变量有效性的检验。

首先要进行回归方程整体有效性的检验。与一元线性回归相类似，在用最小二乘法求得 b_1、b_2 和 a 之后，称 $\hat{y}_i = a + b_1 x_{1i} + b_2 x_{2i}$ 为回归值，回归值 $\hat{y}_1$、$\hat{y}_1$、$\cdots$、$\hat{y}_1$ 的平均值也是 $\bar{y}$。总平方和 l_{yy} 也有类似的分解式：

$$\begin{aligned} l_{yy} &= \sum_{i=1}^{n}(y_i - \bar{y})^2 \\ &= \sum_{i=1}^{n}(y_i - \hat{y}_i + \hat{y}_i - \bar{y})^2 = \sum_{i=1}^{n}(y_i - \hat{y}_i)^2 + \sum_{i=1}^{n}(\hat{y}_i - \bar{y})^2 \\ &= Q_e + U \end{aligned}$$

由于 U 是两个自变量的回归平方和，故其自由度是 2，从而 Q_e 的自由度是 $(n-1)-2 = n-3$。所以 F 检验统计量的计算公式为：

$$F = \frac{U/2}{Q_e/(n-3)} \tag{10-28}$$

其中：$U = b_1 l_{x_1 y} + b_2 l_{x_2 y}$，$l_{x_1 y}$、$l_{x_2 y}$ 已在前面求出。

然后查表得 $F_{a, (2, n-3)}$ 的值，进而判断回归方程整体上的有效性。

【例 10-7】 试对例 10-6 求得的回归方程进行检验。

解：求得：

$$l_{yy} = 888.24$$

$$U = 0.857 \times 481.24 + 1.500 \times 144.48 = 629.35$$

$$Q = l_{yy} - U = 258.89$$

$$F = \frac{629.35/2}{258.89/9} = 10.94$$

$$F_{0.05, (2,9)} = 4.26$$

显然，回归效果显著，相关方程成立。方差分析表如下：

方差来源	偏差平方和	自由度	方差	F 值	F 临界值	显著性
因素	629.35	2	314.68	10.94	4.26	*
随机误差	258.89	9	28.77			
总和	888.24	11				

每个自变量有效性的检验。对于一个整体有效的二元线性回归方程，若已知两个自变量的相对重要性，则只要检验相对不重要的因素对因变量的影响是否可以忽略，整个问题也就圆满解决了。这就是对个别自变量进行显著性检验的问题。检验方法有多种，此处简单介绍 T-检验法。即计算每个自变量的 t-值。

$$t_i = \frac{\sqrt{p_i}}{\sqrt{Q_e / f_e}} \tag{10-29}$$

t_i 称为自变量 x_i 的 T 值。t_i 值越大，x_i 越重要。根据经验，$t_i > 1$ 时，x_i 对 y 有一定的影响，$t_i > 2$ 时，可认为 x_i 是影响 y 的重要因素。$t_i < 1$ 时，可认为 x_i 对 y 的影响可以忽略，即可从回归方程中将其去掉，其中 p_i 称为偏回归平方和。在线性回归问题中，一个自变量的偏回归平方和，是指在回归方程中去掉这个自变量而使回归平方和减小的数值；或者等价地说，在不含这个自变量的回归方程中添上这个自变量而使回归平方和增加的数值。据此定义，偏回归平方和的大小反映该自变量在回归方程中重要性的大小。用 p_1、p_2 表示两个偏回归平方和，其计算公式为：

$$p_1 = b_1^2 \left(l_{11} - \frac{l_{12}^2}{l_{22}} \right) \tag{10-30}$$

$$p_2 = b_2^2 \left(l_{22} - \frac{l_{12}^2}{l_{11}} \right) \tag{10-31}$$

代入数据，得：

$$p_1 = 0.857^2 \times \left(385.32 - \frac{9824.77}{39.72} \right) = 101.33$$

$$p_2 = 1.500^2 \times \left(39.72 - \frac{9824.77}{385.32} \right) = 32.00$$

两者相比较，便知 x_1 较 x_2 为重要，虽然 $1.500 > 0.857$。

对上面的例子进行计算，得：

$$t_1 = \frac{\sqrt{101.33}}{\sqrt{28.77}} = 1.88$$

$$t_2 = \frac{\sqrt{32.00}}{\sqrt{28.77}} = 1.05$$

由于 t_1 和 t_2 都超过 1，故 x_1 和 x_2 对 y 的影响都不可忽略。注意在此例中，$t_1 \approx 2$，$t_2 \approx 1$，可见 x_1 和 x_2 的重要程度是有明显差别的。

10.3　主成分分析

10.3.1　概述

上节介绍了如何建立两个变量或三个变量之间的线性回归方程。但对于许多实际问题，仅仅两三个变量远远不能描述客观事物的全貌。仍以小学生的健康状况为例，如果要进行全面、深入的研究，除了身高、年龄、体重这三个指标外，还须测量胸围、腕力、百米成绩、肺活量、血压、视力、语言表达能力、运算能力等，或其中的一部分。又如要研究某玉米新品种的性状，须测定株高、穗位、生长期、千粒重、单株产量、籽粒蛋白质含量、干物重、抗螟、抗倒伏能力等多项指标。此外，土壤肥力的测定，疾病诊断，心理学研究，考评干部，考核公司职员，考核工厂或商业企业的经济效益，乃至对一个国家的综合国力的研究，都需要测定许多指标，即需要处理维数很大的多元变量。变量个数越多，问题就越复杂。

能否对问题进行简化使变量减少，又如何使多变量问题得以简化呢？一个重要方法就是通过适当变换，得到少数几个（如一两个，两三个）有代表性的综合指标，用以描述客观对象的基本特征，如小学生的综合健康指标，土壤的综合肥力指标，企业的综合效益指标等。综合指标就是新的变量。主成分分析就是将众多具有一定相关性的指标，重新组合成一组新的、彼此无关的综合指标的过程。用少数综合指标代替原来的变量，新变量的维数就大大减小了。这就是主成分分析法的实质，其中的综合指标都叫原来变量的主成分。

设两个变量测得了如下数据：

x_1	2	4	6	8	10
x_2	3	6	9	12	15

若以 x_1、x_2 为坐标作图，则可得一条直线，5 个样品点完全落在该直线上，这条直线的方程是 $x_2 = 1.5 x_1$，如图 10-2 所示。

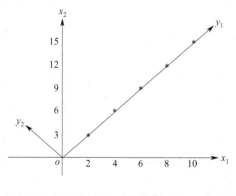

图 10-2　坐标变换

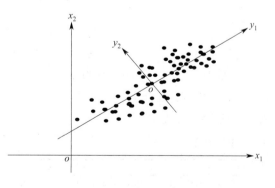

图 10-3　两个主成分

在这条直线上建立 y_1 数轴，并在图 10-2 中的 $y_1 o y_2$ 坐标系中考察这 6 个样品点，显然 y_2 轴是不必要的。于是原来的 (x_1, x_2) 两个变量可用一个新的变量 y_1 来代替，新变量的 6 个样品值依次列入下表：

y_i	$\sqrt{13}$	$2\sqrt{13}$	$3\sqrt{13}$	$4\sqrt{13}$	$5\sqrt{13}$

显然，这 5 个数据包含了原来 10 个数据的全部信息，用变量 y_1 代替变量 $(x_1，x_2)$，变量的维数就从 2 降为 1，如图 10-2 所示。

这就是对主成分分析法的一个简单图示，但这只是一个特例，一般情况下数据可能相当分散。

如果用图 10-3 中新的坐标 $(y_1，y_2)$ 来表示样品点，则可明显看出：样品点 y_1 的坐标变化幅度很大，即 y_1 的方差较大，而 y_2 的变化幅度相对较小，即 y_2 的方差较小。即变量 $(x_1，x_2)$ 的信息大部分集中在新变量 y_1 上，小部分集中在新变量 y_2 上。故称 y_1 是 $(x_1，x_2)$ 的第一主成分，y_2 是 $(x_1，x_2)$ 的第二主成分。在一定条件下，第二主成分可以省略，而只用第一主成分来度量原来的全部样品，从而维数由 2 降为 1。与此类似，3 维变量可以降为 2 维或 1 维，10 维变量可以降为 3 维或 2 维。这就是主成分分析的基本思路。

总之，主成分分析经常用于简化数据结构，寻找综合因子，进行样品排序等。样本数据经过主成分变换得以简化后，为进一步的统计分析（如回归分析、聚类分析等）打下基础。因此，主成分分析在生物科学、医学、气象、经济、心理学、教育学、管理科学等领域有着广泛的应用。

10.3.2　主成分的计算

设图 10-3 的两个变量 $(x_1，x_2)$ 的样本数据如下表：

x_1	x_{11}	x_{12}	⋯	x_{1i}	⋯	x_{1n}
x_2	x_{21}	x_{22}	⋯	x_{2i}	⋯	x_{2n}

求得平均值和协方差矩阵分别为：

$$(\bar{x}_1，\bar{x}_2)$$

$$S=\begin{pmatrix} s_{11} & s_{12} \\ s_{21} & s_{22} \end{pmatrix} \tag{10-32}$$

在图 10-3 中，$y_1 o y_2$ 的坐标原点已经处于平均值 $(\bar{x}_1，\bar{x}_2)$ 处，从而使 $\bar{y}_1=0$，$\bar{y}_2=0$。因而：

$$y_1=a_1(x_1-\bar{x}_1)+a_2(x_2-\bar{x}_2) \tag{10-33}$$

适当选取 $(a_1、a_2)$，使 y_1 处于方差最大的方向。

数学上已证明，协方差矩阵 S 的最大特征值 λ 所对应的单位特征向量就是所求的 $(a_1，a_2)$，而且该特征值正是 y_1 的方差。同样，y_2 的方差和方向由 S 的较小的特征值及对应的单位特征向量来决定。

【例 10-8】 下表是 8 个学生两门课的成绩表：

英语 $\bar{x}_1$	100	90	70	70	85	55	55	45
数学 $\bar{x}_2$	65	85	70	90	65	45	55	65

试进行主成分分析。

解：平均值和协方差分别为：

$$\bar{x}_1=71.25，\bar{x}_2=67.5$$

$$s_{11}=323.4，\ s_{12}=s_{21}=103.1，\ s_{22}=187.5$$

可得求特征值的方程为：

$$\begin{vmatrix} 323.4-\lambda & 103.1 \\ 103.1 & 187.5-\lambda \end{vmatrix}=0$$

即：

$$67.5\lambda^2-510.9+50007.9=0$$

所以：

$$\lambda_1=378.9，\ \lambda_2=132.0$$

进而求出 λ_1 所对应的单位特征向量

$$(a_1,a_2)=(0.88,0.47)$$

λ_2 所对应的单位特征向量

$$(b_1,b_2)=(0.47,0.88)$$

于是可得第一主成分 y_1 的表达式：

$$y_1=0.88\times(x_1-71.25)+0.47\times(x_2-67.5)$$

把 (x_1,x_2) 的数值代入，就得到主成分的样品数据，如将样品的数据代入，得：

$$y_{11}=0.88\times(100-71.25)+0.47\times(65-67.5)=24.125$$
$$y_{12}=0.88\times(90-71.25)+0.47\times(85-67.5)=24.725$$
$$y_{13}=0.88\times(70-71.25)+0.47\times(70-67.5)=0.075$$

而第二主成分的数学表达式为：

$$y_2=0.47\times(x_1-71.25)-0.88\times(x_2-67.5)$$

可以求得 8 个学生的主成分如下表所示：

y_1	24.125	24.725	0.075	9.475	10.925	−24.875	−20.175	−24.275
y_2	15.7125	−6.5875	1.6125	−20.3875	8.6625	12.2625	3.3625	−10.1375

讨论：由于 y_1 右端的两个系数取都正值，故可看成是 x_1 和 x_2 的加权和，x_1 的权是 0.88，x_2 的权是 0.47，二者之和不是 1，因为这不是归一化。显然，当英语和数学成绩都高时，主成分 y_1 的得分也高，因此可根据 y_1 得分对学生排序。这与普通的平均值排序不同，因为权与方差有关，方差大，权也大；而普通的排序不考虑方差的影响，虽然有时也加权，但一般情况下权是人为规定的。从数理的角度说，这种排序可能更有意义，因为它客观，没有人为因素的影响。

按不同计算方法得到不同的排序结果，这并不是自相矛盾，而是反映了用统计方法解决实际问题的灵活性。在一个具体问题中，如果主成分 y_1 是原变量的一个有重要实用价值的综合指标，并集中了原数据的绝大部分信息（这一点下面将要详述），则按 y_1 的得分来排序就具有重要意义和可靠性，这正是主成分分析法的实际功能之一。例如在小学健康状况研究中，y_1 可能是反映健康程度的综合指标。当然，对一个主成分如何加以解释，不仅仅是个统计学或数学问题，更重要的是要依据专业知识，具体加以分析。

在本例中，观察 y_2 的表达式，发现这个主成分的解释是很容易的：如果一个学生的英语成绩偏高，而数学成统偏低，则主成分 y_2 的得分偏高。可见 y_2 是英语成绩与数学成绩的比较。当 $|y_2|$ 大时，意味着与 8 个学生的平均倾向相比，该生的两科成绩不平衡，当 $|y_2|$ 接近零时，说明该生的两科成绩较均衡。

一般情况下，设在某一批（几个）样品中共测定 p 个指标，即 p 个变量 x_1，x_2，…，x_p，则样品数据排成如下的矩阵：

$$
\begin{pmatrix}
x_{11} & x_{12} & \cdots & x_{1j} & \cdots & x_{1n} \\
\cdots \\
x_{i1} & x_{i2} & \cdots & x_{ij} & \cdots & x_{in} \\
\cdots \\
x_{p1} & x_{p2} & \cdots & x_{pj} & \cdots & x_{pn}
\end{pmatrix}
\tag{10-34}
$$

这是一个 p 行 n 列矩阵，简记为：

$$
(x_{ij})_{p\times n} \tag{10-35}
$$

其中，x_{ij} 是对 j 个样品测得的第 i 个指标的值。根据测量数据可算出全部方差、协方差，从而列出协方差矩阵：

$$
S=\begin{pmatrix}
s_{11} & s_{12} & \cdots & s_{1p} \\
s_{21} & s_{22} & \cdots & s_{2p} \\
\vdots \\
s_{p1} & s_{p2} & \cdots & s_{pp}
\end{pmatrix}
\tag{10-36}
$$

其特征方程为：

$$
\begin{vmatrix}
s_{11}-\lambda & s_{12} & \cdots & s_{1p} \\
s_{21} & s_{22}-\lambda & \cdots & s_{2p} \\
\vdots \\
s_{p1} & s_{p2} & \cdots & s_{pp}-\lambda
\end{vmatrix}=0
\tag{10-37}
$$

解上述方程，就可得出 S 的特征值。但应注意的是特征值不能为负数。

【例 10-9】 下表列出了 10 名初中男学生的身高（x_1）、胸围（x_2）、体重（x_3）的数据。进行主成分分析并讨论。

身高 x_1/cm	胸围 x_2/cm	体重 x_3/kg
149.6	69.5	38.5
162.5	77.0	55.5
162.7	78.5	50.8
162.2	87.5	65.5
156.3	74.5	49.0
156.1	74.5	45.5
172.0	76.5	51.0
173.2	81.5	59.5
159.5	74.5	43.5
157.7	79	53.5

解：

$$\bar{x}_1=161.2，\bar{x}_2=77.3，\bar{x}_3=51.2$$

$$s_{11}=46.67，s_{12}=17.12，s_{13}=30.00$$

$$s_{22}=21.11，s_{23}=32.58，s_{33}=55.53$$

协方差矩阵的特征方程为：

$$
\begin{vmatrix}
46.47-\lambda & 17.12 & 30.00 \\
17.12 & 21.11-\lambda & 32.58 \\
30.00 & 32.58 & 55.53-\lambda
\end{vmatrix}=0
$$

解出三个特征值和对应的三个特征向量分别为：

$$\lambda_1 = 98.15 \quad (0.56,\ 0.42,\ 0.71)$$
$$\lambda_2 = 23.60 \quad (0.81,\ -0.33,\ -0.48)$$
$$\lambda_3 = 1.56 \quad (0.03,\ 0.85,\ -0.53)$$

（1）三个主成分的表达式分别为：

$$y_1 = 0.56(x_1 - 161.2) + 0.42(x_2 - 77.3) + 0.71(x_3 - 51.2)$$
$$y_2 = 0.81(x_1 - 161.2) - 0.33(x_2 - 77.3) - 0.48(x_3 - 51.2)$$
$$y_3 = 0.03(x_1 - 161.2) + 0.85(x_2 - 77.3) - 0.53(x_3 - 51.2)$$

（2）贡献率：主成分的方差占总方差的比率，称为主成分的贡献率。它表示了主成分的相对重要性。主成分的贡献率也可用特征值的相对比率来计算。因此，三个主成分的贡献率分别为：

$$\frac{\lambda_1}{s_{11} + s_{22} + s_{33}} = \frac{98.15}{46.67 + 21.11 + 55.53} = 79.6\%$$

$$\frac{\lambda_2}{s_{11} + s_{22} + s_{33}} = \frac{23.60}{46.67 + 21.11 + 55.53} = 19.1\%$$

$$\frac{\lambda_3}{s_{11} + s_{22} + s_{33}} = \frac{1.56}{46.67 + 21.11 + 55.53} = 1.3\%$$

由于第三个主成分的贡献率极小，故可以舍掉。只保留前两个主成分，从而变量的维数从 3 降为 2。而前两个主成分的累积贡献率是它们各自的贡献率之和：

$$\frac{\lambda_1 + \lambda_2}{s_{11} + s_{22} + s_{33}} = \frac{98.15 + 23.6}{46.67 + 21.11 + 55.53} = 98.7\%$$

10.3.3　主成分分析在企业效益中的应用

【例 10-10】某市为了全面分析机械类各企业的经济效益，选择了 8 种不同的利润指标，14 个企业的统计数据（％）如下表，各指标的平均值和标准差也同时列入麦内。

企业序号	净产值利润率 x_1	固定资产利润率 x_2	总产值利润率 x_3	销售收入利润率 x_4	产品成本利润率 x_5	物耗利润率 x_6	人均利润率 x_7	流动资金利润率 x_8
1	40.4	24.7	7.2	6.1	8.3	8.7	2.442	20.0
2	25.0	12.7	11.2	11.0	12.9	20.2	3.542	9.1
3	13.3	3.3	3.9	4.3	4.4	5.5	0.578	3.6
4	22.2	6.7	5.6	3.7	6.0	7.4	0.176	7.3
5	34.3	11.8	7.1	7.1	8.0	8.9	1.726	27.5
6	35.6	12.5	15.4	16.7	22.8	29.3	3.017	26.6
7	22.9	7.8	9.9	10.2	12.6	17.6	0.847	10.6
8	48.4	13.4	10.9	9.9	10.9	13.9	1.772	17.8
9	40.6	19.1	19.8	10.0	29.7	30.6	2.449	35.8
10	24.8	8.0	9.8	8.9	11.9	16.2	0.789	13.7
11	12.5	9.7	4.2	4.2	4.6	6.5	0.874	3.9
12	1.8	0.0	0.7	0.7	0.8	1.1	0.056	1.0
13	32.3	13.9	9.1	8.3	9.8	13.3	2.126	17.1
14	38.5	9.1	11.3	9.5	12.2	16.4	1.327	11.6
平均	28.04	10.91	9.01	7.90	11.06	13.97	1.55	14.69
标准差	12.94	6.18	4.88	3.97	7.49	8.61	1.07	10.13

计算得相关矩阵如下：

$$
\begin{bmatrix}
1.00 & 0.767 & 0.715 & 0.636 & 0.599 & 0.567 & 0.620 & 0.773 \\
 & 1.000 & 0.565 & 0.416 & 0.519 & 0.450 & 0.737 & 0.713 \\
 & & 1.000 & 0.840 & 0.975 & 0.969 & 0.674 & 0.778 \\
 & & & 1.000 & 0.787 & 0.890 & 0.722 & 0.600 \\
 & & & & 1.000 & 0.969 & 0.627 & 0.787 \\
 & & & & & 1.000 & 0.675 & 0.686 \\
 & & & & & & 1.000 & 0.622 \\
 & & & & & & & 1.000
\end{bmatrix}
$$

利用相关矩阵进行主成分分析。由于前三个主成分的累积贡献率已达到 93%，故舍去其余 5 个主成分，特征向量的计算结果见下表：

变量	主 成 分		
	y_1	y_2	y_3
x_1	0.815	0.387	-0.153
x_2	0.733	0.622	0.055
x_3	0.955	-0.230	-0.115
x_4	0.863	-0.305	0.242
x_5	0.920	-0.296	-0.167
x_6	0.913	-0.394	0.018
x_7	0.817	0.199	0.501
x_8	0.863	0.209	-0.334
累积贡献率	74.37	86.97	93.08

y_1 是原来 8 个变量的加权和，是反映总效益大小的综合指标。由于 y_1 的贡献率高达 74.4%，故用 y_1 的得分来排序，能从整体上反映企业之间的效益差别。求得 14 个企业的 y_1 得分依次为：

（1）0.32028， （2）0.51415， （3）-1.18004， （4）-0.91586， （5）0.04426，
（6）1.51854， （7）-0.05574， （8）0.46897， （9）1.82725， （10）-0.08494，
（11）-0.99033，（12）-1.86169，（13）0.19285， （14）0.2023

114 个企业按 y_1 得分的大小顺序为：

（9）（6）（2）（8）（1）（14）（13）（5）（7）（10）（4）（11）（3）（12）

第二个主成分的贡献率 12.6 也不容忽视。y_2 的系数表明，它是中间 4 个效益指标与前后 4 个效益招标的比较，y_2 的正负代表了企业的两种不同效益类型。但细致的解释需参考相关其他经济学概念和知识，此不多述。

10.4 聚类分析

10.4.1 概述

聚类分析是用多元统计技术进行分类的一种方法。

在科学研究领域，分类问题的重要性自不待言，因为许多研究本身，就是（或包含）分类问题，分类问题无处不在。例如作物品种的分类，企业或干部的分类，教师、学生的分类，学校分类，家庭分类，化工产品分类，化工原料分类，煤炭分类，矿石分类等。

例如作物品种的分类问题，不仅仅是产量，还有成熟期、千粒重、抗倒伏能力以及某些物质的容量等，都是必须考虑的重要方面，因此必须同时测量多个指标。一位教师如果仅就学习成绩对学生进行分类，就要分析多门课程的得分。如果还要考虑到学生的发育和健康状况，那就要增加更多的变量。一位管理者要对企业进行分类，仅仅使用总产值这个指标是远远不够的，还要使用人均利润率、固定资产利润率等重要指标。

随着近代科学和计算技术的发展，分类已成为人们认识世界的不可缺少的手段。聚类分析的应用也日益广泛，在许多领域都发挥了重要作用。

10.4.2　样品间的距离

测得一批矿石中某成分的含量如表：

矿石编号	1	2	3	4	5	6
含量/%	13.6	13.0	13.2	13.8	13.9	14.1

若按含量将矿石分类，首先按该成分含量将 6 个样品描绘出来，见图 10-4。

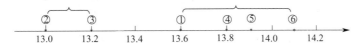

图 10-4　数据的自然分类

从图中很易看出，②与③两个样品比较接近，①、④、⑤和⑥四个样品比较接近，6 个样品被分成Ⅰ、Ⅱ两组，即：

$$Ⅰ：\{②，③\}$$
$$Ⅱ：\{①，④，⑤，⑥\}$$

显然，我们是将距离近的若干点归为一类或并为一类。这样并类的结果，同一类的点距离较近，而不同类的点之间距离较远。可见这种并类方法符合分类的目的。聚类分析法的基本原理即在于此。所以，在对一批样品进行聚类的时候，第一步是计算两两样品间的距离。但在多变量的场合，如何计算样品间的距离呢？

聚类分析上可用的距离算法有多种，此处介绍其中的四种。

10.4.2.1　欧氏距离

欧氏距离是几何学上应用最多的计算距离的方法之一，这种方法是基于勾股定理。欧氏距离很容易推广到三个以上变量的情况。对于变量 (x_1,x_2)，两样品间的欧氏距离为：

$$d_{ij}=\sqrt{(x_{1i}-x_{1j})^2+(x_{2i}-x_{2j})^2} \tag{10-38}$$

若变量多于两个，则可以作如下推广：

$$d_{ij}=\sqrt{(x_{1i}-x_{1j})^2+(x_{2i}-x_{2j})^2+(x_{3i}-x_{3j})^2+\cdots} \tag{10-39}$$

【例 10-11】　下表是某中学女生身高（cm）和体重（kg）的数值：

编号	1	2	3	4	5	6	7	8	9	10
身高 x_1	160	163	157	161	148	150	159	169	172	162
体重 x_2	48	50	41	51	57	59	42	51	52	48

用上述公式可求得任意两同学间的欧氏距离，例如：

$$d_{12}=\sqrt{(x_{11}-x_{12})^2+(x_{21}-x_{22})^2}$$
$$=\sqrt{(160-163)^2+(48-50)^2}=\sqrt{13}=3.61$$

$$d_{39} = \sqrt{(x_{13}-x_{19})^2 + (x_{23}-x_{29})^2}$$
$$= \sqrt{(157-172)^2 + (41-52)^2} = \sqrt{346} = 18.60$$

10.4.2.2　闵氏距离

闵氏距离的表达式为：

$$d_{ij} = \left(|x_{1i}-x_{1j}|^k + |x_{2i}-x_{2j}|^k \right)^{\frac{1}{k}} \tag{10-40}$$

仍如例 10-11，当 $k=1$ 时：

$$d_{12} = |160-163| + |48-50| = 5$$
$$d_{39} = |157-172| + |41-52| = 26$$

$k=2$ 时，同欧氏距离；

$k=3$ 时：

$$d_{12} = \left(|160-163|^3 + |48-50|^3 \right)^{\frac{1}{3}} = \sqrt[3]{35} = 3.27$$
$$d_{39} = \left(|157-172|^3 + |41-52|^3 \right)^{\frac{1}{3}} = \sqrt[3]{4706} = 16.76$$

$k=\infty$ 时：

$$d_{12} = \max\{ |160-163| + |48-50| \} = 3$$
$$d_{39} = \max\{ |157-172| + |41-52| \} = 15$$

10.4.2.3　标准化欧氏距离

为了防止"大数吃小数"的现象，也为了避免不同量纲导致的混乱，将每个变量除以该变量的均方差，从而使其具有标准的均方差 $1(\sigma=1)$。这个过程称为数据的标准化。标准化的欧氏距离为：

$$d_{ij} \sqrt{\left(\frac{x_{1i}-x_{1j}}{\sqrt{s_{11}}}\right)^2 + \left(\frac{x_{2i}-x_{2j}}{\sqrt{s_{22}}}\right)^2} = \sqrt{\frac{(x_{1i}-x_{1j})^2}{s_{11}} + \frac{(x_{2i}-x_{2j})^2}{s_{22}}} \tag{10-41}$$

对于例 10-11，求得

$$s_{11} = 49.29, \quad s_{22} = 28.89$$

所以：

$$d_{12} = \sqrt{\frac{(x_{11}-x_{12})^2}{s_{11}} + \frac{(x_{21}-x_{22})^2}{s_{22}}}$$
$$= \sqrt{\frac{(160-163)^2}{49.29} + \frac{(48-50)^2}{28.89}} = \sqrt{0.3210} = 0.567$$

$$d_{39} = \sqrt{\frac{(x_{13}-x_{19})^2}{s_{11}} + \frac{(x_{23}-x_{29})^2}{s_{22}}}$$
$$= \sqrt{\frac{(157-172)^2}{49.29} + \frac{(41-52)^2}{28.89}} = \sqrt{8.753} = 2.959$$

10.4.2.4　马氏距离

上述距离都没有考虑到变量之间的相关关系。设变量 (x_1, x_2) 的样本协方差矩阵是：

$$S = \begin{pmatrix} s_{11} & s_{12} \\ s_{21} & s_{22} \end{pmatrix} \tag{10-42}$$

并用 S^{-1} 表示 S 的逆矩阵，则马氏距离的公式是

$$d_{ij} = \left((x_{1i} - x_{1j}, x_{2i} - x_{2j}) S^{-1} \begin{bmatrix} x_{1i} - x_{1j} \\ x_{2i} - x_{2j} \end{bmatrix}\right)^{\frac{1}{2}} \tag{10-43}$$

如例 10-11，求得

$$S = \begin{pmatrix} 49.29 & -10.89 \\ -10.89 & 28.89 \end{pmatrix}$$

$$S^{-1} = \frac{1}{|S|} \begin{pmatrix} 28.89 & 10.89 \\ 10.89 & 49.29 \end{pmatrix} = \begin{pmatrix} 0.0221 & 0.0083 \\ 0.0083 & 0.0378 \end{pmatrix}$$

所以可得：

$$
\begin{aligned}
d_{12} &= \left((x_{11} - x_{12}, x_{21} - x_{22}) S^{-1} \begin{bmatrix} x_{11} - x_{12} \\ x_{21} - x_{22} \end{bmatrix}\right)^{\frac{1}{2}} \\
&= \left[(160-163, 48-50) \begin{pmatrix} 0.0221 & 0.0083 \\ 0.0083 & 0.0378 \end{pmatrix} \begin{pmatrix} 160-163 \\ 48-50 \end{pmatrix}\right] \\
&= \left[(-3, -2) \begin{pmatrix} 0.0221 & 0.0083 \\ 0.0083 & 0.0378 \end{pmatrix} \begin{pmatrix} -3 \\ -2 \end{pmatrix}\right] \\
&= 0.0221 \times (-3)^2 - 2 \times 0.0083 \times (-3) \times (-2) + 0.0378 \times (-2)^2 \\
&= 0.25 \\
d_{39} &= \left[(-15, -11) \begin{pmatrix} 0.0221 & 0.0083 \\ 0.0083 & 0.0378 \end{pmatrix} \begin{pmatrix} -15 \\ -11 \end{pmatrix}\right] \\
&= 0.0221 \times (-15)^2 = 2 \times 0.0083 \times (-15) \times (-11) + 0.0378 \times (-11)^2 \\
&= 6.81
\end{aligned}
$$

10.4.3　聚类方法

10.4.3.1　系统聚类法

聚类分析最常用的方法是系统聚类法。现以例 10-11 为例介绍这一方法。

首先视 10 个学生为 10 "类"。选定某一公式计算两两学生间的距离。从全部距离中找出最小距离，把相应的两个学生并为一类，从而类数由 10 减为 9。按一定法则计算新并成的类与其余 8 个类间的距离，从而得到 9 类之间的全部相互距离。再从中找出最小距离，并把相应的两类并为一类，从而类数从 9 减为 8。依此类推，直至把 10 个学生并成一类为止。这就是系统聚类的基本思路。下面是具体做法。

首先计算 10 个学生之间的欧氏距离，并排成矩阵格式：

	(2)	(3)	(4)	(5)	(6)	(7)	(8)	(9)	(10)
(1)	3.61	7.62	3.16	15	14.87	6.08	9.49	12.65	2
(2)		10.82	2.24	16.55	15.81	8.94	6.08	9.22	2.24
(3)			10.77	18.36	19.31	2.24	15.62	18.60	8.60
(4)				14.32	13.60	9.22	8	11.05	3.16
(5)					2.83	18.60	21.84	24.52	16.64
(6)						19.23	20.62	23.09	13.60
(7)							13.45	16.40	6.71
(8)								3.16	7.62
(9)									10.77

表中最小距离是 2，它是（1）和（10）之间的距离，故将（1）和（10）并为一类，按顺序定为（11）类：

$$(11) = \{(1),(10)\}$$

这样，类数变为 9 类，分别为：

$$(2),(3),(4),(5),(6),(7),(8),(9),(11)$$

由于（11）类是合并产生的新的一类，它与其他类之间的距离还需进行计算。

由于（11）类含两个样品，它们与（2）的距离分别是：

$$d_{2,1} = 3.61, \quad d_{2,10} = 2.24$$

取最短距离 $d_{2,10}d_{2,10}$ 为第（11）类与第（2）类之间的距离，这就是"最短距离"的概念。即 $d_{11,2} = 2.24$ $d_{11,2} = 2.24$。同理：

$$d_{11,3} = \{d_{1,3}, d_{10,3}\} \text{中的最小者} = \{7.62, 8.60\} \text{中的最小者} = 7.62$$

$$d_{11,4} = \{d_{1,4}, d_{10,4}\} \text{中的最小者} = \{3.16, 3.16\} \text{中的最小者} = 3.16$$

$$d_{11,5} = \{d_{1,5}, d_{10,5}\} \text{中的最小者} = \{15, 16.64\} \text{中的最小者} = 15$$

$$d_{11,6} = \{d_{1,6}, d_{10,6}\} \text{中的最小者} = \{14.87, 13.60\} \text{中的最小者} = 13.60$$

$$d_{11,7} = \{d_{1,7}, d_{10,7}\} \text{中的最小者} = \{6.08, 6.71\} \text{中的最小者} = 6.08$$

$$d_{11,8} = \{d_{1,8}, d_{10,8}\} \text{中的最小者} = \{9.49, 7.62\} \text{中的最小者} = 7.62$$

$$d_{11,9} = \{d_{1,9}, d_{10,9}\} \text{中的最小者} = \{12.65, 10.77\} \text{中的最小者} = 10.77$$

这样，新的 9 类间的距离可以排成如下的距离矩阵：

	(3)	(4)	(5)	(6)	(7)	(8)	(9)	(11)
(2)	10.82	2.24	16.55	15.81	8.94	6.08	9.22	2.24
(3)		10.77	18.36	19.31	2.24	15.62	18.60	7.62
(4)			14.32	13.60	9.22	8	11.05	3.16
(5)				2.83	18.60	21.84	24.52	15
(6)					19.23	20.62	23.09	13.60
(7)						13.45	16.40	6.08
(8)							3.16	7.62
(9)								10.77

9 类间的最短距离为 2.24，为（2）与（11）、（2）与（4）间的距离，该三类合并为新的一类，即（12）类：

$$(12) = \{(2),(4),(11)\}$$

这样，类数减为 7 类，这 7 类为：

$$(3),(5),(6),(7),(8),(9),(12)$$

（12）类与其他类间的距离需重新计算，如：

$$d_{12,3} = \{d_{2,3}, d_{4,3}, d_{11,3}\} \text{中的最小者} = \{10.82, 10.77, 7.62\} \text{中的最小者} = 7.62$$

算出（12）类与其他各类的距离，排成新的矩阵：

	(5)	(6)	(7)	(8)	(9)	(12)
(3)	18.36	19.31	2.24	15.62	18.60	7.62
(5)		2.83	18.60	21.84	24.52	14.32
(6)			19.23	20.62	23.09	13.60
(7)				13.45	16.40	6.08
(8)					3.16	6.08
(9)						9.22

7 类间的最短距离仍为 2.24，为（3）与（7）之间的距离。二者合并为一类，为（13）类，即：

$$(13) = \{(3),(7)\}$$

这样，类数减为 6 类，这 6 类为：

$$(5),(6),(8),(9),(12),(13)$$

(13) 类与其他类间的距离需重新计算，如：

$$d_{13,5} = \{d_{3,5},d_{7,5}\} \text{中的最小者} = \{18.36,18.60\} \text{中的最小者} = 18.36。$$

算出 (13) 类与其他各类的距离，排成新的矩阵：

	(6)	(8)	(9)	(12)	(13)
(5)	2.83	21.84	24.52	14.32	18.36
(6)		20.62	23.09	13.60	19.23
(8)			3.16	6.08	13.45
(9)				9.22	16.40
(12)					6.08

6 类间的最短距离为 2.83，它为 (5) 与 (6) 间的距离。二者合并为一类，为 (14) 类，即：

$$(14) = \{(5),(6)\}$$

这样，类数减为 5 类，这 5 类为：

$$(8),(9),(12),(13),(14)$$

(14) 类与其他类间的距离需重新计算，如：

$$d_{14,8} = \{d_{5,8},d_{6,8}\} \text{中的最小者} = \{21.84,20.62\} \text{中的最小者} = 20.62。$$

算出 (14) 类与其他各类的距离，排成新的矩阵：

	(9)	(12)	(13)	(14)
(8)	3.16	6.08	13.45	20.62
(9)		9.22	16.40	23.09
(12)			6.08	13.60
(13)				18.36

5 类间的最短距离为 3.16，它为 (8) 与 (9) 间。(8) 与 (9) 合并为一类，为 (15) 类，即：

$$(15) = \{(8),(9)\}$$

这样，类数减为 4 类，这 4 类为：

$$(12),(13),(14),(15)$$

(15) 与其他类间的距离需重新计算，如：

$$d_{15,12} = \{d_{8,12},d_{9,12}\} \text{中的最小者} = \{6.08,9.22\} \text{中的最小者} = 6.08$$

算出 (15) 类与其他类间的距离，排成新的矩阵：

	(13)	(14)	(15)
(12)	6.08	13.60	6.08
(13)		18.36	13.45
(14)			20.62

4 类间的最短距离为 6.08。为 (12) 与 (13)，(12) 与 (15) 间的距离，三者合并为一类，为 (16) 类，即：

$$(16) = \{(12),(13),(15)\}$$

合并后，仅还有 2 类，即 (16) 类和 (14) 类。2 类间的距离为：

$d_{14,16} = \{d_{12,14}, d_{13,14}, d_{15,14}\}$ 中的最小者 $= \{13.60, 18.36, 20.62\}$ 中的最小者 $= 13.60$
两类的距离排成新的矩阵：

	(14)	(16)
(14)		13.60
(16)		

最后将（15）、（16）合为新的一类，为（17）类，而且两类间的距离为 13.60。

这样，系统聚类过程已经完成。可将上述聚类过程用下面的"树形"图表示，见图 10-5。

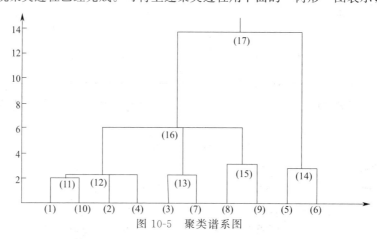

图 10-5　聚类谱系图

通常称图 10-5 为聚类谱系图，每次并类所依据的最小距离叫作并类距离。如第一次并类距离为 2，第二次并类距离为 2.24，等等。而聚类谱系图的纵轴就是表示并类距离的。

聚类谱系图的功用在于把全部并类过程和并类距离都形象地、概括地表现出来，使人一目了然。因此在用系统聚类法解决实际问题中，聚类谱系图一般是不可缺少的。

从聚类谱系图看，10 位同学明显可分为两类，（5）、（6）号为一类，其他为一类。从她们的体形看，（5）和（6）都属于矮胖身材。其他同学可以归为一类，也可继续细分。

与（5）、（6）号不同，（3）号和（7）号身材稍高，体重却明显轻一些，应该属于偏瘦体形；这两位同学应注意为何体重这样轻。（1）、（2）、（4）号与（10）号的身高均为 160cm 稍高，体重也在 50kg 左右，因此她们的体形非常相似，而且体形比较匀称。（8）号（9）号身材较高，体重仍偏轻；而且她 2 人体形非常相似。把这 8 位同学划归一大类，从总的来看，她们身高、体形比较接近。

图 10-6 用散点图表示分类结果。由图可见，聚类效果非常明显。

10.4.3.2　系统聚类法中的距离

聚类依靠的是两样品间的距离，但由于样品本身并不是一个"点"，尤其若一个类中含多个样品，更不可能是一个点，而是某空间中的一个区域。因此，用最短距离法进行聚类，并不能说明全部问题。比如中国到俄罗斯，最短距离为零，但不说明中俄间是"零距离"接触，因为中国的最东南角到俄罗斯的最西北角的距离是何等之遥远！因此，除了"最短距离法"外，还有许多种其他方法进行聚类。

以下对其他聚类方法进行简单介绍。

（1）最长距离法　与最短距离法不同的是，最长距离法是另一个极端，即在两类所含样品之间的相互距离中，选最大距离作为这两类之间的距离。类 ⓟ 与类 ⓠ 之间的距离公式为：

$$d_{pq} = \max\{d_{ij}\} \quad i \in ⓟ, j \in ⓠ \tag{10-44}$$

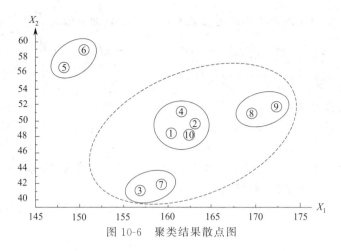

图 10-6　聚类结果散点图

（2）中间距离法　类 Ⓡ 到类 Ⓚ = $\{P，Q\}$ 的中间距离为类 Ⓡ 到 PQ 连线的中点 D 的距离，用公式表示为：

$$d_{kr} = \frac{1}{2}d_{pr}^2 + \frac{1}{2}d_{qr}^2 \quad \frac{1}{2}d_{pq}^2 \tag{10-45}$$

如图 10-7，

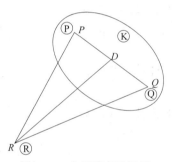

图 10-7　中间距离法图示

类 Ⓟ 与类 Ⓠ 组成类 Ⓚ，类 Ⓟ 与在 P 点，类 Ⓠ 在 Q 点，PQ 连线的中点为 D。类 Ⓡ 到类 Ⓚ 的中间距离为 RD，根据下面的平面几何公式，可以得出上述距离公式：

$$RD^2 = \frac{1}{2}PR^2 + \frac{1}{2}QR^2 - \frac{1}{4}PQ^2 \tag{10-46}$$

（3）重心法　就是先求两类的重心，即样本平均值，然后两个重心之间的距离规定为两类之间的距离。

（4）类平均法　在计算两类的类间距离时，为了充分利用两类所含样品的位置信息，以两类所含样品的全部相互距离为对象，取平均值，就是所谓的类平均法，具体公式如下：

$$d_{pq}^2 = \frac{1}{n_p n_q}\sum_{\substack{i \in p \\ j \in q}} d_{ij}^2 \tag{10-47}$$

$$d_{kr}^2 = \frac{n_p}{n_k}(1-\beta)d_{pr}^2 + \frac{n_q}{n_k}(1-\beta)d_{qr}^2 + \beta d_{pq}^2 \tag{10-48}$$

（5）可变类平均法　这是对类平均法的一个适当的修正。距离计算公式为：

$$d_{kr}^2 = \frac{n_p}{n_k}(1-\beta)d_{pr}^2 + \frac{n_q}{n_k}(1-\beta)d_{qr}^2 + \beta d_{pq}^2 \qquad (\beta < 1) \tag{10-49}$$

由于式中 β 可以变动，所以该法称为可变类平均法。

（6）可变法　将中间距离法的递推公式右边三项的权加以修正并使三项的权之和为1：

$$d_{kr} = \frac{1}{2}(1-\beta)d_{pr}^2 + \frac{1}{2}(1-\beta)d_{qr}^2 + \beta d_{pq}^2 \qquad (\beta < 1) \tag{10-50}$$

（7）离差平方和法（瓦尔德法）（从略）。

10.4.3.3　系统聚类方法

在系统聚类分析中，根据分类对象的不同，分类法分为 Q 型聚类分析和 R 型聚类分析两大类。Q 型聚类分析是对样本进行分类处理，如上例；R 型聚类分析是对变量进行分类处理，聚类方法与前者相似，只是聚类依据是变量间的相关系数或变量间夹角的余弦。相关系数已如前述，变量间夹角余弦的计算公式为：

将任何两个样品 x_i 与 x_j 看成 p 维空间的两个向量，这两个向量的夹角余弦用 $\cos\theta_{ij}$ 表示。则：

$$\cos\theta_{ij} = \frac{\sum\limits_{a=1}^{p} x_{ia}x_{ja}}{\sqrt{\sum\limits_{a=1}^{p} x_{ia}^2 \sum\limits_{a=1}^{p} x_{ja}^2}} \tag{10-51}$$
$$-1 \leqslant \cos\theta_{ij} \leqslant 1$$

当 $\cos\theta_{ij}=1$，说明两个样品 x_i 与 x_j 完全相似；$\cos\theta_{ij}$ 接近 1，说明两个样品 x_i 与 x_j 相似密切；$\cos\theta_{ij}=0$，说明 x_i 与 x_j 完全不一样；$\cos\theta_{ij}$ 接近 0，说明 x_i 与 x_j 差别大。

R 型聚类分析的主要作用是：

① 不但可以了解个别变量之间的关系的亲疏程度，而且可以了解各个变量组合之间的亲疏程度。

② 根据变量的分类结果以及它们之间的关系，可以选择主要变量进行回归分析或 Q 型聚类分析。

Q 型聚类分析的优点是：

① 可以综合利用多个变量的信息对样本进行分类；

② 分类结果是直观的，聚类谱系图非常清楚地表现其数值分类结果；

③ 聚类分析所得到的结果比传统分类方法更细致、全面、合理。

10.4.4　其他聚类方法

分解聚类法：是将类由少变多的聚类法。先把全部个体当作一类，然后再分为两类，三类，…，直至所有的个体自成一类。

动态聚类法：系统聚类法和分解法有一个共同点，就是样品一旦被归到某个类后就不再变了，这就要求分类的方法比较准确；而且当样品个数较大时，相应地计算量过大。为了弥补它的不足，产生了动态聚类法，它是将样品粗略地先分一下类，然后再按照某种原则进行修正，直至分类比较合理为止。动态聚类法的过程大致上可由图 10-8 所示。

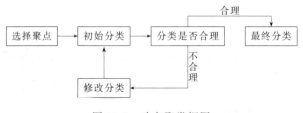

图 10-8　动态聚类框图

降维法及图法：在二维平面上点图是人们所熟悉的方法，例如在回归分析中如果只有两个变量（一个因变量、一个自变量），就可以根据 n 对观测数据在直角坐标系上点图，由散点图大致便可看出它们是否存在线性相关。因此，在聚类分析中寻找将多变量的样品点在平面上进行点图的方法长期以来为人们所关注的一个课题。非线性映象降维法和比较实用的星座团法是比较常用的方法。主成分分析法就是一种较常用的降维的方法。若将 n 个 P 维点画在一个上半圆内，一个样品点对应一颗星，同类样品组成一个星座，不同类的样品有不同的星座，称为星座图，这就是星座图法的含义。

有序样品聚类：有些实际问题中样品是有顺序的，分类不能打乱顺序。如地质勘探中通过钻井的岩心样品将地层分类，此时岩心样品是由浅到深的顺序排列的；又如气象资料是按时间排列的，其样品也是有序的。

按顺序的 n 个样品，它们之间有 $n-1$ 个空隙，在某空隙进行分割，则分割为二段；若在某两个空隙进行分割，则分割为三段；…，若在每个空隙处进行分割，则每一个样品各成一段。要将 n 个样品分成 K 段，所有可能的分割有 C_{n-1}^{K-1} 种。找出一种分割使得 K 个段的段内差异尽可能小，各段之间的差异尽可能大，称这种分割为相应于 K 个样品段的最优分割。

第 11 章　质量控制

　　在大规模生产中，实验人员要常年进行大量的例行分析，以对生产过程进行及时监控和管理。那么，日常分析工作的质量如何管理呢？又如何利用少量抽样的检验结果来判断生产过程是否正常呢？虽然一般的统计检验是可用的方法，但更合适的管理方法是绘制并利用控制图。

　　控制图法是利用控制图对生产过程质量状态进行分析判断和控制的一种极为重要的动态方法，由美国贝尔电话实验室的休哈特于 1924 年提出，属于工序质量控制方法。

　　这种方法不仅简便易行，而且可以清晰明确地指出区别于随机波动的异常现象，及时提醒人们采取相应措施，使分析工作或产品质量时刻处于监控之中。例如：

　　【例 11-1】　国家标准规定，民用燃气中的 H_2S 含量不得超过 20mg/m^3。某周 7 天的常规分析结果为：5.8，7.2，11.5，13.1，15.6，17.9，18.2。问该周煤气质量是否正常？

　　【例 11-2】　采矿厂铁矿石含铁量符合正态 $N(55.20，1.20^2)$。某周 7 天的例行分析结果为：54.74，56.23，53.80，56.78，55.04，57.27，53.05。问铁矿石质量是否正常？

　　分析：例 1 中 7 天测定结果均在国家标准规定范围内。例 2 的例行分析结果也均在 $\mu \pm 3\sigma$ 的范围内，似乎产品质量均属正常，生产处于一种正常运转状态。但仔细观察发现，这两组数据存在很明显的变化趋势，实际生产处于一种很不稳定状态。

　　若用第 3 章的假设检验，计算过程如下：

　　解：

　　例 11-1。由于已知条件太少，无法用假设检验进行计算。若以该周 7 天的结果为一个样本，显然又是不合理的。但若以时间为横坐标，以燃气中的 H_2S 含量为纵坐标，将这 7 天的检测结果绘制成图，则煤气质量的变化就非常明显了：

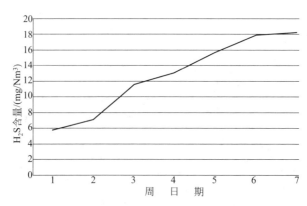

　　例 11-2。由于正态分布的两个参数都为已知，因此可用正态检验。该例题同样不能将 7 天的结果作为一个样本，因为常规分析是需要每天取样的，所以应按天分别计算。求得 7 天（样品容量 n 均按 2 计）的 u 值分别为：

−0.5420，1.214，−1.650，1.862，−0.1885，2.439，−2.534。

而：$u_{0.95}=1.96$，$u_{0.99}=2.57$，$u_{0.997}=3.00$

显然，计算值均小于 99.7% 概率下的临界值，甚至小于 99% 概率下的临界值，似乎生产过程应该是稳定的，但若绘制成图就可明显看出，生产过程并不那么稳定。

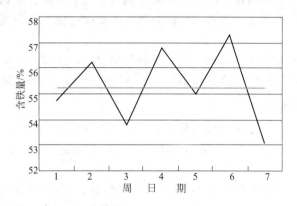

11.1　分析化学质量控制方法

分析化学质量控制，包括实验室内质量控制和实验室间质量控制，其目的是要把检测分析误差控制在容许限度内，保证测定结果有一定的精密度和准确度。

实验室内质量控制是保证各实验室提供准确可靠分析结果的必要基础，也是保证实验室间质量控制顺利进行的关键。

下面介绍一些分析质量控制的基本方法。

11.1.1　全程序空白值实验值控制

11.1.1.1　定义

空白试验是指不加试样，或加入与试样组成相近但不含待测物的物质，也可用纯水代替样品外，其他所加试剂和操作步骤均与样品测定完全相同的操作过程。空白试验所得测值称为空白试验值。空白试验应与样品测定同时进行。

11.1.1.2　意义

全程序空白实验值是以水、溶剂或不含待测物的实际物质，完全按照实际试样的分析程序同样操作后所测得的测量结果。

全程序空白试验值的大小及其分散程度对分析结果的精密度和分析方法的检出限都有很大影响，并在一定程度上反映实验室及其分析人员的业务水平及熟练程度。

11.1.1.3　控制方法

（1）常规分析：每批试样平行测定两份全程序空白样，若相对偏差不大于 50%，则取平均值作为同批试样测量结果的空白试验校正值。

（2）标准系列：按照标准系列分析程序相同操作，其他同上。

（3）绘制和使用空白实验值控制图。

11.1.2　标准曲线

11.1.2.1　意义

用标准系列（同时进行全程序空白试验值平行测定）进行测定，并绘制标准曲线。测得试样信号后，从标准曲线上查得测定结果。因此标准曲线的绘制质量，直接影响测定准确度。同时，标准曲线也可用来确定方法的测定范围。

11.1.2.2　标准曲线的绘制

（1）标准系列的配制和测定。测定时以纯溶剂为参比，并进行空白校正。

（2）标准溶液可直接测定。但若试样前处理过程复杂可能导致误差，则首先按试样同样操作进行处理。

（3）曲线斜率随环境温度、试剂、贮存时间等变化，测定试样时同时绘制较好。也可选择几个点，但与原来测值相比相对差值不得大于 $5\%\sim10\%$，否则重新绘制。

11.1.2.3　标准曲线的检验

（1）线性检验　即检验标准曲线的精密度。对于以 4～6 个浓度单位所获得的测值绘制的标准曲线，一般要求相关系数 $|r|\geqslant 0.9990$。否则找出原因加以纠正，重新绘制出合格的标准曲线。

（2）截距检验　即检验标准曲线的准确度。在线性检验合格的基础上对其进行线性回归（参见第 8 章），得出回归方程 $y=a+bx$。然后将所得截距 a 与 0 作 t-检验。当取 95% 置信水平，经检验无显著性差异时，a 可作 0 处理，方程简化为 $y=bx$。在线性范围内，该方程可代替查标准曲线，直接将样品测量信号经空白校正后，计算出试样测值。检验方法为：

首先按下式计算出剩余标准偏差 s_0

$$s_0=\sqrt{\dfrac{\sum\limits_{i=1}^{n}(y_i-\dot{y_i})^2}{n-2}}$$

$$=\sqrt{\dfrac{\sum\limits_{i=1}^{n}(y_i-\bar{y})^2-\dfrac{\left[\sum\limits_{i=1}^{n}(x_i-\bar{x})(y_i-\bar{y})\right]^2}{\sum\limits_{i=1}^{n}(x_i-\bar{x})^2}}{n-2}}\tag{11-1}$$

式中，$n-2=f$ 为自由度。其次，按下式计算出截距的标准偏差 s_a

$$s_a=s_0\sqrt{\dfrac{\sum\limits_{i=1}^{n}x_i^2}{n\sum\limits_{i=1}^{n}(x_i-\bar{x})^2}}\tag{11-2}$$

然后按下式计算出截距的 t 值：

$$t=\dfrac{|a-0|}{s_a}\tag{11-3}$$

最后与临界值 $t_{0.05,f}$ 比较，进行 t-检验。

当 a 与 0 有显著性差异时，即表示标准曲线的回归方程的计算结果准确度不高，应找出原因并予以纠正后，重新绘制标准曲线并经线性检验合格，再计算回归方程，经截距检验合格后投入使用。

回归方程如不经上述检验和处理，即直接投入使用，必将给测定结果引入差值相当于截距 a 的系统误差。

（3）斜率检验　即检验分析方法的灵敏度。方法灵敏度是随实验条件的变化而改变的。

在完全相同的分析条件下，仅由于操作中的随机误差所导致的斜率变化不应超出一定的允许范围，此范围因分析方法的精密度不同而异。例如，一般而言，分子吸收分光光度法要求其相对差值小于 5%，而原子吸收分光光度法则要求其相对差值小于 10%，等等。

检验方法：一般可随试样测定选取不同浓度的 2～3 个标准样品进行测定。

11.1.3 平行双样

习惯上所说的平行双样，实际上应该是指"重复测定"。由于仪器设备及操作具体方法、过程等原因，进行平行双样测定可能有一定困难，因此，多数时候是在前后相隔不太久的情况下进行重复测定，所以称为"重复测定"更确切。

11.1.3.1 意义

精密度是准确度的前提。若仅对试样进行单次测定，则无法判断数据的离散程度。而进行平行双样测定，可以对测定进行最低限度的精密度检查，有利于减少随机误差。

11.1.3.2 测定率

可都作，若样品数量较大，可随机选 10%～20%，但不能少于 5 个。

11.1.3.3 控制方法

分析人员同时分取两份。也可由质控员将样品编号分发，交分析人员测定并报出测定结果，然后由质控人员按下列要求检查是否合格。

（1）允许差 平行双样测定结果的差值不得大于标准方法或统一方法允许范围；对于未列允许范围的方法，若样品均匀且稳定性良好，也可参考表 11-1。

（2）绘制和使用精密度控制图。

表 11-1 平行双样相对偏差表

分析结果数量级/(g/mL)	10^{-4}	10^{-5}	10^{-6}	10^{-7}	10^{-8}	10^{-9}	10^{-10}
相对偏差最大允许值/%	1	2.5	5	10	20	30	50

11.1.4 加标回收

在待测试样中加入一定量标准物质，与试样测定相同的方法进行测定，根据下式计算加标回收率：

$$x(\%)=\frac{b-a}{c}\times 100 \tag{11-4}$$

式中 a——试样测值；

b——加入标准后试样测值；

c——加入标准的量。

加标回收在一定程度上反映准确度，但并不完全反映准确度。例如，若加标回收率超出所要求的范围，则测定不准确；若加标回收率令人满意，不能肯定是否真正准确。如果样品中某些干扰因素对测定结果具有恒定的正偏差或负偏差，由于相互抵消，对加标回收结果就没有影响，即加标回收结果可能是良好的。同时，加入的标准物质与样品中待测物形态、价态上的差异、加标量的过大过小等均影响回收结果。但若加标回收结果不理想，则可肯定准确度有问题。

一般可在一批试样中随机抽取 10%～20% 进行加标回收测定，每批同类型试样中一般不少于两个。测定方法一般可以由分析人员自己配制准备，也可以由质控人员准备后分发，由分析人员测定，测出后由质控人员进行审核。而加标量一般为试样含量的 0.5～2 倍，且加标后的含量不应超过测定上限，其体积应在试样体积的 1% 以内。

理想的加标回收结果，应在标准方法或统一方法规定的范围内，或在按照下式计算出的以 95%～105% 为目标值的 95% 置信度下的置信区间内：

$$P_l = 95\% - \frac{t_{0.05,f} s_p}{D} \times 100 \tag{11-5}$$

$$P_u = 105\% + \frac{t_{0.05,f} s_p}{D} \times 100 \tag{11-6}$$

式中，D 为加标量，s_p 为加标回收率的标准偏差，二者同单位。

当加标回收率累积到一定数量时，就可以绘制成加标回收控制图，对加标回收进行全程序监控。

11.1.5 标准参考物的应用

标准参考物是由多家或多人对某试样进行反复多次测定，给待测成分确定一个相对权威而精确的测值，协作单位共同遵守，以利于大家对测定结果统一标准或进行交流。

由于存在于实验室内的系统误差难以被自我发现，故需借助于标准参考物。使用标准参考物，可以发现和减小甚至消除可能存在的系统误差。标准参考物通常具有以下意义：

（1）量值传递　各实验室配制的统一样品或控制样品，可在分析质量处于控制状态下，通过与标准参考物的对比，检查它们的浓度值是否可靠。必要时根据对比结果加以修正，然后用于本实验室质控，或传入下一级实验室用作质控样品。

（2）仪器标定　对于直接定量的仪器，久置不用或新置仪器，常需用标准参考物对仪器进行标定。对于间接法定量所用仪器，则可用标准参考物核对标准储备液，或用标准参考物作为基准物质绘制标准曲线，如用于对微量元素进行测定。

（3）对照分析　在进行例行分析的时候，用相近浓度或含量的标准参考物进行分析，在确知二者基体效应相同或相近时，根据标准参考物的实测值与已知值的符合程度，确定试样分析结果的准确度。

（4）质量考核　以标准参考物为未知样，考核实验室内分析人员的技术水平或实验室间分析结果的相符程度，从而帮助分析人员发现问题，保证实验室间数据的可比性。

11.1.6 方法对照

以上诸法中：① 加标回收中系统误差被掩盖；② 标准参考物的基质与试样往往不同；③ 不同方法存在系统误差。因此，用方法对照核查分析结果的准确度比使用加标回收或应用标准参考物更优越。

方法对照一般用于：① 实验室内可疑值的复查判断；② 实验室间不同分析结果的仲裁；③ 多家参与协作的标样定植；④ 分析方法的改进和新方法的确立等。但由于方法对照要求有高准确度的仪器，而且还消耗更多的人力物力，难以在常规分析中推广应用。

11.2 质量管理图

11.2.1 概念

对于服从正态 $N(\mu, \sigma^2)$ 的样本，平均值服从 $N(\mu, \sigma^2/n)$，则：

$$P\left\{\mu - u\frac{\sigma}{\sqrt{n}} \leqslant \bar{x} \leqslant \mu + u\frac{\sigma}{\sqrt{n}}\right\} = 1 - \alpha \tag{11-7}$$

以置信水平 $1-\alpha$ 认为产品质量稳定，否则采取必要措施。若 σ 未知，则以 s 代替。而：

$$\left[\mu-u\frac{\sigma}{\sqrt{n}}, \mu+u\frac{\sigma}{\sqrt{n}}\right] \tag{11-8}$$

称为子样在置信水平 $1-\alpha$ 下的控制域。

(1) $P=99.7\%$，$\alpha=0.003$，$u=3.00$。可作两条平行线：

$$l_1: y=\mu+\frac{3\sigma}{\sqrt{n}} \tag{11-9}$$

$$l_2: y=\mu-\frac{3\sigma}{\sqrt{n}} \tag{11-10}$$

(2) $P=95.5\%$，$\alpha=0.045$，$u=2.00$。又可作两条平行线：

$$M_1: y=\mu+\frac{2\sigma}{\sqrt{n}} \tag{11-11}$$

$$M_2: y=\mu-\frac{2\sigma}{\sqrt{n}} \tag{11-12}$$

(3) $P=90\%$，$\alpha=0.10$，$u=1.65$。也可作两条平行线：

$$G_1: y=\mu+\frac{1.65\sigma}{\sqrt{n}} \tag{11-13}$$

$$G_2: y=\mu-\frac{1.65\sigma}{\sqrt{n}} \tag{11-14}$$

再加中心线 $y=\mu$，共 7 条平行线。生产实践中，一般可根据具体情况进行选择。

控制图一般由一条中心线、一对控制线和其他直线构成，如果质量指标或产品质量指标在中心线上下范围之内波动，说明分析系统或生产系统处于统计控制状态，或正常状态。否则，如果波动超出控制限范围，说明失去控制，出现异常。

经常使用的控制图有平均值控制图和极差控制图两种。

11. 2. 1. 1　平均值控制图

平均值控制图以平均值 $\bar{x}$ 为中心，常以 $\bar{x}\pm 3\sigma/\sqrt{n}$ 为控制界限作两条控制限（控制限之外的概率约为 0.3%），必要时还可以用 $\bar{x}\pm 2\sigma/\sqrt{n}$ 为警戒限做两条警戒线。此外，也有人用 $\bar{x}\pm 1.96\sigma/\sqrt{n}$、$\bar{x}\pm 2.57\sigma/\sqrt{n}$ 或 $\bar{x}\pm 3.09\sigma/\sqrt{n}$ 作为控制界限（对应的概率分别为 5%，1%，0.2%）。以下介绍平均值控制图的绘制。

设经过长时间的日常分析，得到 m 个容量为 n 的样本。先计算各样本的均值 $\bar{x}_i$，标准偏差 s_i 及平均极差 $\bar{R}_i$，然后计算总平均值 $\bar{x}$，平均偏差 s 及平均极差 $\bar{R}$：

$$\bar{x}=\frac{1}{m}\sum_{i=1}^{m}\bar{x}_i \tag{11-15}$$

$$s^2=\frac{1}{m}\sum_{i=1}^{m}s_i^2 \tag{11-16}$$

$$\bar{R}=\frac{1}{m}\sum_{i=1}^{m}R_i \tag{11-17}$$

如果测定次数较多（$mn\gg 20$），可认为 $\sigma\approx s$。平均值控制图的上控制限 UCL（upper control limit），中位线 CL（center line），也即中心线及下控制限 LCL（lower control limit）

分别为：

$$UCL = \bar{x} + \frac{3\sigma}{\sqrt{n}} \tag{11-18}$$

$$CL = \bar{x} \tag{11-19}$$

$$LCL = \bar{x} - \frac{3\sigma}{\sqrt{n}} \tag{11-20}$$

此外，也常用平均极差 $\bar{R}$ 表示控制界限，即：

$$UCL = \bar{x} + A_2\bar{R} \tag{11-21}$$

$$CL = \bar{x} \tag{11-22}$$

$$LCL = \bar{x} - A_2\bar{R} \tag{11-23}$$

其中，A_2 为计算因子（见表11-2），且：

$$A_2 = \frac{3}{d_2\sqrt{n}} \tag{11-24}$$

表 11-2　控制图计算因子

样本容量	$\bar{x}$ 控制因子		$\bar{R}$ 控制因子	
	d_2	A_2	D_3	D_4
2	1.128	1.881	0.000	3.267
3	1.693	1.023	0.000	2.575
4	2.059	0.729	0.000	2.282
5	2.326	0.577	0.000	2.115
6	2.534	0.483	0.000	2.004
7	2.704	0.419	0.076	1.924
8	2.847	0.373	0.136	1.846
9	2.970	0.337	0.184	1.816
10	3.078	0.308	0.223	1.777

在计算出 $\bar{x}_i$ 以及上下控制限后，以实验指标为纵坐标画出三条平行于横轴的直线，就是一张平均值控制图。横坐标可以是样本序号或测定日期等。

11.2.1.2　极差控制图（$\bar{R}$-图）

极差控制图的上限、中心线和下限分别为：

$$UCL = D_4\bar{R} \tag{11-25}$$

$$CL = \bar{R} \tag{11-26}$$

$$LCL = D_3\bar{R} \tag{11-27}$$

D_3、D_4 查表11-2。

$\bar{R}$-图与 $\bar{x}$-图的不同在于：$\bar{x}$-图的上下界限关于中心线对称，$\bar{x}$-图中各直线等间距平行；而 $\bar{R}$-图不对称，图中各直线不等间距。

另外，应特别注意以下两点：

① 若极差落在 UCL 和 LCL 之间，则生产过程稳定；否则不稳定。

② 极差并非越小越好：若方法不灵敏，则 R 很小；若原料或试剂纯度过高，则 R 变小。

11.2.2　质量管理图的绘制与应用

11.2.2.1　质量管理图的意义

应用质量管理图技术是基于假定测定数据为正态分布。质量管理图是控制分析质量的有利工具，能连续观察分析质量的变化情况，从而及早发现分析质量的变化，以便及时采取必要的措施，尽量避免分析质量恶化甚至失控。

但由于在日常工作中所遇到的样品，其类型含量和分析项目经常变动，使质量管理图的应用受到了一定限制。目前，它主要用于实验室内的新方法确立，分析人员熟悉新项目的效果检查，定期例行检测和大批调查分析，以及实验室间协作试验等工作中。

11.2.2.2　质量管理图的应用类型

质量管理图的应用类型有很多，如单值控制图（$\bar{x}$-图，图 11-1），均值-差值图（$\bar{x}$-R图，图 11-2）、移动均值-差值控制图、多样控制图、累积和控制图等。其中最常用的是 $\bar{x}$-图和 $\bar{x}$-R 图。图 11-1，图 11-2 分别为单值控制图和均值-差值图。

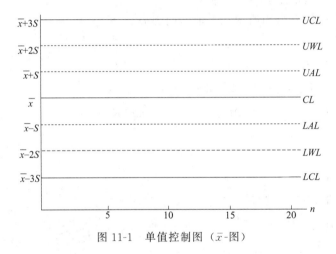

图 11-1　单值控制图（$\bar{x}$-图）

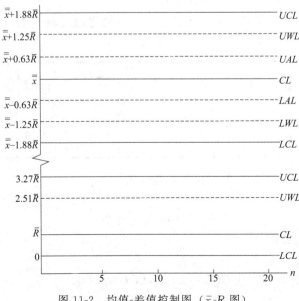

图 11-2　均值-差值控制图（$\bar{x}$-R 图）

图中符号的意义:

UCL:	上控制限,	LCL:	下控制限
UWL:	上警告线,	LWL:	下警告线
UAL:	上辅助线,	LAL:	下辅助线
CL:	中心线		

11.2.2.3 空白试验值控制图

当空白值累积到 20 个以上时,分别计算出平均值和标准偏差或总体平均值和平均偏差,就可分别建立单值控制图或均值-差值图。即:

(1) 单值控制图

中　心　线:　　$CL = \bar{x}$

上下辅助线:　　$UAL, LAL = \bar{x} \pm s$

上下警告线:　　$UWL, LWL = \bar{x} \pm 2s$

上下控制限:　　$UCL, LCL = \bar{x} \pm 3s$

(2) 均值-差值图　分为均值图和差值图两部分。

均值图:

$$UCL = \bar{\bar{x}} + 1.88\bar{R}, LCL = \bar{\bar{x}} - 1.88\bar{R}$$

$$UWL = \bar{\bar{x}} + 1.25\bar{R}, LWL = \bar{\bar{x}} - 1.25\bar{R}$$

$$UAL = \bar{\bar{x}} + 0.63\bar{R}, LAL = \bar{\bar{x}} - 0.63\bar{R}$$

$$CL = \bar{\bar{x}}$$

差值图:

$$UCL = 3.27\bar{R}$$

$$UWL = 2.51\bar{R}$$

$$CL = \bar{R}$$

$$LCL = D_3\bar{R}$$

图形已如图 11-1、图 11-2。此处不再重复。

【例 11-3】　累积二乙氨基二硫代甲酸银法测砷的空白实验值 20 个,如表所示。绘制空白实验控制图。

No.	x	No.	x	No.	x	No.	x
1	0.006	6	0.010	11	0.012	16	0.005
2	0.015	7	0.005	12	0.015	17	0.010
3	0.010	8	0.010	13	0.012	18	0.012
4	0.015	9	0.013	14	0.014	19	0.006
5	0.011	10	0.015	15	0.010	20	0.005

解:根据数据特征,可以绘制均值图,即 $\bar{x}$-图。

求得:

$$\bar{x} = 0.0106, s = 0.0035$$

绘制成 $\bar{x}$-图如图 11-3。

图中:

$$UCL = 0.022, LCL = 0.000$$

$$UWL = 0.018, LWL = 0.002$$

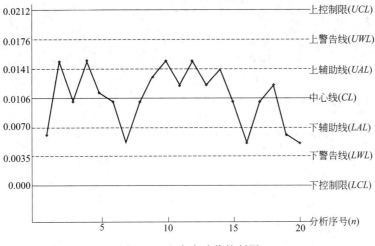

图 11-3　空白实验值控制图

$$UAL = 0.014, LAL = 0.006$$
$$CL = 0.01$$

应该注意的是，由于每个人测定所得空白及标准差不同，因此空白实验值控制图适于"自我控制"。另外，空白控制图只适应于痕量分析，常规分析由于空白值影响不大，没有必要应用控制图。

11.2.2.4　平行双样控制图

当累积到 20 对以上的"控制样品"测定值时就可绘制出控制图。测定时可以随日常分析进行，也可单独进行。每日一次，或上、下午各一次。

控制图分两部分，均值图部分可观察到批间分析结果的变化情况；差值图部分可观察到批内分析结果的变化。

【例 11-4】　累积镉试剂法测镉质控样测定结果 20 对，见下表。绘制均值-差值图。

No.	x_1	x_2	$\bar{x}$	R	No.	x_1	x_2	$\bar{x}$	R
1	1.00	0.96	0.98	0.04	11	0.99	0.96	0.975	0.03
2	0.92	1.00	0.96	0.08	12	0.98	0.96	0.97	0.02
3	0.98	1.00	0.99	0.02	13	1.00	0.98	0.99	0.02
4	0.98	1.00	0.99	0.02	14	1.00	0.95	0.975	0.05
5	0.94	1.02	0.98	0.08	15	0.98	0.96	0.97	0.02
6	1.02	1.00	1.01	0.02	16	1.02	0.94	0.98	0.08
7	0.99	1.05	1.02	0.06	17	1.03	1.00	1.015	0.03
8	0.97	0.99	0.98	0.02	18	0.97	0.99	0.98	0.02
9	0.97	1.00	0.985	0.03	19	1.04	0.95	0.995	0.09
10	0.97	0.95	0.96	0.02	20	1.02	0.94	0.98	0.08

解：

求得：$\bar{x} = 0.984$，$\bar{R} = 0.0415$。因此：

均值图：

$$UCL = 1.063, LCL = 0.905$$
$$UWL = 1.037, LWL = 0.931$$
$$UAL = 1.010, LAL = 0.958$$

$$CL = 0.984$$

差值图：

$$UCL = 0.137, LCL = 0$$
$$UWL = 0.105$$
$$CL = 0.042$$

质量管理图绘制如图 11-4。

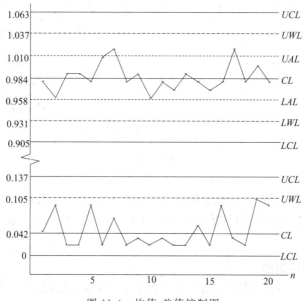

图 11-4　均值-差值控制图

11.2.2.5　准确度（加标回收）控制图

一般采用单值图，建立此图所需数据必须是试样的加标回收结果，而不能在控制样品中进行加标回收测定。由于加标回收率是个相对值，在较高浓度范围内，几乎不受不同试样浓度的影响，故此图适应的浓度范围较宽。由于痕量分析时浓度改变对其影响较大，有时需建立不同浓度范围的控制图。

为了避免形成"自我控制"状态，绘图所用回收率必须符合方法要求。当合格的回收率数据积累到 20 个以上时，就可以进行处理、绘图。另外，由于常规分析本身要求进行加标回收测定，因此绘制加标回收控制图一般不会增加工作量。

【例 11-5】　累积双硫腙法测汞的加标回收率数据 20 个，见下表。绘制准确度控制图。

解：$\bar{x} = 100, s = 3.34$

测汞的加标回收结果（%）

No.	x	No.	x	No.	x	No.	x
1	100.3	6	107.4	11	99.2	16	97.5
2	98.2	7	101.0	12	104.5	17	104.0
3	100.8	8	103.5	13	100.0	18	98.1
4	92.5	9	95.0	14	99.2	19	103.0
5	97.5	10	101.0	15	100.8	20	99.4

绘成准确度控制图如图 11-5。

计算结果如下：

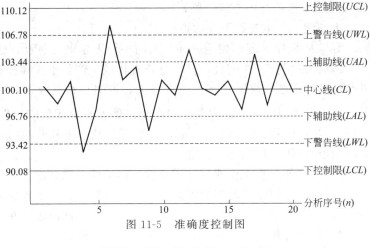

图 11-5　准确度控制图

$$UCL = 110.12, LCL = 90.08$$
$$UWL = 106.78, LWL = 93.42$$
$$UAL = 103.44, LAL = 96.76$$
$$CL = 100.12$$

应该清楚，质量控制图是建立在统计学基础上的，把质量控制图应用于分析化学质量管理，就是把统计学有关规律与分析化学的特点相结合，因此，统计学基础和分析化学经验同样是不可缺少的。另外，绘制的质量控制图若存在超出控制限的点，必须加以剔除，然后再绘。若超限点过多，则原测数据作废，必须重新测定数据。只有这样，才能保证控制图对质量的有效管理。

11.2.3　控制图的识别

控制图绘制好后，就可用于日常质量管理了。但要判断分析工作或生产过程是否处于正常状态即控制状态，仅满足于测量点在控制界限之内是不行的，还必须通过观察测定点在图中的分布及变化趋势，才能判断分析工作或生产是否正常。

11.2.3.1　控制状态

控制状态也称正常状态或稳定状态，此时测值在图中的分布：

① 没有任何一点越出控制限；

② 分布没有异常，即没有连续多点出现在中心线一侧；

③ 长期观察可发现测量值呈以中心线为对称的正态分布，即离中心线越近点子越多，越远点子越少。更具体地说，在上下辅助线内的点子应为总点子数的 68% 左右，在上下警告线内的点子占总数的 95.5% 左右，全部点子落在上下控制限内。

11.2.3.2　失控状态

失控状态也即异常状态或不稳定状态。控制图的失控状态有许多表现，主要表现如下：

① 测量值越出控制限或正落在控制限上；

② 虽然没有越出控制限或正落在控制限上的点，但出现了分布异常，如：

◆ 连续 7 点出现在中心线一侧。实际工作中，若发现有 5 点或 6 点出现在中心线一侧，就应引起警觉，及时找出原因，采取适当措施，以避免进一步恶化；

◆ 连续 11 点中有 10 点偏在中心线一侧；

◆ 连续 14 点中有 12 点偏在中心线一侧；

◆ 连续 17 点中有 14 点偏在中心线一侧；

◆ 出现 7 个以上连续上升或连续下降的点。

通常，应将 $\bar{x}$-图与 R-图结合起来使用，如果两图中均无越出控制限的点，且在 $\bar{x}$-图中各点沿中心线上下波动，说明仅存在随机误差，分析工作或生产处于统计控制状态，即正常状态。如果 $\bar{x}$-图点在控制限之外或正好落在控制限上，说明存在系统误差或不能抵消的过失误差；若 R-图中有越出控制限的点，说明存在大小悬殊或正负相反的过失误差。若遇 $\bar{x}$-图中有连续多点（5 点以上）出现在中心点一侧，说明存在某种不利的倾向，也属异常，要更仔细地分析情况，找出原因，使其恢复正常。

经常使用控制图，可以使分析工作或产品质量检查形成统一的标准。每天不断把测定结果标在图上，不仅可以对产品质量进行客观评价，且作到及时监控；而且可以积累资料，进而从中提取一些难得的可贵信息，如分析方法的完善、生产工艺的改进、新产品规格的修订等有关信息；同时也可以使分析人员形成良好的工作、生活习惯。

第3篇

计算机程序简介

第12章 大型统计软件 SPSS 简介

随着计算技术的发展，计算机已经成为家庭和办公室必备的办公工具。用计算机进行数据处理，自然比手工或再结合计算器速度要快得多，而且也同时得到更多的可用信息。本章仅就目前应用较广泛的数据处理软件之一 SPSS（statistical product and service solutions）进行简单介绍，详细方法可通过具体应用软件的使用来全面掌握。

12.1 SPSS 简介

12.1.1 SPSS 概述

SPSS 软件是公认的最优秀的统计分析软件之一，原是为大型计算机开发的，其版本为 SPSSx。20 世纪 80 年代初，微机开始普及以后，它率先推出了微机版本（版本为 SPSS/PC＋x.x），占领了微机市场，大大地扩大了自己的用户量。80 年代末，Microsoft 发表 Windows 后，SPSS 迅速向 Windows 移植。至 1993 年 6 月，正式推出 SPSS for Windows 6.0 版本。该版本不仅修正了以前版本的错误，改写一些模块使运行速度大大提高。而且根据统计理论与技术的发展，增加了许多新的统计分析方法，使之功能日臻完善。

与以往的 SPSS for DOS 版本相比，SPSS for Windows 显得更加直观易用。首先，它采用现今广为流行的电子表格形式作数据管理器，使用户变量命名、定义数据格式、数据输入与修改等过程一气呵成，免除了原 DOS 版本在文本方式下数据录入的诸多不便；其次，采用菜单方式选择统计分析命令，采用对话框方式选择子命令，简明快捷，无需死记大量繁冗的语法语句，这无疑是计算机操作的一次解放；第三，采用对象连接和嵌入技术，使计算结果可方便地被其他软件调用，数据共享，提高工作效率。

作为统计分析工具，理论严谨、内容丰富，数据管理、统计分析、趋势研究、制表绘图、文字处理等功能，几乎无所不包。迄今为止，SPSS 已经发展到了 SPSS for Windows 22.0 版，但 SPSS for Windows 11.0 以前的版本，只能应用于 Windows 98、2k 等系统，给 Windows XP 用户造成了很大的不便，所以 11.5 版进行了很大改进。从 2009 年 3 月发布的新版开始，缩写改为 PASW Statistics，版本号从 17.0.1，一直到 2010 年 9 月的 18.0.3。2010 年，软件被 IBM 公司收购，并且在当年 8 月发布了新的版本，于是缩写也就成为 IBM SPSS Statistics 19.0。被 IBM 收购以后，每年 8 月发布新版，迄今已发布了 4 版。SPSS for Windows 12.0 以后的版本可以应用于几乎所有的 Windows 系统，但最新的 Windows 系统兼容性不足，可能需要打补丁。

SPSS Statistics 19.0（中文版）要求的操作系统是 Windows XP（32 位）、Vista（32 位或 64 位）或 Windows 7（32 位或 64 位）。

12.1.2　SPSS 界面

本章主要根据目前国内使用较普遍的 SPSS Statistics 19.0（中文版），对其安装、特点、功能、使用等进行介绍。

安装：利用授权光盘可运行自动安装，或从光盘目录中双击 setup.exe 文件，然后根据提示进行安装。SPSS 安装后即可使用，在 Windows 的开始菜单中单击 SPSS FOR WINDOWS 快捷方式就可以启动 SPSS。SPSS 启动成功后出现 SPSS 的主窗口及数据编辑窗口，可从主窗口导入文件，也可点击"取消"，回到 SPSS 的数据编辑窗口（如图 12-1 所示）。

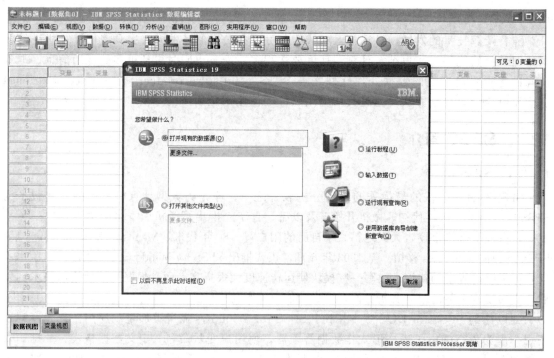

图 12-1　SPSS 的主窗口和数据编辑窗口

启动：可从不同途径启动 SPSS，如双击安装时创建快捷方式或从【开始】菜单中的

【程序】中的【SPSS Statistics 19.0】启动，也可直接双击要打开使用的原有 SPSS 文件进行启动。

SPSS 的主窗口名为 SPSS Statistics 19.0，此为窗口的标题栏，默认状态下为活动窗口，意即用户可对之进行操作。一般建立新文件时将主窗口关闭，然后在数据编辑窗口中进行具体操作。

在数据编辑窗口标题栏的左侧为窗口控制钮，点击它选择窗口的还原、移动、大小变换、最小化、最大化、关闭和与其他窗口的切换。标题栏右侧（窗口右上角）的三个钮分别为最小化钮、最大化钮和关闭钮。

该窗口的底部为数据管理窗口，可以在数据输入和变量定义间切换。

12.1.3　SPSS 的菜单

菜单栏共有 11 个选项：

① 文件（F）：文件管理菜单，有关文件的调入、存储、显示和打印等。

② 编辑（E）：编辑菜单，有关文本内容的选择、拷贝、剪贴、寻找和替换等。

③ 视图（V）：视图菜单，显示或隐藏状态行、工具栏、网络线、值标签和改变字体。

④ 数据（D）：数据管理菜单，有关数据变量定义、数据格式选定、观察对象的选择、排序、加权、数据文件的转换、连接、汇总等。

⑤ 转换（T）：数据转换处理菜单，有关数值的计算、重新赋值、缺失值替代等。

⑥ 分析（A）：统计菜单，有关一系列统计方法的应用；早期版本为 Statistic。

⑦ 直销（M）：与软件商业活动有关，如对联系人的管理，潜在联系人，数据评分等。

⑧ 图形（G）：作图菜单，有关统计图的制作。

⑨ 实用程序（U）：用户选项菜单，有关命令解释、字体选择、文件信息、定义输出标题、窗口设计等。

⑩ 窗口（W）：窗口管理菜单，有关窗口的排列、选择、显示等。

⑪ 帮助：求助菜单，有关帮助文件的调用、查询、显示等。

点击菜单选项即可激活菜单，这时弹出下拉式子菜单，用户可根据自己的需求再点击子菜单的选项，完成特定的功能。

12.1.4　SPSS 的其他窗口

在 SPSS 的主窗口中还有两个窗口，一个是数据管理窗口，默认为激活状态。数据管理器是一种典型的电子表格形式，用户可通过定义变量名、格式化数据类型后输入原始数值，并可根据需要对数据进行增删、剪贴、修改、存储等操作。

另一个是结果输出窗口，标题名称是"*输出 1"，与 SPSS 主窗口同时启动，显示启动文件的信息；当完成一项处理后，该窗口显示处理过程提示和计算结果。

12.1.5　SPSS 的退出

完成 SPSS 的统计分析后，退出该系统的方法是：选 File 菜单的"Exit 项"或点击右上角的"×"，回答系统提出的有关是否需要存储原始数据、计算结果和 SPSS 命令之后，即退到 Windows 的程序管理器中。

SPSS 不会自动保存信息，关闭时一定注意数据及结果的保存。

12.2　SPSS 基本操作

使用 SPSS 进行统计分析时，首先要录入数据或者打开一个已经存在的数据文件，根据需要进行数据转换；然后选择合适的统计分析过程，选择统计分析所采用的方法和参数；最后分析 SPSS 输出的结果，并保存结果。

12.2.1 数据的输入

12.2.1.1 变量的定义

定义变量即要定义变量名、变量类型、变量宽度（小数位数）、变量标签（或值标签）和变量的格式等。步骤如下：单击数据编辑窗口中的［变量视图］标签或主菜单［视图（V）］中的［变量］，显示变量定义视图，在出现的变量视图中定义变量。每一行存放一个变量的定义信息，包括［名称］、［类型］、［宽度］、［小数］等。如图 12-2 所示。

以下举例介绍变量的定义。

	名称	类型	宽度	小数	标签	值	缺失	列	对齐	
1	subject	数值(N)	8	0		无	无	8	置右	
2	anxiety	数值(N)	8	0		无	无	8	置右	
3	tension	数值(N)	8	0		无	无	8	置右	
4	trial1	数值(N)	8	0		无	无	8	置右	
5	trial2	数值(N)	8	0		无	无	8	置右	
6	trial3	数值(N)	8	0		无	无	8	置右	
7	trial4	数值(N)	8	0		无	无	8	置右	

图 12-2　变量定义窗口

图 12-3　变量类型

（1）［名称］ 定义变量名。变量名可以是任何字母、汉字、数字或 _ 、@、♯、$ 等符号，但不能含%、&、* 等非法字符；变量名长度不能超过 64 个字符（32 个汉字），且要以字母或汉字开头，不能以 "."、"。" 或 "_" 结尾。若不定义变量名，软件会自动给出 "VAR00001" 等变量名。

（2）［类型］ 定义变量类型。SPSS 的主要变量类型有：标准数值型、带逗点的数值型、逗点作小数点的数值型、科学记数法、日期型、带美元符号的数值型、设定货币型和字符串。单击类型相应单元中的按钮，显示如图 12-3 所示的对话框，选择合适的变量类型并单击［确定］。

（3）［宽度］ 变量长度。设置数值变量的长度，当变量为日期型时无效。

（4）［小数］　变量小数点位数。设置数值变量的小数位数，当变量为日期型时无效。

（5）［标签］　变量标签。变量标签是对变量名的进一步描述，变量只能由不超过 8 个字符组成，8 个字符经常不足以表示变量的含义。而变量标签可长达 120 个字符，变量标签对大小写敏感，显示时与输入值完全一样，需要时可用变量标签对变量名的含义加以解释。

（6）［值］　变量值标签。值标签是对变量的每一个可能取值的进一步描述，当变量是定类或定序变量时，这是非常有用的。

12.2.1.2　变量的输入与编辑

定义了变量后，单击［数据视图］即可在数据视图中输入数据。数据窗口如图 12-4 所示，它实际上就是 SPSS 默认打开的主窗口。

	subject	anxiety	tension	trial1	trial2	trial3	trial4	变量	变量	变量
1	1	1	1	18	14	12	6			
2	2	1	1	19	12	8	4			
3	3	1	1	14	1	6	2			
4	4	1	2	16	12	10	4			
5	5	1	2	12	8	6	2			
6	6	1	2	18	10	5	1			
7	7	2	1	16	1	8	4			
8	8	2	1	18	8	4	1			
9	9	2	1	16	12	6	2			
10	10	2	2	19	16	10	8			
11	11	2	2	16	14	10	9			
12	12	2	2	16	12	8	8			
13										

图 12-4　变量输入窗口

数据输入后，可进行增删、变化、合并、分割、排序、加权、行列互换、汇总以及保存等操作。

12.2.1.3　数据文件的保存

在数据文件中所做的任何变化都仅在这个 SPSS 过程期间保留，若要保存起来以备后用，可有两种方法：［文件］⇒［保存］或按 Ctrl＋S 快捷键，在出现的对话框中输入文件名即可。若要保存下数据文件的修改，也可按［文件］⇒［保存］或按 Ctrl＋S 快捷键即可。如果要把数据文件保存为一个新文件或将数据以不同格式保存，可选择［文件］⇒［另存为］，打开如图 12-5 所示的对话框。主要的保存类型有：

SPSS（*.sav），SPSS 默认格式；

SPSS7.0（*.sav），SPSS 7.0 格式；

SPSS/PC＋（*.sys），SPSS/PC＋格式；

Excel(*.xls)，Microsoft Excel 格式；

还有便携格式等等 20 余种数据文件格式。

图 12-5　另存为窗口

12.2.1.4　打开已有的数据文件

选择点击"打开数据文件"按钮或打开［文件］⇒［打开］或按快捷键 Ctrl＋O，显示［打开文件］对话框。选择要打开文件的文件类型和文件名，双击文件名或选中文件后单击右键再单击［打开］即可。

12.2.2　统计分析

统计分析（statistical analysis）过程在主菜单［分析］中的下拉菜单中，如图 12-6 所示。

在统计分析菜单中含 23 个二级菜单，分别为：

报告。含"代码本"、"OLAP 在线分析立体输出"、"个案汇总"、"按行汇总"、"按列汇总"等选项。

描述统计。含"频数"、"描述"、"探索"、"交叉表"和"比率"等选项。

以下的下拉菜单不再详细列举：

表，2 个选项。

图 12-6　统计分析窗口

比较均值，5 个选项。

一般线性模型，4 个选项。

广义线性模型，2 个选项。

混合模型，2 个选项

相关，3 个选项。

回归，12 个选项。

对数线性模型，3 个选项。

神经网络，2 个选项

分类，即聚类分析，6 个选项。

降维，即主成分分析，3 个选项。

其他不再列举。

12.2.3　图形分析

统计图是用点的位置、线段的升降、直条的长短或面积的大小等方法来表达统计结果的一种形式，它可把资料所反映的变化趋势、数量、分布和相互关系等形象直观地表现出来，以便于读者的比较和分析。

SPSS 的图形分析功能很强，许多高精度的统计图形可从［分析］菜单的各种统计分析过程产生，也可以直接从［图形］菜单中所包含的各个选项完成。图形分析的一般过程为：建立或打开数据文件，若数据文件结构不符合分析需要，则必须转换数据文件结构；生成图形；修饰生成的图形，保存结果。

常用的统计图形有条形图、线图、面积图、圆饼图、散点图、直方图、箱线图等。

12.2.4 结果输出

不管是统计分析还是图形分析，其结果都输出到新的窗口，SPSS 默认输出窗口为
"*输出 1"窗口（如图 12-7 所示）。

图 12-7　结果输出窗口

输出窗口的左边输出大纲视图，可以单击统计过程名称左边的"＋"和"－"展开或收缩显示大纲，也可以拖动输出内容项目改变项目的位置。输出窗口的右边显示具体的输出内容，一般通过文字、表格、图形显示统计计算结果，最上端显示文件路径、文件名及其他信息。许多输出结果以数据透视表（pivot table）的表格形式显示，数据透视表功能强大，便于用户自行定义所需格式。如果要查看数据透视表中某个统计术语的含义，双击该数据透视表，右击术语，在弹出的快捷菜单中选择"这是什么?"，就可获得该术语的简单定义。输出窗口的使用方法与操作 Windows 应用程序一致。

12.3　平均值检验

12.3.1　均值过程（分组求均值）

若有两组以上数据，均值过程可分组分别求出它们的平均值和标准差等。

【例 12-1】　某医师测得如下血红蛋白值（g,％），试作基本的描述性统计分析。

编号	性别	年龄	血红蛋白值	编号	性别	年龄	血红蛋白值
1	女	18	12.83	21	女	16	11.36
2	男	16	15.50	22	男	16	12.78
3	女	18	12.25	23	男	18	15.09
4	女	17	10.06	24	女	18	8.67
5	男	16	10.88	25	女	17	8.56
6	男	18	9.65	26	女	18	12.56
7	女	16	8.36	27	女	17	11.56
8	男	18	11.66	28	男	16	14.67
9	女	18	8.54	29	男	16	7.88
10	女	17	7.78	30	男	18	12.35
11	男	18	13.66	31	男	16	13.65
12	男	18	10.57	32	女	16	9.87
13	男	16	12.56	33	女	18	10.09
14	女	17	9.87	34	女	18	12.55
15	女	17	8.99	35	男	18	16.04
16	女	17	11.35	36	男	18	13.78
17	男	17	14.65	37	男	17	11.67
18	男	17	12.40	38	男	17	10.98
19	女	16	8.05	39	女	16	8.78
20	男	18	14.03	40	男	16	11.35

　　[解] 首先在变量定义菜单中定义三个变量：性别 sex，且在"值"中定义 1 为男，2 为女；年龄 age，且在"值"中定义 1 为 16 岁，2 为 17 岁，3 为 18 岁；血红蛋白值 hb。三个变量中，前两个的小数位数可定义为"0"，后一个为默认，即"2"。

　　统计分析：数据输入后，打开"分析"菜单，选"比较均值"中的"均值（M）"项，弹出"均值"对话框，如图 12-8。

图 12-8　均值过程对话框

实验设计与数据处理

现欲分性别同时分年龄求血红蛋白值的均数和标准差，故在对话框左侧的变量列表中选 hb，点击➘钮使之进入因变量列表框，选 sex 点击➘钮使之进入自变量列表框，点击下一张，可选定分组的第二层次（层 2 的 2），选 age 点击➘钮亦使之进入自变量列表框。点击"选项"可选统计项目：在单元格统计量中均值、个案数和标准差，其他需计算和显示的需从左侧统计量中选择，选中后点击➘钮使之进入右侧因变量列表框即可。在底部第一层的统计量中有分组计算方差分析（ANOVA 表和 eta）和线性相关检验（T），本例选方差分析。选好后点击"继续"钮返回均值对话框，点击"确定"钮即可。

结果输出如表 12-1～表 12-3 所示。其中表 12-1 为概要，表 12-2 为数据处理结果，表 12-3 为方差分析表。表 12-2 列出了数据初步运算结果，如男性血红蛋白值平均为 12.66，标准偏差和方差分别为 2.06 和 4.23，血红蛋白总值为 265.80 等。而女性的这几个指标分别为 10.11、1.70，2.89 和 192.08 等。

表 12-1　案例（即样品）处理摘要（即结果）

| | 案例 | | | | | |
| | 已包含 | | 已排除 | | 总计 | |
	N	百分数	N	百分数	N	百分数
hb×sex×age	40	100.0%	0	0.0%	40	100.0%

表 12-2　统计分析报告

性别	年龄	均值	数量	标准偏差	总和
男	16 岁	12.4088	8	2.40054	5.763
	17 岁	12.4250	4	1.59262	2.536
	18 岁	12.9811	9	2.09335	4.382
	总计	12.6571	21	2.05740	4.233
女	16 岁	9.2840	5	1.34942	1.821
	17 岁	9.7386	7	1.40358	1.970
	18 岁	11.0700	7	1.91580	3.670
	总计	10.1095	19	1.69892	2.886
总计	16 岁	11.2069	13	2.54403	6.472
	17 岁	10.7155	11	1.94422	3.780
	18 岁	12.1450	16	2.18266	4.764
	总计	11.4470	40	2.27222	5.163

表 12-3　方差分析表

	离差来源	偏差平方和	自由度	方差	F 值	显著性
hb×sex	性别间	64.744	1	64.744	18.009	0.000
	年龄间	136.612	38	3.595		
	总和	201.356	39	5.163		

12.3.2　两组数据 t-检验

【例 12-2】　分别测得 14 例老年性慢性支气管炎病人及 11 例健康人的尿中 17 酮类固醇排出量（mg/dL，dL 为分升）如下，试比较两组均数有无差别。

病　人	2.90, 5.41, 5.48, 4.60, 4.03, 5.10, 4.97, 4.24, 4.36, 2.72, 2.37, 2.09, 7.10, 5.92
健康人	5.18, 8.79, 3.14, 6.46, 3.72, 6.64, 5.60, 4.57, 7.71, 4.99, 4.01

[解] 打开 SPSS，激活数据编辑窗口，把实际观察值定义为 x，再定义一个变量 group 来区分病人与健康人。输入原始数据，在变量 group 中，病人输入 1，健康人输入 2。结果

如图 12-9 所示。

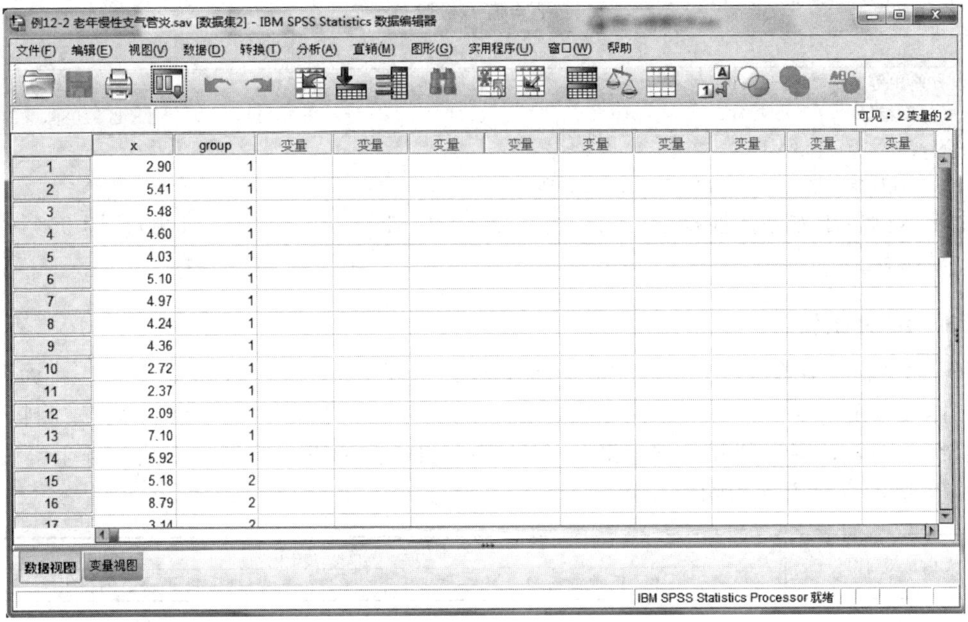

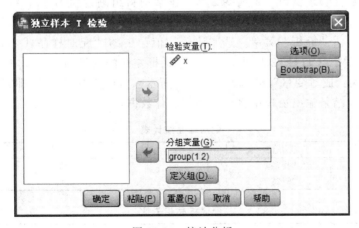

图 12-9　数据输入

统计分析：激活"分析"菜单，选"比较均值"中的"独立样本 T 检验"项，弹出"独立样本 T 检验"对话框（如图 12-10 所示）。从对话框左侧的变量列表中选 x，点击➡钮使之进入"检验变量（T）"框；选 group，点击➡钮使之进入"分组变量（G）"框；点击"定义组（D）"钮，弹出定义框，在"组 1"中输入 1，在"组 2"中输入 2；点击"继续"钮，返回"独立样本 T 检验"对话框，点击"确定"钮即完成分析。

图 12-10　统计分析

结果分析：下表为 SPSS 输出的统计结果：

组统计量

	Group	N	均值	标准差	均值的标准差
x	病人	14	4.3779	1.44989	0.38750
	健康人	11	5.5282	1.73540	0.52324

这一部分显示两组资料的例数（N）、均数、标准误差和均值的标准误差。

平均值 t-检验

	t	F	P	标准误差	95％置信区间
假设方差相等	-1.807	23	0.084	0.63675	$(-2.46755, 0.16690)$
假设方差不相等	-1.767	19.47	0.093	0.65111	$(-2.51088, 0.21023)$

两均数差值：-1.1503

方差一致性检验结果：$F=0.440$　$P=0.514$，即方差齐性。

由于本例属于方差齐性检验，第二行显示 $t=1.81$，$P=0.084$（双侧），即 95％ 概率下二者差异明显。

12.3.3　配对比较

【例 12-3】　某单位研究饲料中缺乏维生素 E 与肝中维生素 A 含量的关系，将大白鼠按性别、体重等配为 8 对，每对中两只大白鼠分别喂以正常饲料和维生素 E 缺乏饲料，一段时期后将之宰杀，测定其肝中维生素 A 含量（μmol/L）如下，问饲料中缺乏维生素 E 对鼠肝中维生素 A 含量有无影响？

大白鼠对别	肝中维生素 A 含量/（μmol/L）	
	正常饲料组	维生素 E 缺乏饲料组
1	37.2	25.7
2	20.9	25.1
3	31.4	18.8
4	41.4	33.5
5	39.8	34.0
6	39.3	28.3
7	36.1	26.2
8	31.9	18.3

［解］：激活数据管理窗口，定义变量名：正常饲料组测定值为 x_1，维生素 E 缺乏饲料组测定值为 x_2，依次将数据输入。

统计分析：激活“分析”菜单，选“比较均值”中的“配对样品 T 检验”项，弹出配对样品 T 检验对话框（如图 12-11 所示）。从对话框左侧的变量列表中选中 x_1、x_2，点击 钮使 x_1、x_2 进入“成对变量”框（如图 12-12 所示），点击“确定”钮即完成分析。

结果解释：在结果输出窗口中将看到如下统计数据：

配对样品统计表

变量	均值	n	标准偏差	标准误
x_1	34.7500	8	6.64852	2.35061
x_2	26.2375	8	5.82064	2.05791

配对样品相关性

变量	n	相关系数	p
x_1 & x_2	8	0.586	0.127

配对比较 t-检验结果

配对差异					t	F	P（双侧）
均值	标准偏差	标准误	95％概率置信区间				
			下限	上限	4.210	7	0.004
8.51250	5.71925	2.02206	3.73109	13.29391			

图 12-11　数据及分析方法

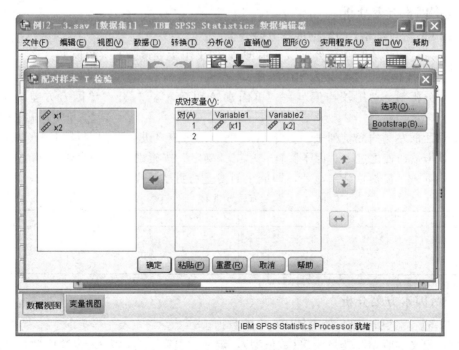

图 12-12　配对比较 t-检验对话框

第一个表为分组统计描述，显示变量 x_1 的均数、标准差、标准误分别为 34.7500、6.649、2.351，变量 x_2 的均数、标准差、标准误分别为 26.2375、5.821、2.058。

第二个表为相关性计算，从所得结果，即相关系数 0.586，相关系数的显著性检验表明 $P = 0.127$，显然，相关关系不成立。

第三个表为成对数据的比较，配对检验结果为：$t = 4.21$，$P = 0.004$，差别具高度显著性意义，即饲料中缺乏维生素 E 对鼠肝中维生素 A 含量确有影响。

【例 12-4】　试对例 3-11 的数据进行处理。

［解］将例 3-11 的数据如上输入数据表并进行统计处理后，得下列结果。

配对样品统计表

变量	均值	n	标准偏差	标准误
x_1	93.1000	10	3.10734	0.98263
x_2	95.1000	10	3.31495	1.04828

配对样品相关性

变量	n	相关系数	P
$x_1 \& x_2$	10	0.678	0.031

配对比较 t-检验结果

配对差异					t	F	P（双侧）
均值	标准偏差	标准误	95%概率置信区间				
			下限	上限			
-2.000	2.58199	0.81650	-3.84704	-0.15296	-2.449	9	0.037

12.4　方差分析

12.4.1　单因素方差分析

【例 12-5】　对例 4-1 的数据进行方差分析。

［解］：定义"收率"变量为 X（数值型），定义组类变量为 G（数值型），$G = 1、2、3、4、5$ 表示五种催化剂，然后录入相应数据。

选择"分析"⇒"比较均值"⇒"单因素 ANOVA"，打开"单因素方差分析"主对话框。

从主对话框左侧的变量列表中选定 X，单击按钮使之进入"因变量列表"框，再选定变量 G，单击按钮使之进入"因子"框。单击"确定"按钮完成（见图 12-13），直接输出方差分析表如下表。显然，结果显著，即催化剂间差别明显。

方差分析表

离差来源	偏差平方和	自由度	方差	F 值	显著性
组间	442.7	4	110.675	10.343	0.000
组内	160.5	15	10.700		
总和	603.2	19			

12.4.2　两因素方差分析

【例 12-6】　试用 SPSS 处理例 4-6 中的数据。

［解］：定义"收率"变量为 X（数值型），定义"温度"变量为 G_1（数值型）、"催化剂"变量为 G_2（数值型）；$G_1 = 1、2、3、4$ 分别表示 70℃、80℃、90℃、100℃，$G_2 = 1、2、3$

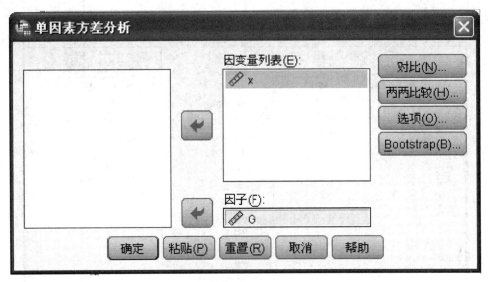

图 12-13　方差分析对话框

分别为甲、乙、丙三种催化剂，如图 12-14 所示。

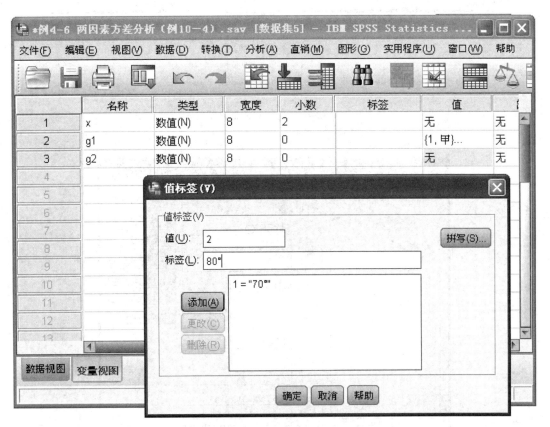

图 12-14　变量定义对话框

　　分析过程：选择"分析"⇒"一般线性模型"⇒"单变量"，打开单变量主对话框（图 12-15）。

图 12-15　统计对话框激活

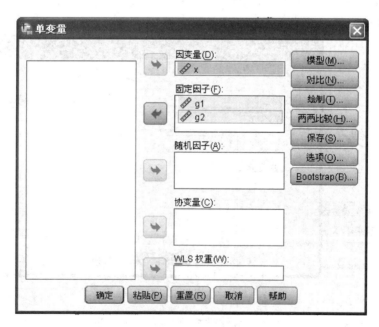

图 12-16　二因素方差分析主对话框

从主对话框左侧的变量列表中选定 X，单击按钮使之进入"因变量"框，再选定变量 G_1 和 G_2，单击按钮使之进入"固定因子"框（图 12-16）。单击"确定"按钮即可得到统计结果，见下表。

方差分析表

偏差来源	偏差平方和	自由度	方差	F 值	P
G_1	132.125	3	44.042	30.200	0.000
G_2	56.583	2	28.292	19.400	0.000
$G_2 \times G_1$	4.750	6	0.792	0.543	0.767
随机误差	17.500	12	1.458		
总和	210.958	23			

　　显然，两因素影响均高度显著，而两因素间不存在交互作用。

12.5　正交实验设计设计与方差分析

12.5.1　正交实验设计

　　【例 12-7】　　为研究 7 种化学成分组成的最佳配方，以获取某物质有效成分的最高提取率，考虑每一成分选择 3 个不同浓度，试用 SPSS 进行正交实验设计。

　　［解］SPSS 设计过程如下：

　　激活 SPSS，打开"数据"→"正交设计"→"生成"，弹出正交实验设计对话框"生成正交设计"，如图 12-17、图 12-18。其中：

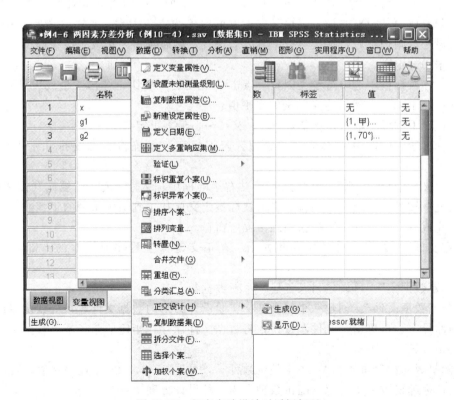

图 12-17　正交实验设计对话框打开

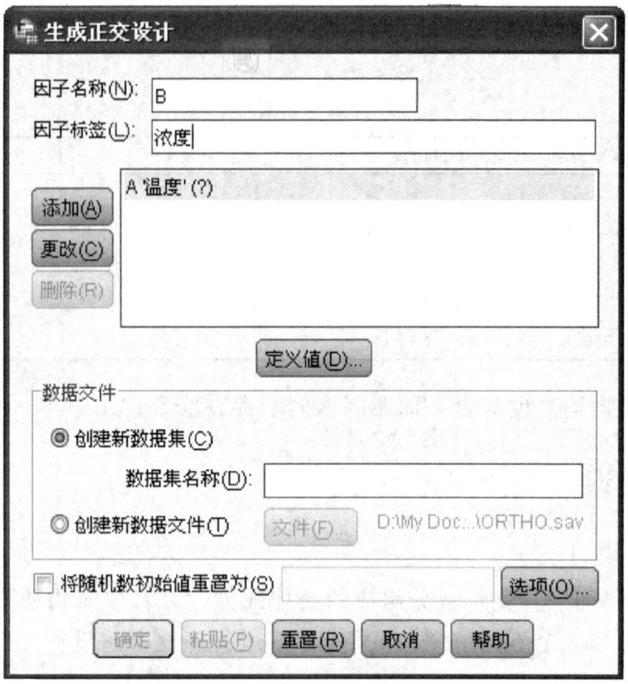

图 12-18　正交实验设计主程序对话框

　　输入因素名称后，"添加"按钮被激活，单击"添加"按钮将因素及标签送入下面的大方框内。若要取消某因素的设置，也可在大方框内先选定该因素，点击"删除"按钮即可；若要修改设置，则选中后，在设置框中输入新设置，然后点击"更改"按钮即可。

　　因素水平的定义。

　　在主程序对话框中选中待定义因素，点击"定义值"按钮，弹出"生成设计：定义值"对话框（见图 12-19）。然后定义因素的水平值：

　　在"值"下的框中输入水平值，如 1、2、3…，最多可定义 9 个水平。

　　在"标签"下的框中对水平进行标记。若不标记，系统将自动安排和水平值相同的标记。

　　自动定义，"自动填充"：在"从一至"右边的框中输入水平数，"填充"按钮被激活，单击"填充"按钮，系统会自动将水平值及标签定义成从 1 到最大水平的正整数。

　　定义完成后，击"继续"按钮回到主程序窗口。

　　"数据文件"：数据文件的保存和显示。在正交设计主程序对话框的下部，共有三个选项：

　　"创建新数据集"：可设定目录创建一个新数据集。

　　"创建新数据文件"：创建一个包含正交实验设计结果的数据文件，系统默认将该文件保存在当前路径下。也可击"文件"按钮，将数据文件保存在指定的路径下。数据文件的名称为"orthol.sav"。

　　"将随机数初始值重置为"：规定随机数种子，可选 $0 \sim 2 \times 10^9$ 中任一整数。若不选，系统会自动产生随机数种子。每个随机数种子为一种设计方案。

　　"选项"选项：击"选项"按钮，弹出选项对话框（图 12-20）。

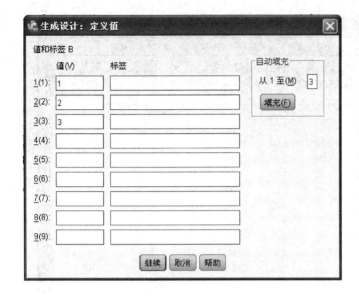

图 12-19　水平定义　　　　　　　　　　　　图 12-20　选项对话框

解释：

"选项"是正交设计主窗口上的一个按钮（图 12-18 右下角），点击后进入选项窗口，即图 12-20。选项窗口也有多个选项，"生成的最小个案数"和"延续个案"是并列的，而"延续个案数"和"与其他个案随机混合"是"延续个案"的下级选项。这些选项都属于"选项"窗口。

"生成的最小个案数"：规定最少实验次数，即样本容量大小。规定次数需小于等于因素的全部可能组合（即各因素水平数的乘积）。系统默认产生分析主效应所需的最少实验次数，规定的实验次数若小于该值，系统仍按默认值输出。要分析交互作用，就须增加实验次数，原则是误差项自由度必须大于零。本例全部可能的组合共有 $3^7 = 2187$ 种，系统默认产生 18 种正交组合，考虑要分析二维交互作用，安排 27 次实验。

"延续个案"：考核样本。实验数据不参与建模，即不用于分析因素的效应，仅用于考核模型的好坏。它与实验样本的产生是两个相互独立的随机过程。

"与其他个案随机混合"：规定考核样本的大小，也必须小于等于因素的全部可能组合。如不规定，系统将不产生任何考核样本。

"与其他个案随机混合"：将考核样本与实验样本随机混合。如不选该项，考核样本将列在实验样本之后。

结果输出：本例正交实验设计产生一个 27 行 9 列的数据文件（orthol.sav），每 1 行为 1 种实验组合，7 种实验因素各占 1 列，数字代表本列因素的水平值。变量"STATUS-"表示样品类型，"0"指实验样品，"1"指考核样品。本例全是实验样品，故均为"0"。变量"CARD-"表示各种组合的编号，也可看作例号。见图 12-21。

12.5.2　正交实验的方差分析

【例 12-8】　试对例 5-2 的实验结果进行方差分析。

［解］启动 SPSS，激活数据编辑窗口，进行变量定义和数据录入。

定义 5 个自变量 A、B、C、D、E，每个自变量均为 2 水平，按例 5-2 定义，只录入数

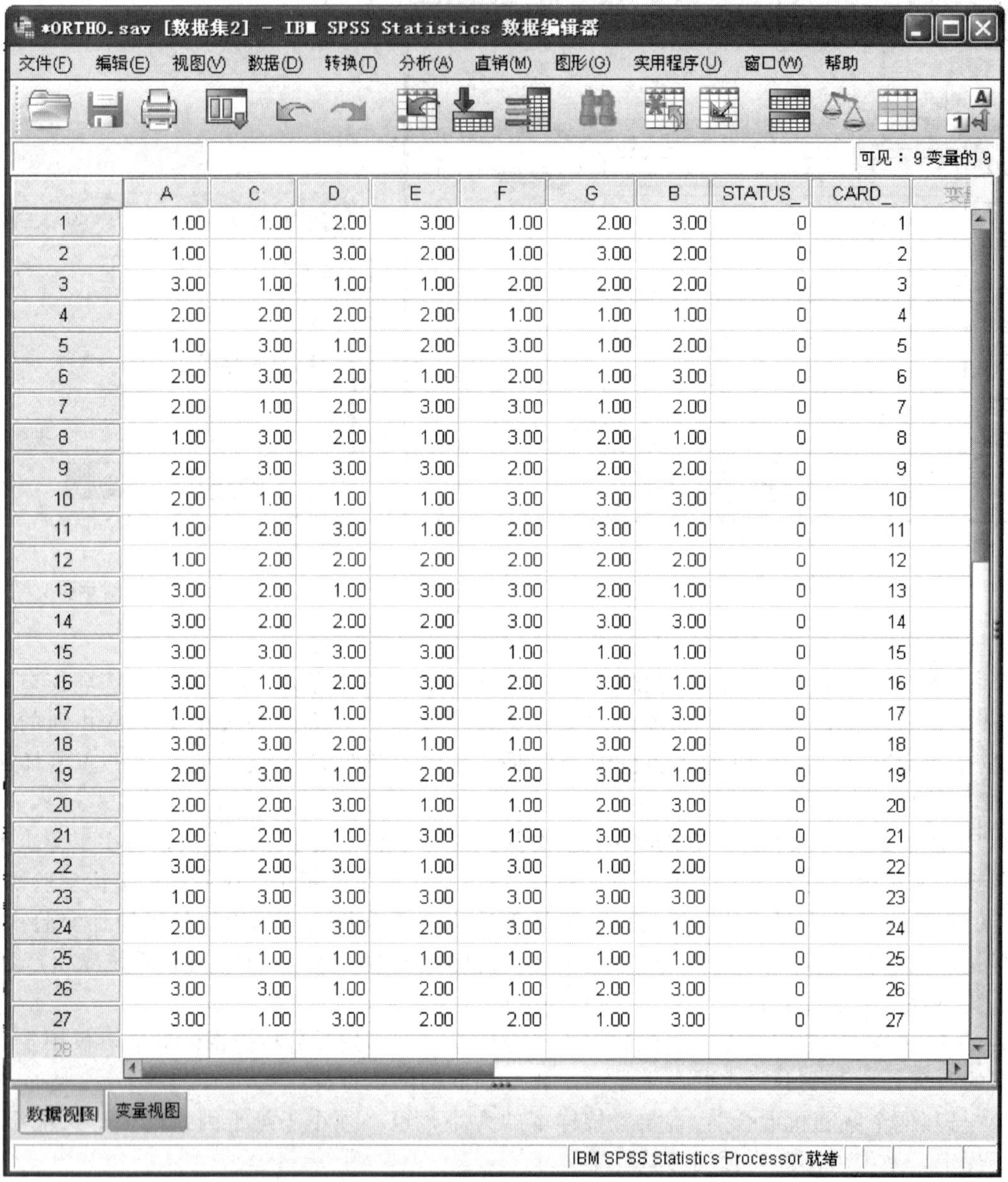

	A	C	D	E	F	G	B	STATUS_	CARD_
1	1.00	1.00	2.00	3.00	1.00	2.00	3.00	0	1
2	1.00	1.00	3.00	2.00	1.00	3.00	2.00	0	2
3	3.00	1.00	1.00	1.00	2.00	2.00	2.00	0	3
4	2.00	2.00	2.00	2.00	1.00	1.00	1.00	0	4
5	1.00	3.00	1.00	2.00	3.00	1.00	2.00	0	5
6	2.00	3.00	2.00	1.00	2.00	1.00	3.00	0	6
7	2.00	1.00	2.00	3.00	3.00	1.00	2.00	0	7
8	1.00	3.00	2.00	1.00	3.00	2.00	1.00	0	8
9	2.00	3.00	3.00	3.00	2.00	2.00	2.00	0	9
10	2.00	1.00	1.00	1.00	3.00	3.00	3.00	0	10
11	1.00	2.00	3.00	1.00	2.00	3.00	1.00	0	11
12	1.00	2.00	2.00	2.00	2.00	2.00	2.00	0	12
13	3.00	2.00	1.00	3.00	3.00	2.00	1.00	0	13
14	3.00	2.00	2.00	2.00	3.00	3.00	3.00	0	14
15	3.00	3.00	3.00	3.00	1.00	1.00	1.00	0	15
16	3.00	1.00	2.00	3.00	2.00	3.00	1.00	0	16
17	1.00	2.00	1.00	3.00	2.00	1.00	3.00	0	17
18	3.00	3.00	2.00	1.00	1.00	3.00	2.00	0	18
19	2.00	3.00	1.00	2.00	2.00	3.00	1.00	0	19
20	2.00	2.00	3.00	1.00	1.00	2.00	3.00	0	20
21	2.00	2.00	1.00	3.00	1.00	3.00	2.00	0	21
22	3.00	2.00	3.00	1.00	3.00	1.00	2.00	0	22
23	1.00	3.00	3.00	3.00	3.00	3.00	3.00	0	23
24	2.00	1.00	3.00	2.00	3.00	2.00	1.00	0	24
25	1.00	1.00	1.00	1.00	1.00	1.00	1.00	0	25
26	3.00	3.00	1.00	2.00	1.00	2.00	3.00	0	26
27	3.00	1.00	3.00	2.00	2.00	1.00	3.00	0	27

图 12-21　正交实验设计产生的数据文件

字；定义 1 个因变量，即实验结果 x。其中 x 为两位小数，A、B、C、D、E 均为整数。

5 个自变量均按例 5-2 的水平录入，x 的数据也直接录入。见图 12-22。

统计分析：激活“分析”，选“一般线性模型”→“单变量”，弹出数据处理主窗口。选 x，点➡进入“因变量”窗口；选 A、B、C、D、E，点➡进入“固定因子”窗口，见图 12-23。

单击“模型”，弹出统计类型对话框，在“指定模型”栏选“设定”；“因子与协变量”窗口被激活，在左边的窗口分别选中 A、B、C、D、E，击➡进入“模型”窗口，同时选中 A、B（先选 A，再选 B），此即 A、B 的交互作用 A×B，点击➡也进入“模型”窗口

图 12-22　数据录入

图 12-23　正交实验数据处理主窗口

（图 12-24）。点击"继续"返回。

　　显示内容选择：点击"选项"按钮，打开显示内容选择对话框（图 12-25），若都不选，则只输出方差分析表。在"因子与因子交互"选项窗口中选中要输出的项目，点击▶进入"显示均值"窗口，"比较主效应"选项和"置信区间调节"窗口被激活，可进行选择。也可选择下部的其他选项，最后点击"继续"返回。点击"确定"完成分析。本例都不选。

　　结果分析：

图 12-24 统计类型对话框

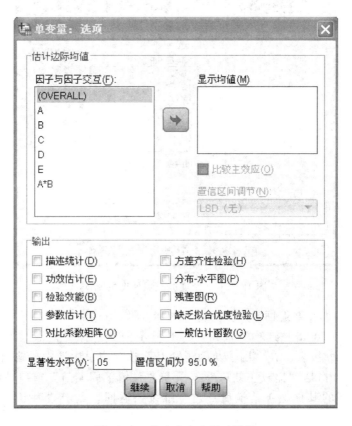

图 12-25 输出内容选择对话框

正交试验方差分析表

离差来源	偏差平方和	自由度	方差	F 值	P
A	42.781	1	42.781	1369.000	0.017
B	18.301	1	18.301	585.640	0.026
$A \times B$	0.911	1	0.911	29.160	0.117
C	1.201	1	1.201	38.440	0.102
D	0.061	1	0.061	1.960	0.395
E	4.061	1	4.061	129.960	0.056
随机误差	0.031	1	0.031		
总和	67.347	7	9.621		

12.6 线性回归

12.6.1 一元线性回归

【例 12-9】 试用 SPSS 处理例 10-2 中的数据。

［解］定义 "冬季通风换气" 变量为 x（数值型），定义 "居民平均接触氡量" 变量为 y（数值型），如图 12-26 所示。

图 12-26 统计对话框激活

统计分析：点击"分析"打开数据分析菜单，选"相关"→"双变量"，打开回归分析统计对话框；在对话框左侧的变量列表中选 x、y，点击 ➡ 钮使之进入"变量"框；再在"相关系数"框中选择相关系数的类型，共有三种：Pearson 为通常所指的"相关系数"，"Kendell 的 tau-b"为非参数资料的相关系数，Spearman 为非正态分布资料的 Pearson 相关系数替代值，本例选用 Pearson 项；在"显著性"框中可选相关系数的"单侧检验"或"双侧检验"，本例选双侧检验（图 12-27）。

点击"选项"钮弹出"双变量相关性"对话框（图 12-28），可选有关统计项目。本例要求输出 x、y 的均数与标准差以及 xy 交叉乘积的标准差与协方差，故选："均值和标准差"和"差积偏差和协方差"项，而后点击"继续"钮返回"双变量相关"对话框，再点击"确定"钮即可。

图 12-27　统计分析主对话框　　　　　　　　　　图 12-28　相关分析对话框

结果分析：在结果输出窗口中将看到如下统计数据：变量 x、y 的例数、均数与标准差，变量 x、y 交叉乘积的例数、标准差与协方差；xy 两两对应的相关系数及其双侧检验的概率，本例 $r = -0.816$，$P = 0.05$。

描述性统计结果

变量	均值	标准偏差	n
x	0.3833	0.24833	6
y	0.4617	0.36908	6

相关性

变量		x	y
x	相关性	1	-0.816^*
	p（双侧）		0.048
	平方和和交叉乘积	0.308	-0.374
	协方差	0.062	-0.075

变量		x	y
y	相关性	-0.816^*	1
	p（双侧）	0.048	
	平方和和交叉乘积	-0.374	0.681
	协方差	-0.075	0.136
	n	6	6

注：* 显著性水平 $\alpha = 0.05$ 下相关性显著（双侧）。

12.6.2　二元线性回归

【例 12-10】　试用 SPSS 处理例 10-6 中的数据。

数据准备：激活数据管理窗口，定义变量名：体重为 Y，两位小数；身高、年龄分别为 X_1、X_2，1 位小数。输入原始数据（见图 12-29）。

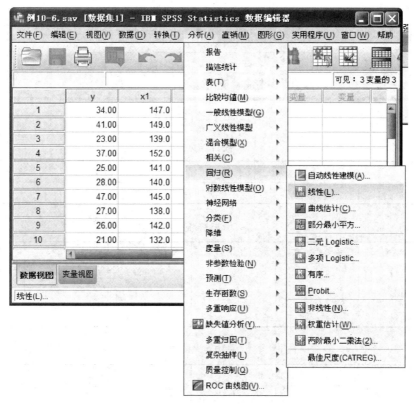

图 12-29　统计对话框激活

统计分析：激活"分析"菜单，选"回归"中的"线性"项，弹出"线性回归"对话框（图 12-30）。从对话框左侧的变量列表中选 y，点击➡钮使之进入"因变量"框；选 x_1、x_2，点击➡钮使之进入"自变量"框；在"方法"处下拉菜单，共有 5 个选项："进入"（全部入选法）、"逐步"（逐步法）、"删除"（强制剔除法）、"向后"（向后法）、"向前"（向前法）。本例选用进入法。点击"确定"钮即完成分析。（如图 12-30）

结果分析：结果显示，本例以 x_1、x_2 为自变量，y 为因变量，采用全部选入法建立回归方程。回归方程的复相关系数为 0.842，决定系数（即 r^2）为 0.709。经方差分析，$F = 10.94$，$P = 0.004$，回归方程有效。回归方程为 $y = 0.855x_1 + 1.506x_2 - 104.77$。

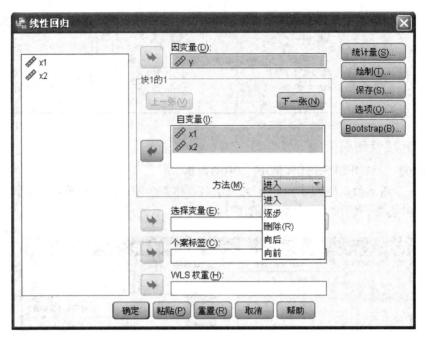

图 12-30　统计对话框

统计结果

模型	r	r^2	调整 r^2	标准误差
1	0.842	0.709	0.644	5.36321

方差分析

模型	偏差来源	偏差平方和	自由度	方差	F 值	P
	回归	629.373	2	314.687	10.940	0.004
1	剩余	258.877	9	28.764		
	总和	888.250	11			

相关[①]

模型		非标准化相关		标准化相关	t	P
		b	标准误			
1	（常数）	−104.770	54.418		−1.925	0.086
	x_1	0.855	0.452	0.565	1.892	0.091
	x_2	1.506	1.414	0.318	1.065	0.315

① 因变量：y。

与例 10-6 的计算结果相比，稍有出入，可能是由于计算过程中的小数位数问题引起的。

12.7　主成分分析

【**例 12-11**】　下表资料为 25 名健康人的 7 项生化检验结果，7 项生化检验指标依次命名为 x_1 至 x_7，请对该资料进行主成分分析。

x_1	x_2	x_3	x_4	x_5	x_6	x_7
3.76	3.66	0.54	5.28	9.77	13.74	4.78
8.59	4.99	1.34	10.02	7.50	10.16	2.13
6.22	6.14	4.52	9.84	2.17	2.73	1.09
7.57	7.28	7.07	12.66	1.79	2.10	0.82
9.03	7.08	2.59	11.76	4.54	6.22	1.28
5.51	3.98	1.30	6.92	5.33	7.30	2.40
3.27	0.62	0.44	3.36	7.63	8.84	8.39
8.74	7.00	3.31	11.68	3.53	4.76	1.12
9.64	9.49	1.03	13.57	13.13	18.52	2.35
9.73	1.33	1.00	9.87	9.87	11.06	3.70
8.59	2.98	1.17	9.17	7.85	9.91	2.62
7.12	5.49	3.68	9.72	2.64	3.43	1.19
4.69	3.01	2.17	5.98	2.76	3.55	2.01
5.51	1.34	1.27	5.81	4.57	5.38	3.43
1.66	1.61	1.57	2.80	1.78	2.09	3.72
5.90	5.76	1.55	8.84	5.40	7.50	1.97
9.84	9.27	1.51	13.60	9.02	12.67	1.75
8.39	4.92	2.54	10.05	3.96	5.24	1.43
4.94	4.38	1.03	6.68	6.49	9.06	2.81
7.23	2.30	1.77	7.79	4.39	5.37	2.27
9.46	7.31	1.04	12.00	11.58	16.18	2.42
9.55	5.35	4.25	11.74	2.77	3.51	1.05
4.94	4.52	4.50	8.07	1.79	2.10	1.29
8.21	3.08	2.42	9.10	3.75	4.66	1.72
9.41	6.44	5.11	12.50	2.45	3.10	0.91

　　[解] 激活数据管理窗口，定义变量名：分别为 x_1、x_2、x_3、x_4、x_5、x_6、x_7，按顺序输入相应数值，建立数据库，结果见图 12-31。

图 12-31　统计对话框激活

统计分析：激活"分析"菜单，选"降维"的"因子分析"命令项，弹出"因子分析"对话框。在对话框左侧的变量列表中选变量 x_1 至 x_7，点击➡️钮使之进入"变量"框（图 12-32）。

点击"描述"钮，弹出"因子分析：描述统计"对话框（图 12-33），在"统计量"中选"单变量描述性"项，要求输出各变量的均数与标准差；在"相关矩阵"栏内选"系数"项要求计算相关系数矩阵，并选"KMO 和 Bartlett 的球形度"项，要求对相关系数矩阵进行统计学检验。点击"继续"钮，返回"因子分析"对话框。

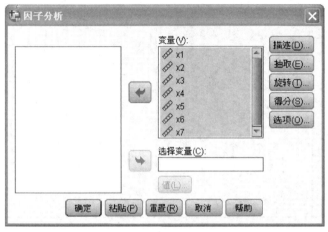

图 12-32　统计对话框图　　　　　　　图 12-33　描述性指标选择对话框

点击"抽取"钮，弹出"因子分析：抽取"对话框（图 12-34），系统提供如下因子提取方法：

主成分（分析法）；

未加权最小平方法；

综合最小平方法；

最大似然（估计法）；

主轴因子分解（法）；

α 因子分解（法）；

映像因子分解（法）。

本例选用"主成分"，之后点击"继续"钮，返回"因子分析"对话框。

点击"得分"钮，弹出"因子得分：因子分析对话框（图 12-35），系统提供 3 种估计因子得分系数的方法，本例选"回归"（回归因子得分），之后点击"继续"钮，返回"因子分析"对话框，再点击"确定"钮，完成分析。

结果分析：在输出结果窗口中将看到如下统计数据：

描述性统计

变量	均值	标准偏差	n
x_1	7.1000	2.32380	25
x_2	4.7732	2.41779	25
x_3	2.3488	1.66556	25
x_4	9.1524	3.01405	25
x_5	5.4584	3.27344	25
x_6	7.1672	4.55817	25
x_7	2.3460	1.61091	25

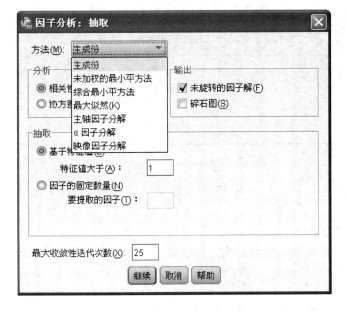

图 12-34　因子提取方法选择对话框

图 12-35　估计因子得分方法对话框

相关矩阵

变量	x_1	x_2	x_3	x_4	x_5	x_6	x_7
x_1	1.000	0.580	0.201	0.909	0.283	0.287	-0.533
x_2	0.580	1.000	0.364	0.837	0.166	0.261	-0.608
x_3	0.201	0.364	1.000	0.436	-0.704	-0.681	-0.649
x_4	0.909	0.837	0.436	1.000	0.163	0.203	-0.678
x_5	0.283	0.166	-0.704	0.163	1.000	0.990	0.427
x_6	0.287	0.261	-0.681	0.203	0.990	1.000	0.357
x_7	-0.533	-0.608	-0.649	-0.678	0.427	0.357	1.000

公因子方差

变量	提取	变量	提取
x_1	0.992	x_5	0.984
x_2	0.984	x_6	0.989
x_3	0.869	x_7	0.834
x_4	0.986		

KMO 和 Bartlett 检验

样品的 KMO 测度	0.321
Bartlett 值	326.285
自由度	21
P	0.000

解释的总方差

成分	初始特征值			提取平方和载入		
	合计	方差的 %	累积/%	合计	方差的 %	累积/%
1	3.395	48.503	48.503	3.395	48.503	48.503
2	2.806	40.090	88.593	2.806	40.090	88.593
3	0.436	6.236	94.828			
4	0.276	3.946	98.775			
5	0.081	1.160	99.935			
6	0.004	0.059	99.994			
7	0.000	0.006	100.000			

注：提取方法：主成分分析。

主成分矩阵[1]

变量	主成分		
	1	2	3
x_1	0.746	0.489	−0.443
x_2	0.796	0.372	0.460
x_3	0.709	−0.597	0.100
x_4	0.911	0.389	−0.074
x_5	−0.234	0.963	0.019
x_6	−0.177	0.972	0.115
x_7	−0.886	0.219	0.016

[1] 3个主成分。

注：提取方法：主成分分析。

系统首先输出各变量的均数与标准差，并显示共有 25 例观察单位进入分析；接着输出相关系数矩阵，经 Bartlett 检验表明：Bartlett 值＝326.28484，$P<0.0001$，即相关矩阵不是一个单位矩阵，故考虑进行因子分析。

样品的 KMO 测度是用于比较观测相关系数值与偏相关系数值的一个指标，其值愈逼近 1，表明对这些变量进行因子分析的效果愈好。令 KMO 值＝0.321，偏小，意味着因子分析的结果可能不能接受。

在"解释的总方差"表中列出了三个主成分的贡献率和累积贡献率，前三个主成分的累积贡献率为 94.83%，说明由这三个主成分完全可以解释所有的变量。

使用主成分分析法得到 3 个因子，变量与某一因子的联系系数绝对值越大，则该因子与变量关系越近。如本例变量 x_7 与第一因子的值为−0.886，与第二因子的值为 0.219，可见其与第一因子更近，而与第三因子很远。或者因子矩阵也可以作为因子贡献大小的度量，其绝对值越大，贡献也越大。

主成分分析在社会学领域得到了广泛应用，例 10-10 就是用主成分分析进行企业效益比较的应用。

12.8 聚类分析

12.8.1 K-均值聚类过程

K-均值聚类过程可完成由用户指定类别数的大样本资料的逐步聚类分析。所谓逐步聚类分析就是先把被聚对象进行初始分类，然后逐步调整，直到得到最终分类。

【例 12-12】 为研究儿童生长发育的分期，调查 1253 名 1 月至 7 岁儿童的身高（cm）、体重（kg）、胸围（cm）和坐高（cm）资料。资料作如下整理：先把 1 月至 7 岁划成 19 个月份段，分月份算出各指标的平均值，将第 1 月的各指标平均值与出生时的各指标平均值比较，求出月平均增长率（%），然后第 2 月起的各月份指标平均值均与前一月比较，亦求出月平均增长率（%），结果见下表。欲将儿童生长发育分为四期，故指定聚类的类别数为 4，请通过聚类分析确定四个儿童生长发育期的起止区间。

月份	月平均增长率(%)				月份	月平均增长率(%)			
	身高	体重	胸围	坐高		身高	体重	胸围	坐高
1	11.03	50.30	11.81	11.27	24	0.77	1.41	0.52	0.42
2	5.47	19.30	5.20	7.18	30	0.59	1.25	0.30	0.14
3	3.58	9.85	3.14	2.11	36	0.65	1.19	0.49	0.38
4	2.01	4.17	1.47	1.58	42	0.51	0.93	0.16	0.25
6	2.13	5.65	1.14	2.24	48	0.73	1.13	0.35	0.55
8	2.06	1.74	0.17	1.57	54	0.53	0.82	0.16	0.34
10	1.63	2.04	1.04	1.46	60	0.36	0.52	0.19	0.21
12	1.17	1.60	0.89	0.76	66	0.52	1.03	0.30	0.55
15	1.03	2.34	0.53	0.89	72	0.34	0.49	0.18	0.16
18	0.69	1.33	0.48	0.58					

【解】　激活数据管理窗口，定义变量名：虽然月份分组不作分析变量，但为了更直观地了解聚类结果，也将之输入数据库，其变量名为 month；身高、体重、胸围和坐高的变量名分别为 x_1、x_2、x_3 和 x_4，输入原始数额。见图 12-36。

图 12-36　统计对话框激活

统计分析：激活"分析"菜单，选"分类"中的"K-均值聚类"项，弹出"K-均值聚类分析"对话框（如图 12-37）。从对话框左侧的变量列表中选 x_1、x_2、x_3、x_4，点击➡钮使之进入"变量"框；在"聚类数"处输入需要聚合的组数，本例为 4；在聚类方法上有两种："迭代与分类"指先定初始类别中心点，而后按 K-均值算法作迭代分类；"仅分类"指仅按初始类别中心点分类，本例选用前一方法。

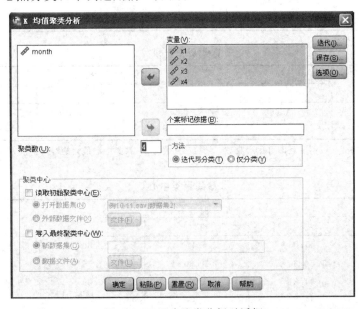

图 12-37　逐步聚类分析对话框

为在原始数据库中逐一显示分类结果，点击"保存"钮弹出"K 均值聚类：保存新变量"对话框，选择"聚类成员"项，点击"继续"钮，返回"K-均值聚类分析"对话框。（图 12-38）

图 12-38　逐步保存对话框

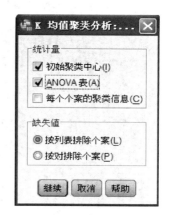

图 12-39　方差分析对话框

　　本例还要求对聚类结果进行方差分析，故点击"选项"钮，弹出"K 均值聚类分析"对话框，在"统计量"栏中选择"ANOVA 表"项；并且选择"初始聚类中心"按钮，以了解聚类的初始点（图 12-39）。点击"继续"钮，返回"K 均值聚类分析"对话框，再点击"确定"钮即完成分析。

　　结果分析：在结果输出窗口中将看到如下统计数据：

起始聚类中心

变量	类			
	1	2	3	4
x_1	11.03	5.47	3.58	0.34
x_2	50.30	19.30	9.85	0.49
x_3	11.81	5.20	3.14	0.18
x_4	11.27	7.18	2.11	0.16

迭代历史记录[①]

反复次数	聚类中心变化			
	1	2	3	4
1	0.000	0.000	2.457	1.269
2	0.000	0.000	0.000	0.000

　　① 聚类中心作小的变化或不变化即可达到收敛。最后反复数为 2，聚类中心最大绝对调整值为 0.000。初始聚类中心的最小距离为 10.520。

最终聚类中心

变量	类			
	1	2	3	4
x_1	11.03	5.47	2.86	0.91
x_2	50.30	19.30	7.75	1.47
x_3	11.81	5.20	2.09	0.48
x_4	11.27	7.18	2.11	0.66

方差分析

变量	误差				F	P
	方差	自由度	方差	自由度		
x_1	37.581	3	0.369	15	101.785	0.000
x_2	817.116	3	1.355	15	603.259	0.000
x_3	45.409	3	0.282	15	161.115	0.000
x_4	46.099	3	0.236	15	195.493	0.000

F 检验仅用于描述性目的，因为聚类使类间距变得最大。观测的重要性并不因此而进行修正，因而不能根据假设检验推断聚类平均值是一致的。

每个聚类中的事件数

类	1	1.000
	2	1.000
	3	2.000
	4	15.000
有效数		19.000
缺失数		0.000

首先系统根据用户的指定，按 4 类聚合确定初始聚类的各变量中心点，未经 K-means 算法迭代，其类别间距离并非最优；经迭代运算后类别间各变量中心值得到修正。

方差分析表明，类别间距离差异的概率值均 <0.001，即聚类效果好。这样，原有 19 类（即原有的 19 个月份分组）聚合成 4 类，第一类含原有 1 类，第二类含原有 1 类，第三类含原有 2 类，第四类含原有 15 类。

在原始数据库中，我们可清楚地看到聚类结果；因此，将儿童生长发育分期定为：

第一期，出生后至满月，增长率最高；

第二期，第 2 个月起至第 3 个月，增长率次之；

第三期，第 3 个月起至第 8 个月，增长率减缓；

第四期，第 8 个月后，增长率显著减缓。

12.8.2 系统聚类

在系统聚类分析中，用户事先无法确定类别数，系统将所有例数均调入内存，且可执行不同的聚类算法，即 Q-聚类和 R-聚类。

【例 12-13】 试用 SPSS 对例 10-11 进行聚类。

【解】 本例选择 Q-聚类。

数据输入与程序激活：打开数据管理窗口，定义变量名：定义学生身高、体重分别为 x_1、x_2，定义编号为 No，编号不参与运算（图 12-40）。激活"分析"菜单，选"分类"中的"系统聚类"项，弹出"系统聚类分析"对话框。从对话框左侧的变量列表中选 x_1、x_2 点击➜钮使之进入"变量"框；在"分群"处选择聚类类型，其中"个案"表示观察对象聚类，"变量"表示变量聚类，本例选择"个案"（图 12-41）。

点击"统计量"钮，弹出"系统聚类分析：统计量"对话框，选择"合并进程表"和"相似性矩阵"（图 12-42）。前者显示聚类过程的每一步合并的类或样品、被合并的类或样品之间的距离以及样品或变量加入到一类的类水平；后者给出各类之间的距离或相似测度值。点击"继续"钮，返回"系统聚类分析"对话框。

本例要求系统输出聚类结果的树状关系图，故点击"绘制"钮，弹出"系统聚类分析：图"对话框，选择"树状图"项（图 12-43），点击"继续"钮返回"系统聚类分析"。

图 12-40　变量定义与统计对话框激活

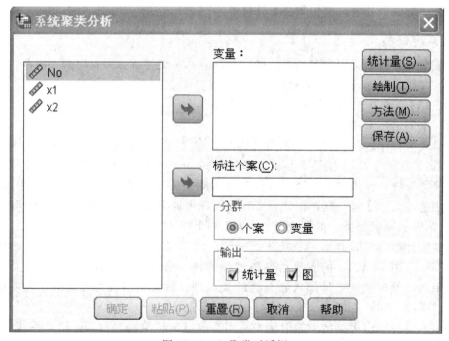

图 12-41　Q-聚类对话框

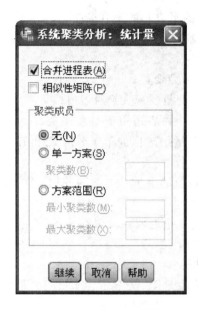

图 12-42　聚类方法对话框

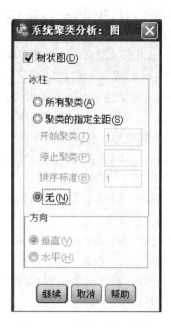

图 12-43　图形选择对话框

聚类距离的选择：点击"方法"钮，弹出"系统聚类分析：方法"对话框，系统提供 7 种聚类方法供用户选择：

组间联接；

组内联接；

最近邻元素；本例选择该法，见图 12-44。

最远邻元素；

质心聚类法，应与欧氏距离平方法一起使用；

中位数聚类法，应与欧氏距离平方法一起使用；

Ward 法：离差平方和法，应与欧氏距离平方法一起使用。

图 12-44　距离选择对话框　　　　　　　　图 12-45　距离度量对话框

在选择距离测量技术上，系统提供 8 种形式供用户选择：

Euclidean 距离，即两观察单位间的距离为其值差的平方和的平方根；

平方 Euclidean 距离，即两观察单位间的距离为其值差的平方和，上两者用于 Q 型聚类；

余弦，这是模型相似性的度量；

Pearson 相关性：Pearson 相关系数距离，适用于 R 型聚类；

Chebychev 距离，即两观察单位间的距离为其任意变量的最大绝对差值；

块：即两观察单位间的距离为其值差的绝对值和，上两者适用于 Q 型聚类；

Minkowski 距离：距离是一个绝对幂的度量，即变量绝对值的第 p 次幂之和的平方根；p 由用户指定；

设定距离：距离是一个绝对幂的度量，即变量绝对值的第 p 次幂之和的第 r 次根，p 与 r 由用户指定。

本例选用 Euclidean 距离（图 12-45），点击"继续"钮返回系统聚类分析"对话框，再点击"确定"钮即完成分析。

结果分析：在结果输出窗口中将看到如下统计数据：

共 10 例样本进入聚类分析，采用欧氏最小距离测量技术。先显示各变量间的距离矩阵，然后显示聚类过程与步骤；最后显示系统聚类树状图，如图 12-46 所示。

近似矩阵

事件	Euclidean 距离									
	1	2	3	4	5	6	7	8	9	10
1	0.000	3.606	7.616	3.162	15.000	14.866	6.083	9.487	12.649	2.000
2	3.606	0.000	10.817	2.236	16.553	15.811	8.944	6.083	9.220	2.236
3	7.616	10.817	0.000	10.770	18.358	19.313	2.236	15.620	18.601	8.602
4	3.162	2.236	10.770	0.000	14.318	13.601	9.220	8.000	11.045	3.162
5	15.000	16.553	18.358	14.318	0.000	2.828	18.601	21.840	24.515	16.643
6	14.866	15.811	19.313	13.601	2.828	0.000	19.235	20.616	23.087	16.279
7	6.083	8.944	2.236	9.220	18.601	19.235	0.000	13.454	16.401	6.708
8	9.487	6.083	15.620	8.000	21.840	20.616	13.454	0.000	3.162	7.616
9	12.649	9.220	18.601	11.045	24.515	23.087	16.401	3.162	0.000	10.770
10	2.000	2.236	8.602	3.162	16.643	16.279	6.708	7.616	10.770	0.000

聚类进度表

进程	聚类事件		聚类系数	前一级聚类进程		后一级聚类
	类 1	类 2		类 1	类 2	
1	1	10	2.000	0	0	4
2	3	7	2.236	0	0	8
3	2	4	2.236	0	0	4
4	1	2	2.236	1	3	7
5	5	6	2.828	0	0	9
6	8	9	3.162	0	0	7
7	1	8	6.083	4	6	8
8	1	3	6.083	7	2	9
9	1	5	13.601	8	5	0

【例 12-14】 试用 R-聚类分析法对例 10-10 中的十四个企业进行分析。

【解】 激活数据管理窗口，定义变量名分别为 x_1、x_2、x_3、x_4、x_5、x_6、x_7、x_8，并以 No 代表企业编号，然后输入原始数据。

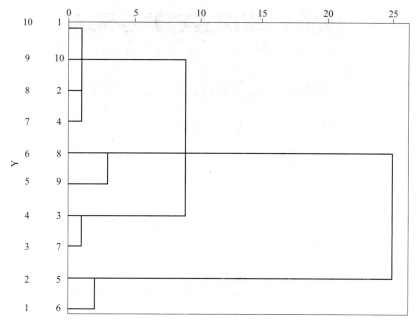

图 12-46　系统像素树状图

图 12-47　R-聚类对话框

统计分析：打开"分析"菜单，选"分类"中的"系统聚类"项，弹出"系统聚类分析"对话框。从对话框左侧的变量列表中选 x_1、x_2、x_3、x_4、x_5、x_6、x_7、x_8，点击➡钮使之进入"变量"框；在"分群"处选择聚类类型，其中"个案"表示观察对象聚类，"变量"表示变量聚类，本例选择"变量"（图 12-47）。

"统计量""绘制"选择与上例同。

点击"方法"钮，弹出"系统聚类分析：方法"对话框，本例选择"组间联接"法（系统默认方法），距离测量方法选用"Pearson 相关性"，点击"继续"钮返回"系统聚类分析"对话框，再点击"确定"钮即完成分析。见图 12-48。

结果分析：在结果输出窗口中将看到如下统计数据：

图 12-48 距离度量对话框

共 14 例样本进入聚类分析，采用相关系数测量技术。先显示各变量间的相关系数，这对于后面选择典型变量是十分有用的。然后显示类间平均链锁法的合并进程，即第一步，x_3 与 x_5 合并，它们之间的相关系数最大，为 0.975；第二步，x_3 与 x_6 合并，其间相关系数为 0.969；第三步，x_4 与第二步的合并项合并，它们之间的相关系数为 0.839；第四步，x_1 与 x_8 合并项，其间相关系数为 0.773；第五步，x_1 与 x_2 合并；第六步，x_3、x_5 与 x_6 的合并项与 x_7 合并，相关系数 0.674；最后一步，第五第六步的合并项再合并，相关系数最小，为 0.620。至此，聚类完成。下面是系统给出的聚类谱系图，如图 12-49 所示。

近似矩阵

事件	矩阵文件输入							
	x_1	x_2	x_3	x_4	x_5	x_6	x_7	x_8
x_1	1.000	0.767	0.715	0.636	0.599	0.567	0.620	0.773
x_2	0.767	1.000	0.565	0.416	0.519	0.450	0.737	0.713
x_3	0.715	0.565	1.000	0.840	0.975	0.969	0.674	0.778
x_4	0.636	0.416	0.840	1.000	0.787	0.890	0.722	0.600
x_5	0.599	0.519	0.975	0.787	1.000	0.969	0.627	0.787
x_6	0.567	0.450	0.969	0.890	0.969	1.000	0.675	0.686
x_7	0.620	0.737	0.674	0.722	0.627	0.675	1.000	0.622
x_8	0.773	0.713	0.778	0.600	0.787	0.686	0.622	1.000

聚类表

阶	群集组合		系数	首次出现阶群集		下一级
	群集 1	群集 2		群集 1	群集 2	
1	3	5	0.975	0	0	2
2	3	6	0.969	1	0	3
3	3	4	0.839	2	0	6
4	1	8	0.773	0	0	5
5	1	2	0.740	4	0	7
6	3	7	0.674	3	0	7
7	1	3	0.620	5	6	

从聚类效果看，应聚为三类较理想，即 x_3、x_5、x_6、x_4 为一类，x_1、x_8、x_2 为一类，x_7 单独一类。这样，在对企业进行评价时，可以不必进行 8 个指标的全面考核，只要从指标 3、4、5、6 中任选一个，从指标 1、2、8 中任选一个，再加上指标 7 也就可以了。用这三个指标对企业进行评价，与用原来的 8 个指标效果是一样的。从具体内容上看，可以这样理解：企业的净产值利润率、固定资产利润率、流动资金利润率三者作为评价指标是等价的；同样，总产值

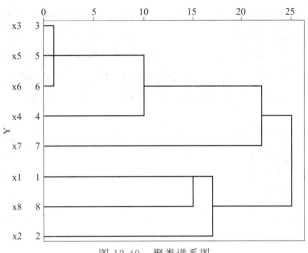

图 12-49　聚类谱系图

利润率、销售收入利润率、产品成本利润率和物耗利润率四者是等价的；而人均利润率是比较独立的指标，在评价企业效益时具有特殊的意义。当然，更细致的分类可以分为 5 类，即将 x_1、x_2、x_8 均作为单独的一类，来对企业效益进行评价。

12.9　质量控制图

调用"分析"菜单的"质量控制"过程，可绘制质量控制图。

【例 12-15】　试绘制例 11-3 的质量控制图。

【解】　激活数据管理窗口，定义变量名：测定序号为 n，依次输入 1、2、3…；空白值测定结果为 x，将测定数据一并输入。如图 12-50。

图 12-50　质量控制图数据和控制图选项

操作步骤：选"分析"菜单的"质量控制"，弹出"控制图"选项框，有 4 种质量控制图可选（图 12-51）。

X 条形图、R 图和 s 图：均数控制图和极差（标准差）控制图。均数控制图又称 $\bar{x}$-图，用于控制重复测定的准确度；极差控制图又称 R 图，用于控制例数较少时重复测定的精确度；标准差控制图又称 s 图，用于控制例数较多时重复测定的精确度。

图 12-51　质量控制图选项

图 12-52　个体和移动全矩与标题选项

个体、移动全矩图：单值控制图。根据容许区间的原理绘制，适用于单个测定值的控制。

P、np：率的控制图。根据率的二项分布原理绘制，适用于率的控制。

C、u：数量控制图。根据组中非一致测定值绘制，各组例数相等时用 u 图，不相等时用 c 图，适用于属性资料的质量控制。

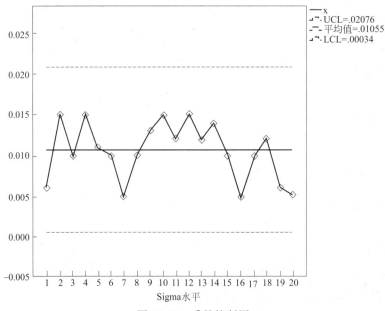

图 12-53　质量控制图

本例选用"个体、移动全矩"图，点击"定义"钮，弹出"个体和移动全矩"对话框，在左侧的变量列表中选 x 点击➡钮使之进入"过程度量"框，选 n，点击➡钮使之进入"标注子组"框。点击"标题"钮，弹出"标题"对话框，在"标题"栏内输入"质量控制图"（图 12-52），点击"继续"钮，返回"个体和移动全矩"对话框，再点击"确定"钮即完成。

　　结果如图 12-53。

习　　题

1. 测定一种铬硅钢（CrPqrst20Si3）试样中的铬含量（Cr%），6 次测定结果为 20.48，20.55，20.58，20.60，20.53，20.50。

（1）计算这组数据的平均值，平均偏差，相对平均偏差，标准偏差；

（2）如果此试样为标准试样，铬含量为 20.46%，求测定的绝对误差和相对误差。

2. 通过查表及计算求下列概率

$$P[a,b] = \int_a^b f(u)du$$

① $P[-2.50, 2.50]$，② $P[-2.00, 2.50]$，③ $P[-\infty, -2.00]$，④ $P[-\infty, 2.00]$

3. 如果平行测量 3 次，求 3 次测量值都出现在 $[\mu-1.96\sigma, \mu+1.96\sigma]$ 内的概率。

4. 某实验室常年化验某种铁矿石中的铁含量（Fe%）。已知 $\sigma=0.15$，$\mu=58.24$，求分析结果落在 57.94～58.54 范围内的概率。如果某个月共测出 130 个数据，求其中大于 58.54 的数据的个数。

5. 一般常用碘量法测定铜合金中铜的含量（Cu%），已知某年级的 110 个分析结果基本符合正态 $N(60.78, 0.36^2)$。试求分析结果出现在区间 $[60.06, 61.59]$ 内的概率，及出现在此区间以外可能的个数。

6. 欲使样本平均值 $\bar{x}$ 与总体平均值 μ 之差不超过样本的标准偏差 s，问样本容量应为多大？

7. 用分光光度法测定某种水样中的铁含量，5 次测定结果为 0.48，0.37，0.47，0.40，0.43（10^{-6}），估计该水样中铁的含量范围（$P=95\%$）

8. 从一批鱼中随机抽出 6 条测定鱼组织中的汞含量，得到如下结果：2.06，1.93，2.12，2.16，1.89，1.95（10^{-6}）。试根据此结果估计这批鱼组织中汞含量的范围（$P=95\%$）

9. 称取泻盐（$MgSO_4 \cdot 7H_2O$）试样 0.5403g，将其溶解并在适当条件下沉淀为 $MgNH_4PO_4$，经过滤、洗涤、灼烧，最后得到 $Mg_2P_2O_7$ 0.1980g。如果天平称量的标准偏差 $s=0.10mg$，计算分析结果 $\bar{x}$ 及其标准偏差 $s_{\bar{x}}$。

10. 用直接电位法测定二价离子的浓度，其定量关系为：

$$E = E^0 + 0.29\lg c_x$$

欲使分析结果的相对误差小于 4%，电位的测量误差应小于多少毫伏？

11. 如果直接测量值与物质含量间具有线性关系，那么标准加入法的计算公式如下：

$$x = m\frac{A}{B-A}$$

式中：x 为试样中被测物质含量，m 为标准加入量，A、B 分别为加入标准前后的测量值。如果 $A=0.34$，$B=0.54$，$m=4.0$；$s_A=s_B=0.01$，$s_m=0.1$（三者均为 10^{-6}），试求 x 及 $s_{\bar{X}}$。

12. 标定约 0.1mol/L 的 HCl 溶液，如果使滴定时用去的 HCl 约 25mL，应称基准 Na_2CO_3 多少？称量的相对误差是否小于 0.1%？如果改用硼砂（$Na_2B_4O_7 \cdot 10H_2O$）为基准物，结果如何？（天平分度值 0.1mg）

13. 计算有效数字

(1) 已知：$[H^+] = \sqrt{K_a c}$，$pK_a = 4.74$，$c = 0.10mol/L$。求：$K_a = ?$，$pH = ?$

(2) 已知：$\Delta pM = 0.2$，$K'_{MY} = 1 \times 10^3$，$c_M^{oq} = 0.01mol/L$。求：

$$TE = \frac{10^{\Delta pM} - 10^{-\Delta pM}}{\sqrt{K'_{MY} c_M^{oq}}} = ?$$

(3) 已知：$F = eN_0$，$e = 1.6022 \times 10^{-19}C$，$N_0 = 6.0221 \times 10^{23}$，求：$F = ?$

(4) 已知：$R = 8.314$，$T = 298K$，$F = 96486$，求：$\dfrac{2.303RT}{F} = ?$

(5) 已知：$k_{sp} = 1.8 \times 10^{-10}$，$[Cl^-] = 0.10mol/L$

$$\beta_1 = 1.1 \times 10^3，\beta_2 = 1.1 \times 10^5，S = k_{sp}\left(\frac{1}{[Cl^-]} + \beta_1 + \beta_2 [Cl^-]\right)$$

求：$S = ?$

14. 用碘量法测定铜合金中铜，7 次测定结果为：60.52，60.61，60.50，60.58，60.35，60.64，60.53（%）。分别用 4d 法、Grubbs 法和 Dixon 法检验该测定结果中有无应舍弃的离群值？

15. 某铁矿石试样中铁含量（Fe%）的 4 次测定结果为 70.14，70.20，70.04，70.25。如果第 5 次测定结果不为 Dixon 法舍弃，它应该在什么范围内？（$P = 95\%$）

16. 在生产正常时，某钢铁厂的钢水平均含碳量为 4.55%，某一工作日抽查了 5 炉钢水，测定含碳量分别为 4.28，4.40，4.42，4.35，4.37。试问这个工作日生产的钢水质量是否正常？

17. 某厂生产一种铍青铜（QBe2），铍的标准含量为 2.00%，工厂实验室对一批产品进行抽样检验，得到铍含量的分析结果为 1.96，2.20，2.04，2.15，2.12。试问这批产品的铍含量是否合格？

18. 工厂实验室对电镀车间的镀镍电解液进行常年分析，发现如果其他成分符合要求，那么在生产正常的情况下，电解液内硫酸镍的含量（g/L）符合正态分布 $N(220, 11^2)$。已知某周的分析结果为 240，232，244，204，226，210。试问这一周内电解液中的硫酸镍含量是否正常？

19. 两个实验室用同种方法分析一种黄铜合金（H90）中的铜含量（Cu%）所得结果为：A：91.08，89.36，89.60，89.91，90.79，90.80，89.03；B：91.95，91.42，90.20，90.46，90.73，92.31，90.94。试问 A、B 两个实验室的分析结果有无显著性差异？（$P = 95\%$）

20. 4 位分析者用同一种方法测定某种试样中的铬含量（Cr%），得到如下数据：

分析者	测定结果				
甲	20.13	20.16	20.09	20.14	20.10
乙	20.14	20.12	20.04	20.06	20.02
丙	20.17	20.09	20.10	20.13	20.15
丁	20.14	20.10	20.11	20.05	20.09

试分析 4 位分析者的测定结果之间是否存在显著性差异？

21. 灯泡厂用 4 种不同成分的灯丝制成 4 批灯泡，每批灯泡随机抽取 5 只进行寿命试验，试验结果如下：

批号	灯泡寿命				
1	1600	1610	1650	1680	1700
2	1500	1640	1640	1700	1750
3	1460	1550	1600	1620	1640
4	1510	1520	1570	1680	1600

试问灯泡寿命是否随灯丝不同而有显著性差异？

22. 为研究催化剂对化学反应的影响，用 4 种不同的催化剂分别进行实验，每种催化剂试验 4 次，得到如下结果。

催化剂	产率/%			
1	84	80	83	86
2	89	83	90	81
3	91	88	94	84
4	90	84	85	92

试分析 4 种催化剂对合成反应产率的影响是否存在显著性差异？

23. 为了比较不同品种与不同肥料对作物产量的影响，选用 4 种品质和 4 种肥料进行无重复两因素交叉分组实验，所得作物产量的实验结果如下：

品种	肥料			
	B_1	B_2	B_3	B_4
A_1	98	96	91	66
A_2	60	69	50	35
A_3	79	70	81	64
A_4	90	88	79	70

试问品种因素和肥料因素对作物产量是否有影响？

24. 为研究反应物浓度和反应温度对某一化工过程产率的影响，选取 3 种浓度和 4 个不同温度进行有重复两因素交叉分组试验，每种情况试验两次，结果如下：

浓度	温度			
	B_1	B_2	B_3	B_4
A_1	49,50	56,54	47,44	45,42
	(99)	(110)	(91)	(87)
A_2	55,60	56,64	60,57	56,58
	(115)	(120)	(117)	(114)
A_3	49,47	52,55	45,45	44,41
	(96)	(107)	(90)	(85)

25. 用火焰原子吸收分光光度法测定镍电解液中的微量杂质铜时，为考察乙炔流量和空气流量对铜（324.7nm）吸光度的影响，乙炔流量取 4 个水平，空气流量取 5 个水平。交叉分组后，每个组合做两次实验，得吸光度如下：

乙炔 (L/min)	空气/(L/min)				
	8	9	10	11	12
1.0	81.1　80.5	81.5　81.0	80.3　80.5	80.0　81.0	77.0　76.5
1.5	81.4　80.7	81.8　82.0	79.4　80.0	79.1　79.5	75.9　76.0
2.0	75.0　74.5	76.1　76.5	75.4　76.0	75.4　76.0	70.8　71.0
2.5	60.4　61.0	67.9　68.0	68.7　69.0	69.8　70.0	68.7　69.0

试问，乙炔流量、空气流量以及它们的交互作用对铜的吸光度有无显著影响？

26. 设有 4 个因数 A、B、C、D，均为二水平，需考察交互作用 $A \times B$ 和 $C \times D$。问可否选用正交表 $L_8(2^7)$ 进行试验？请选用合适正交表并排出实验方案。

27. 920 是一种植物生长调节剂，某微生物厂生产的 920 存在产品效价低、成本高等问题，选取下表所示因素、水平进行实验改进：

水平	因素			
	微元总量 A/%	玉米粉 B/%	白糖 C/%	时间 D/d
1	0.6	13	3	20
2	0.35	17	4	25

28. 改革"潘生丁"环合反应新工艺，其主要目的是利用尿素与双乙烯酮来代替旧工艺中的硫脲及乙酰乙酸乙酯，其指标是 6-甲基脲嘧啶的收率。根据经验确定因素及水平如下：

A 反应温度：A_1 100℃，A_2 110℃，A_3 120℃；

B 反应时间：B_1 6h，B_2 8h，B_3 10h；

C 摩尔数比：C_1 1:1.2，C_2 1:1.6，C_3 1:2.0

选用 $L_9(3^4)$ 正交表，9 次实验的收率分别为 40.9，58.2，71.6，40.0，73.7，39.0，62.1，43.2 和 57.0。试用直观分析法和方差分析法确定因素的主次，并求出因素水平的较好组合。

试验号	列号				收率
	1	2	3	4	/%
1	1	1	1	1	40.9
2	1	2	2	2	58.2
3	1	3	3	3	71.6
4	2	1	2	3	40.0
5	2	2	3	1	73.7
6	2	3	1	2	39.0
7	3	1	3	2	62.1
8	3	2	1	3	43.2
9	3	3	2	1	57.0

29. 为了改进长效磺胺精制成品的质量，对以下条件进行试验：

实验号	因素							实验结果		综合评分
	A	B	C	D	E	F	G	溶液色	外观	
1	1	1	1	1	1	1	1	2.15	1	60
2	1	1	1	2	2	2	2	2.30	2	65
3	1	2	2	1	1	2	2	1.50	3	95
4	1	2	2	2	2	1	1	1.50	4	100
5	2	1	2	1	2	1	2	2.00	4	85
6	2	1	2	2	1	2	1	2.00	3	80
7	2	2	1	1	2	2	1	1.70	5	90
8	2	2	1	2	1	1	2	1.70	5	90

溶媒 A：1）自来水，2）洗炭水；

加保险粉方法 B：1）滤前加，2）滤后加；

中和速度 C：1）快，2）慢；

脱色前处理 D：1）过滤，2）不过滤；

滤液升温处理 E：1）加沸 30min，2）不加沸；

脱色 pHF：1）不调，2）调 pH 9.3；

加炭温度 G：1）40℃，2）80℃。

指标：质量外观分为 5 级，最好为 5，最差为 1；溶液色：测定值低为好。

用 $L_8(2^7)$ 安排实验，试验方案和结果如表。试用综合评分法和综合平衡法求各因素的最优水平组合。设溶液色和外观的权分别为 1 和 2。

30. 为提高烧结矿的质量，做下面的配料试验。各因素及其水平如表（单位：t）：

水平	水平					
	A 精矿	B 生矿	C 焦粉	D 石灰	E 白云石	F 铁屑
1	8.0	5.0	0.8	2.0	1.0	0.5
2	9.5	4.0	0.9	3.0	0.5	1.0

反映质量好坏的试验指标为含铁量，越高越好。用正交表 $L_8(2^7)$ 进行实验，各因素依次放在正交表的 1～6 列上，8 次试验所得含铁量（%）依次为 50.9、47.1、51.4、51.8、54.3、49.8、51.5、51.3。试对结果进行分析，找出最优配料方案。

31. 在公路建设中为了实验一种土壤固化剂 NN 对某种土的固化稳定作用，对该种土按不同配比掺加水泥、石灰和固化剂 NN，其中水泥的掺加量为 3%，5%，7%；石灰的掺加量为 0、10%、12%；NN 固化剂的掺加量为 0、0.5%、1%。实验的目的是找到一个经济合理的方法提高土壤 7 天浸水抗压强度。实验安排和实验结果见下表，分别用直观分析方法和方差分析方法分析实验结果。

实验号	1 水泥 A /%	2 石灰 B /%	3 NN 固化物 C /%	4	实验结果 7 天浸水抗压强度 /MPa
1	(1)3	(1)0	(1)0.0	(1)	0.510
2	(1)3	(2)10	(2)0.5	(2)	1.366
3	(1)3	(3)12	(3)1.0	(3)	1.418
4	(2)5	(1)0	(2)0.5	(3)	0.815
5	(2)5	(2)10	(3)1.0	(1)	1.783
6	(2)5	(3)12	(1)0.0	(2)	1.838
7	(3)7	(1)0	(3)1.0	(2)	1.201
8	(3)7	(2)10	(1)0.0	(3)	1.994
9	(3)7	(3)12	(2)0.5	(1)	2.198

32. 某化工厂生产一种化工产品，影响采收率的 4 个主要因素是催化剂种类 A、反应时间 B、反应温度 C 和加碱量 D，每个因素都取 2 个水平。认为可能存在交互作用 $A\times B$ 和 $A\times C$。实验安排和实验结果见下表，找出好的生产方案，提高采收率。

实验号	A 1	B 2	$A\times B$ 3	C 4	$A\times C$ 5	D 6	7	结果 y
1	1	1	1	1	1	1	1	82
2	1	1	1	2	2	2	2	78
3	1	2	2	1	1	2	2	76
4	1	2	2	2	2	1	1	85
5	2	1	2	1	2	1	2	92
6	2	1	2	2	1	2	1	79
7	2	2	1	1	2	2	1	83
8	2	2	1	2	1	1	2	86

33. 超薄沥青混凝土是 20 世纪 70 年代发源于法国的一种新型路面材料。由于它厚度较薄，可大大降低造价，同时在防水、抗滑、平整、减噪等使用功能上有良好的表现，因而在国外已广泛使用。几个关键参数如粉胶比、沥青类型、集料类型、填料类型、粗集料含量等，对超薄沥青混凝土各性能关键指标的影响程度最大。根据表中数据，通过综合平衡法进行分析，求出最优参数组合。在各项指标中动稳定系数权重取 1.5，由于多雨及桥梁对水损害的特别要求，空隙率和 TSR 的系数权重取 1.2，其余系数均取 1.0。

实验号	因素				
	粉料比	集料类型	沥青类型	填料类型	粗集料含量
	1	2	3	4	5
1	1	1	1	1	1
2	1	1	1	2	2
3	1	2	2	1	1
4	1	2	2	2	2
5	2	1	2	1	2
6	2	1	2	2	1
7	2	2	1	1	2
8	2	2	1	2	1

评价指标如下表：

实验号	空隙率 /%	马歇尔稳定度 /kN	劈裂强度 /MPa	动稳定度 /(次/mm)	TSR
1	4.9	10.9	0.85	1823	83.1
2	5.2	17.2	1.35	3081	90.9
3	5.8	12.5	0.86	1787	92.1
4	5.4	14.3	1.24	3962	94.9
5	5.4	16.1	1.35	3676	93.8
6	4.4	13.9	0.95	2534	83.7
7	4.6	13.7	1.24	3163	93.4
8	6.0	12.3	0.86	3073	91.3

34. 污水去锌试验，为探讨应用沉淀法进行一级处理的优良条件，用正交表安排试验。指标是处理后废水含锌量，考察的因素有 A、B、C、D（内容略），其中 A 因素选了四个水平，B、C、D 各选二水平，试验结果如表所示。试进行分析。

实验号	A	B	C	D		结果
	1	2	3	4	5	y
1	1	1	1	1	1	86
2	1	2	2	2	2	95
3	2	1	1	2	2	91
4	2	2	2	1	1	94
5	3	1	2	1	2	91
6	3	2	1	2	1	96
7	4	1	2	2	1	83
8	4	2	1	1	2	88

35. 3 因素四水平试验按表 1 中的 4×4 拉丁方安排，得到表 2 的结果。试进行方差分析。

表 1

A	B			
	B_1	B_2	B_3	B_4
A_1	C_1	C_2	C_3	C_4
A_2	C_2	C_1	C_4	C_3
A_3	C_3	C_4	C_2	C_1
A_4	C_4	C_3	C_1	C_2

表 2

A	B			
	B_1	B_2	B_3	B_4
A_1	348	290	357	383
A_2	315	299	307	383
A_3	365	332	274	332
A_4	340	340	315	307

36. 实验测得不同温度（T℃）下氟化镁的热容量（C）如下：

$T/℃$	300	400	500	600	700	800	900	1000
C	16.76	17.99	19.22	20.48	21.78	23.11	24.43	25.84

用最小二乘法求出 C 与 T 间关系的近似表达式（通常称为经验公式），并对建立的回归方程进行检验。

37. 试验测得硝酸钾在不同温度下的溶解度 S（在 100g 水中达到饱和状态时所溶解的克数）如下：

$T/℃$	20	30	40	50	60	70	80	90	100
C	31.6	45.8	63.9	85.5	110	138	169	202	246

试用最小二乘法求出硝酸钾溶解度 S 随温度变化的关系式并进行检验（$\alpha = 0.01$）。

38. 在某化学反应体系中，反应时间 t 与反应物 A 的浓度 [A] 有密切关系，试验得到如下数据。

t/s	2	5	8	11	14	17	27	31	35	44
$[A]/(\times 10^2 mol/L)$	94.8	87.9	81.3	74.9	68.7	64.0	49.3	44.0	39.1	31.6

求出 [A] 与 t 的关系。（提示：$[A] = ae^{bt}$）

39. 根据下列 8 组数据，利用主成分方法建立 y 与 x_1、x_2、x_3 的回归方程（取两个主成分）。

序号	x_1（总产值）	x_2（存储量）	x_3（总消费）	y（进口额）
1	149.3	4.2	108.1	15.9
2	161.2	4.1	114.8	16.4
3	171.5	3.1	123.2	19.0
4	180.8	1.1	132.1	18.6
5	190.7	2.2	137.7	20.4
6	202.1	2.1	146.0	22.7
7	212.4	5.6	154.1	26.5
8	231.9	5.1	164.3	27.6

41. 为研究籼稻产量 y（斤/亩）与每亩穗数 x_1（万）和每穗实粒数 x_2 之间的关系，在 7 块籼稻田测得如下数据：

序号	x_1	x_2	y
1	26.7	73.4	1008
2	31.3	59.0	959
3	30.4	65.9	1051
4	33.9	58.2	1022
5	34.6	64.6	1097
6	33.8	64.6	1103
7	30.4	62.1	992

① 建立变呈 y 关于变量 x_1 和 x_2 的线性回归方程；

② 在 $x_1=32$，$x_2=66$ 时，预测产量 y；

③ 比较 x_1 和 x_2 的标准相关系数。

41. 下面是七个样品两两之间的欧氏距离矩阵：

$$
D = \begin{array}{c|ccccccc}
 & 1 & 2 & 3 & 4 & 5 & 6 & 7 \\
\hline
1 & 0 & & & & & & \\
2 & 4 & 0 & & & & & \\
3 & 7 & 3 & 0 & & & & \\
4 & 12 & 8 & 5 & 0 & & & \\
5 & 18 & 14 & 11 & 6 & 0 & & \\
6 & 19 & 15 & 12 & 7 & 1 & 0 & \\
7 & 21 & 17 & 14 & 9 & 3 & 2 & 0
\end{array}
$$

试分别用（a）最小距离法，（b）最大距离法进行聚类，并画出谱系图。

42. 工厂实验室在某个月对一种锰青铜（QMn5）试样中锰含量（Mn%）进行测定，数据如下：

批号	x_1	x_2	$\bar{x}$	R	批号	x_1	x_2	$\bar{x}$	R
1	5.00	4.96	4.98	0.04	11	5.00	5.00	5.00	0.00
2	4.98	5.00	4.99	0.02	12	4.98	4.96	4.97	0.02
3	4.92	5.00	4.96	0.08	13	4.99	4.96	4.975	0.03
4	4.94	5.02	4.98	0.08	14	5.00	4.95	4.975	0.05
5	4.98	4.98	4.98	0.00	15	4.98	4.96	4.97	0.02
6	4.97	5.00	4.985	0.03	16	5.04	4.95	4.995	0.09
7	4.99	5.05	5.02	0.06	17	5.03	5.00	5.015	0.03
8	4.97	4.99	4.98	0.02	18	4.97	4.99	4.98	0.02
9	5.02	5.00	5.01	0.02	19	5.02	4.94	4.98	0.08
10	4.97	4.95	4.96	0.02	20	5.02	4.94	4.98	0.08

试作平均值控制图和极差控制图。

附　　表

附表 1　Nair 检验临界值表

n	α					n	α				
	0.10	0.05	0.025	0.01	0.005		0.10	0.05	0.025	0.01	0.005
3	1.497	1.738	1.955	2.215	2.396	30	2.656	2.881	3.089	3.345	3.527
4	1.696	1.941	2.163	2.431	2.618	31	2.668	2.892	3.100	3.356	3.538
5	1.835	2.080	2.304	2.574	2.764	32	2.679	2.903	3.111	3.366	3.548
6	1.939	2.184	2.408	2.679	2.870	33	2.690	2.914	3.121	3.376	3.557
7	2.022	2.267	2.490	2.761	2.952	34	2.701	2.924	3.131	3.385	3.566
8	2.091	2.334	2.557	2.828	3.019	35	2.712	2.934	3.140	3.394	3.575
9	2.150	2.392	2.613	2.884	3.074	36	2.722	2.944	3.150	3.403	3.584
10	2.200	2.441	2.662	2.931	3.122	37	2.732	2.953	3.159	3.412	3.592
11	2.245	2.484	2.704	2.973	3.163	38	2.741	2.962	3.167	3.420	3.600
12	2.284	2.523	2.742	3.010	3.199	39	2.750	2.971	3.176	3.428	3.608
13	2.320	2.557	2.776	3.043	3.232	40	2.759	2.980	3.184	3.436	3.616
14	2.235	2.589	2.806	3.072	3.261	41	2.768	2.988	3.192	3.444	3.623
15	2.382	2.617	2.834	3.099	3.287	42	2.776	2.996	3.200	3.451	3.630
16	2.409	2.644	2.860	3.124	3.312	43	2.784	3.004	3.207	3.458	3.637
17	2.434	2.668	2.883	3.147	3.334	44	2.792	3.011	3.215	3.466	3.644
18	2.458	2.691	2.905	3.168	3.355	45	2.800	3.019	3.222	3.472	3.651
19	2.480	2.712	2.926	3.188	3.374	46	2.808	3.026	3.229	3.479	3.657
20	2.500	2.732	2.945	3.207	3.392	47	2.815	3.033	3.235	3.485	3.663
21	2.519	2.750	2.963	3.224	3.409	48	2.822	3.040	3.242	3.491	3.669
22	2.538	2.768	2.980	3.240	3.425	49	2.829	3.047	3.249	3.498	3.675
23	2.555	2.784	2.996	3.256	3.440	50	2.836	3.053	3.255	3.504	3.681
24	2.571	2.800	3.011	3.270	3.455	51	2.843	3.060	3.261	3.509	3.687
25	2.587	2.815	3.026	3.284	3.468	52	2.849	3.066	3.267	3.515	3.692
26	2.602	2.829	3.039	3.298	3.481	53	2.856	3.072	3.273	3.521	3.698
27	2.616	2.843	3.053	3.310	3.493	54	2.862	3.078	3.279	3.526	3.703
28	2.630	2.856	3.065	3.322	3.505	55	2.868	3.084	3.284	3.532	3.708
29	2.643	2.869	3.077	3.334	3.516	56	2.874	3.090	3.290	3.537	3.713

附表 2　单侧 Dixon 检验统计量和临界值

n	统计量计算式	显著性水平 α			
		0.10	0.05	0.01	0.005
3	$r_{10}=\dfrac{x_n-x_{n-1}}{x_n-x_1}$（最大值可疑）	0.885	0.941	0.988	0.994
4		0.679	0.765	0.889	0.920
5		0.557	0.642	0.782	0.823
6	$r'_{10}=\dfrac{x_2-x_1}{x_n-x_1}$（最小值可疑）	0.484	0.562	0.698	0.744
7		0.434	0.507	0.637	0.580

n	统计量计算式	显著性水平 α			
		0.10	0.05	0.01	0.005
8	$r_{11}=\dfrac{x_n-x_{n-1}}{x_n-x_2}$ $r'_{11}=\dfrac{x_2-x_1}{x_{n-1}-x_1}$	0.479	0.554	0.681	0.723
9		0.441	0.512	0.635	0.676
10		0.410	0.477	0.597	0.638
11	$r_{21}=\dfrac{x_n-x_{n-2}}{x_n-x_2}$ $r'_{21}=\dfrac{x_3-x_1}{x_{n-1}-x_1}$	0.517	0.575	0.674	0.707
12		0.490	0.546	0.642	0.675
13		0.467	0.521	0.617	0.649
14		0.491	0.546	0.640	0.672
15		0.470	0.524	0.618	0.649
16		0.453	0.505	0.597	0.629
17		0.437	0.489	0.580	0.611
18		0.424	0.475	0.564	0.595
19		0.412	0.462	0.547	0.580
20	$r_{22}=\dfrac{x_n-x_{n-2}}{x_n-x_3}$	0.401	0.450	0.538	0.568
21		0.391	0.440	0.526	0.556
22		0.382	0.431	0.516	0.545
23	$r'_{22}=\dfrac{x_3-x_1}{x_{n-2}-x_1}$	0.374	0.422	0.507	0.536
24		0.367	0.413	0.497	0.526
25		0.360	0.406	0.489	0.519
26		0.353	0.399	0.482	0.510
27		0.347	0.393	0.474	0.503
28		0.341	0.387	0.468	0.496
29		0.337	0.381	0.462	0.489
30		0.332	0.376	0.456	0.484

附表 3 双侧 Dixon 检验统计量和临界值

n	统计量	显著性水平 α	
		0.05	0.01
3	r_{10} 和 r'_{10} 中的较大者	0.970	0.994
4		0.829	0.926
5		0.710	0.821
6		0.628	0.740
7		0.569	0.680
8	r_{11} 和 r'_{11} 中的较大者	0.608	0.717
9		0.564	0.672
10		0.530	0.635
11	r_{21} 和 r'_{21} 中的较大者	0.619	0.709
12		0.583	0.660
13		0.557	0.638
14		0.587	0.669
15		0.565	0.646
16		0.547	0.629
17		0.527	0.614
18	r_{22} 和 r'_{22} 中的较大者	0.513	0.602
19		0.500	0.582
20		0.488	0.570
21		0.479	0.560
22		0.469	0.548

续表

n	统计量	显著性水平 α	
		0.05	0.01
23		0.460	0.537
24		0.449	0.522
25		0.441	0.518
26	r_{22} 和 r'_{22} 中的较大者	0.436	0.509
27		0.427	0.504
28		0.420	0.497
29		0.415	0.489
30		0.409	0.480

附表 4　Grubbs 检验临界值表

n	α			
	0.05	0.025	0.01	0.005
3	1.153	1.155	1.155	1.155
4	1.463	1.481	1.492	1.496
5	1.672	1.715	1.749	1.764
6	1.832	1.887	1.944	1.973
7	1.938	2.020	2.097	2.139
8	2.032	2.126	2.221	2.274
9	2.110	2.215	2.323	2.387
10	2.176	2.290	2.41	2.482
11	2.234	2.355	2.485	2.564
12	2.285	2.412	2.550	2.636
13	2.331	2.462	2.607	2.699
14	2.371	2.507	2.659	2.755
15	2.409	2.549	2.705	2.806
16	2.443	2.585	2.747	2.852
17	2.475	2.620	2.785	2.894
18	2.504	2.651	2.821	2.932
19	2.532	2.681	2.854	2.968
20	2.557	2.709	2.884	3.001
21	2.580	2.733	2.912	3.031
22	2.603	2.758	2.939	3.060
23	2.624	2.781	2.963	3.087
24	2.644	2.802	2.987	3.112
25	2.663	2.822	3.009	3.135
26	2.681	2.841	3.029	3.157
27	2.698	2.859	3.049	3.178
28	2.714	2.876	3.068	3.199
29	2.730	2.893	3.085	3.218
30	2.745	2.908	3.103	3.236

附表 5　Cochran 最大方差检验的临界值

P	$n=2$		$n=3$		$n=4$		$n=5$		$n=6$	
	1%	5%	1%	5%	1%	5%	1%	5%	1%	5%
2	—	—	0.995	0.975	0.979	0.939	0.959	0.907	0.937	0.877
3	0.993	0.967	0.942	0.871	0.883	0.798	0.834	0.746	0.793	0.707

续表

P	n=2		n=3		n=4		n=5		n=6	
	1%	5%	1%	5%	1%	5%	1%	5%	1%	5%
4	0.968	0.906	0.864	0.768	0.781	0.684	0.721	0.629	0.676	0.590
5	0.928	0.841	0.788	0.684	0.696	0.598	0.633	0.544	0.588	0.506
6	0.883	0.781	0.722	0.616	0.636	0.532	0.564	0.480	0.520	0.445
7	0.838	0.727	0.664	0.561	0.568	0.480	0.508	0.431	0.466	0.397
8	0.794	0.680	0.615	0.516	0.521	0.438	0.463	0.391	0.423	0.360
9	0.754	0.638	0.573	0.478	0.481	0.403	0.425	0.358	0.387	0.329
10	0.718	0.602	0.536	0.445	0.447	0.373	0.393	0.331	0.357	0.303
11	0.684	0.570	0.504	0.417	0.418	0.348	0.366	0.308	0.332	0.281
12	0.653	0.541	0.475	0.392	0.392	0.362	0.343	0.288	0.310	0.262
13	0.624	0.515	0.450	0.371	0.369	0.307	0.322	0.271	0.291	0.246
14	0.599	0.492	0.427	0.352	0.349	0.291	0.304	0.255	0.274	0.232
15	0.575	0.471	0.407	0.335	0.332	0.276	0.288	0.242	0.259	0.220
16	0.553	0.452	0.388	0.319	0.316	0.262	0.274	0.230	0.246	0.208
17	0.532	0.434	0.372	0.305	0.301	0.250	0.261	0.219	0.234	0.198
18	0.514	0.418	0.356	0.293	0.288	0.240	0.249	0.209	0.223	0.189
19	0.496	0.403	0.343	0.281	0.276	0.230	0.238	0.200	0.214	0.181
20	0.480	0.389	0.330	0.270	0.265	0.220	0.229	0.192	0.205	0.174
21	0.465	0.377	0.318	0.261	0.255	0.212	0.220	0.185	0.197	0.167
22	0.450	0.365	0.307	0.252	0.246	0.204	0.212	0.178	0.189	0.160
23	0.437	0.354	0.297	0.243	0.238	0.197	0.204	0.172	0.182	0.155
24	0.425	0.343	0.287	0.235	0.230	0.191	0.197	0.166	0.176	0.149
25	0.413	0.334	0.278	0.228	0.222	0.185	0.190	0.160	0.170	0.144

附表 6 标准正态分布表

$$P[0, u] = \int_0^u f(u)\,\mathrm{d}u$$

u	0.00	0.01	0.02	0.03	0.04	0.05	0.06	0.07	0.08	0.09
0.0	0.0000	0040	0080	0120	0160	0199	0239	0279	0319	0359
0.1	0398	0438	0478	0517	0557	0596	0636	0675	0714	0753
0.2	0793	0832	0871	0910	0948	0987	1026	1064	1103	1141
0.3	1179	1217	1255	1293	1331	1368	1406	1443	1480	1517
0.4	1554	1591	1628	1664	1700	1736	1773	1808	1844	1879
0.5	1915	1950	1985	2019	2054	2088	2123	2157	2190	2224
0.6	2257	2291	2324	2357	2389	2422	2454	2486	2517	2549
0.7	2580	2611	2642	2673	2704	2734	2764	2794	2823	2852
0.8	2881	2910	2939	2967	2995	3023	3051	3078	3106	3133
0.9	3159	3186	3212	3238	3264	3289	3315	3340	3365	3389
1.0	3413	3438	3461	3485	3508	3531	3554	3577	3599	3621
1.1	3643	3665	3686	3708	3729	3749	3770	3790	3810	3830
1.2	3849	3869	3888	3907	3925	3944	3962	3980	2997	4015
1.3	4032	4049	4066	4082	4099	4115	4131	4147	4162	4177
1.4	4192	4207	4222	4236	4251	4265	4279	4292	4306	4319
1.5	4332	4345	4357	4370	4382	4394	4406	4418	4429	4441
1.6	4452	4463	4474	4484	4495	4505	4515	4525	4535	4545
1.7	4554	4564	4573	4582	4591	4599	4608	4616	4625	4638
1.8	4641	4640	4656	4664	4671	4678	4686	4693	4699	4706
1.9	4713	4719	4726	4732	4738	4744	4750	4756	4761	4767

u	0.00	0.01	0.02	0.03	0.04	0.05	0.06	0.07	0.08	0.09
2.0	4772	4778	4783	4788	4793	4798	4803	4808	4812	4817
2.1	4821	4826	4830	4834	4838	4842	4846	4850	4854	4857
2.2	4861	4864	4868	4871	4875	4878	4881	4884	4887	4890
2.3	4893	4896	4898	4901	4904	4906	4909	4911	4913	4916
2.4	4918	4920	4922	4925	4927	4929	4931	4932	4934	4936
2.5	4938	4940	4941	4943	4945	4946	4948	4949	4951	4952
2.6	4953	4955	4956	4957	4959	4960	4961	4962	4963	4964
2.7	4965	4966	4967	4968	4969	4970	4971	4972	4973	4974
2.8	4974	4975	4976	4977	4977	4978	4979	4979	4980	4981
2.9	4981	4982	4982	4983	4984	4984	4985	4985	4986	4986
3.0	4986	4987	4987	4988	4988	4988	4989	4989	4990	4990
3.1	4990	4990	4991	4991	4991	4992	4992	4992	4992	4993
3.2	4993	4993	4993	4994	4994	4994	4994	4994	4995	4995
3.3	4995	4995	4995	4996	4996	4996	4996	4996	4996	4996
3.4	4996	4997	4997	4997	4997	4997	4997	4997	4997	4998
3.5	4998	4998	4998	4998	4998	4998	4998	4998	4998	4998

附表 7　*t*-分布表（双侧）

$$P\left[-\infty,\ -t\right] + P\left[t,\ \infty\right] = \alpha$$

f	α												
	0.9	0.8	0.7	0.6	0.5	0.4	0.3	0.2	0.1	0.05	0.02	0.01	0.001
1	0.158	0.325	0.510	0.727	1.000	1.376	1.963	3.078	6.314	12.706	31.821	63.675	636.619
2	0.142	0.289	0.445	0.617	0.816	1.061	1.386	1.886	2.920	4.303	6.965	9.925	31.598
3	0.137	0.277	0.424	0.584	0.765	0.978	1.250	1.638	2.353	3.182	4.541	5.841	12.924
4	0.134	0.271	0.414	0.569	0.741	0.941	1.190	1.533	2.132	2.776	3.747	4.804	8.610
5	0.132	0.267	0.408	0.559	0.727	0.920	1.158	1.476	2.015	2.571	3.365	4.032	6.859
6	0.131	0.265	0.404	0.563	0.718	0.906	1.134	1.440	1.943	2.447	3.143	3.707	5.959
7	0.130	0.263	0.402	0.549	0.711	0.896	1.119	1.415	1.895	2.365	2.998	3.499	5.405
8	0.129	0.262	0.399	0.546	0.706	0.889	1.108	1.397	1.860	2.305	2.896	3.355	5.041
9	0.129	0.261	0.398	0.543	0.703	0.883	1.100	1.383	1.833	2.262	2.821	3.250	4.781
10	0.129	0.260	0.397	0.542	0.700	0.879	1.093	1.372	1.812	2.228	2.764	3.169	4.587
11	0.129	0.260	0.396	0.540	0.697	0.876	1.088	1.363	1.796	2.201	2.718	3.106	4.437
12	0.128	0.259	0.395	0.539	0.695	0.873	1.083	1.359	1.782	2.179	2.681	3.055	4.318
13	0.128	0.259	0.394	0.538	0.694	0.870	1.079	1.356	1.771	2.160	2.650	3.012	4.221
14	0.128	0.258	0.393	0.537	0.692	0.868	1.076	1.345	1.761	2.145	2.624	2.977	4.140
15	0.128	0.258	0.393	0.536	0.691	0.866	1.074	1.341	1.753	2.131	2.602	2.947	4.073
16	0.128	0.258	0.392	0.535	0.690	0.865	1.071	1.337	1.746	2.120	2.583	2.921	4.015
17	0.128	0.257	0.392	0.534	0.689	0.863	1.069	1.333	1.740	2.110	2.567	2.898	3.965
18	0.127	0.257	0.392	0.534	0.688	0.862	1.067	1.330	1.734	2.101	2.552	2.878	3.922
19	0.127	0.257	0.391	0.533	0.688	0.861	1.066	1.328	1.729	2.093	2.539	2.861	3.883
20	0.127	0.257	0.391	0.533	0.687	0.860	1.064	1.325	1.722	2.086	2.528	2.845	3.850
21	0.127	0.257	0.391	0.532	0.686	0.959	1.063	1.323	1.721	2.080	2.518	2.831	3.819
22	0.127	0.256	0.390	0.532	0.686	0.858	1.061	1.321	1.717	2.074	2.508	2.819	3.792
23	0.127	0.256	0.390	0.532	0.685	0.858	1.060	1.319	1.714	2.066	2.500	2.807	3.767
24	0.127	0.256	0.390	0.531	0.685	0.857	1.059	1.318	1.711	2.064	2.492	2.797	3.745
25	0.127	0.256	0.390	0.531	0.684	856	1.058	1.316	1.708	2.060	2.485	2.787	3.725
26	0.127	0.256	0.390	0.531	0.684	0.856	1.058	1.315	1.706	2.056	2.479	2.779	3.707

f	α												
	0.9	0.8	0.7	0.6	0.5	0.4	0.3	0.2	0.1	0.05	0.02	0.01	0.001
27	0.127	0.256	0.389	0.531	0.684	0.855	1.057	1.314	1.703	2.052	2.473	2.771	3.690
28	0.127	0.256	0.389	0.530	0.683	0.855	1.056	1.313	1.701	2.048	2.467	2.763	3.674
29	0.127	0.256	0.389	0.530	0.683	0.854	1.055	1.311	1.699	2.045	2.462	2.756	3.659
30	0.127	0.256	0.389	0.530	0.683	0.854	1.055	1.310	1.697	2.042	2.457	2.750	3.646
40	0.126	0.255	0.388	0.529	0.681	0.851	1.050	1.303	1.684	2.021	2.423	2.704	3.551
60	0.126	0.254	0.387	0.527	0.679	0.848	1.046	1.299	1.671	2.000	2.390	2.660	3.465
120	0.126	0.254	0.386	0.526	0.677	0.845	1.041	1.289	1.658	1.980	2.358	2.617	3.373
∞	0.126	0.253	0.385	0.524	0.674	0.842	1.036	1.282	1.645	1.960	2.326	2.576	3.291

附表 8　F-分布表（单侧）

$$P\left[F_\alpha,\ \infty\right]=\alpha$$

$\alpha=0.10$

f_2	f_1															
	1	2	3	4	5	6	7	8	9	10	15	20	30	50	100	∞
1	39.9	49.5	53.6	55.8	57.2	58.2	58.9	59.4	59.9	60.2	61.2	61.7	62.3	62.7	63.0	63.3
2	8.53	9.00	9.16	9.24	9.29	9.33	9.35	9.37	9.38	9.39	9.42	9.44	9.46	9.47	9.48	9.48
3	5.54	5.46	5.39	5.34	5.31	5.28	5.27	5.25	5.24	5.23	5.20	5.18	5.17	5.15	5.14	5.13
4	4.54	4.32	4.19	4.11	4.05	4.01	3.98	3.95	3.94	3.92	3.87	3.84	3.82	3.80	3.78	3.76
5	4.06	3.78	3.62	3.52	3.45	3.40	3.37	3.34	3.32	3.30	3.24	3.21	3.17	3.15	3.13	3.10
6	3.78	3.46	3.29	3.18	3.11	3.05	3.01	2.98	2.96	2.94	2.87	2.84	2.80	2.77	2.75	2.72
7	3.59	3.26	3.07	2.96	2.88	2.83	2.78	2.75	2.72	2.70	2.63	2.59	2.56	2.52	2.50	2.47
8	3.46	3.11	2.92	2.81	2.73	2.67	2.62	2.59	2.56	2.54	2.46	2.42	2.38	2.35	2.32	2.29
9	3.36	3.01	2.81	2.69	2.61	2.55	2.51	2.47	2.44	2.42	2.34	2.30	2.25	2.22	2.19	2.16
10	3.28	2.92	2.73	2.61	2.52	2.46	2.41	2.38	2.35	2.32	2.24	2.20	2.16	2.12	2.09	2.06
11	3.23	2.86	2.62	2.54	2.45	2.39	2.34	2.30	2.27	2.25	2.17	2.12	2.08	2.04	2.00	1.97
12	3.18	2.81	2.61	2.48	2.39	2.33	2.28	2.24	2.21	2.19	2.10	2.06	2.01	1.97	1.94	1.90
13	3.14	2.76	2.56	2.43	2.35	2.28	2.23	2.20	2.16	2.14	2.05	2.01	1.96	1.92	1.88	1.85
14	3.10	2.73	2.52	2.39	2.31	2.24	2.19	2.15	2.12	2.10	2.01	1.96	1.92	1.87	1.83	1.80
15	3.07	2.70	2.49	2.36	2.27	2.21	2.16	2.12	2.09	2.06	1.97	1.92	1.87	1.83	1.79	1.76
16	3.05	2.67	2.46	2.33	2.24	2.18	2.13	2.09	2.06	2.03	1.94	1.89	1.84	1.79	1.76	1.72
17	3.03	2.64	2.44	2.31	2.22	2.15	2.10	2.06	2.03	2.00	1.91	1.86	1.81	1.76	1.73	1.69
18	3.01	2.62	2.42	2.29	2.20	2.13	2.08	2.04	2.00	1.98	1.89	1.84	1.78	1.74	1.70	1.66
19	2.99	2.61	2.40	2.27	2.18	2.11	2.06	2.02	1.98	1.96	1.86	1.81	1.76	1.71	1.67	1.63
20	2.97	2.59	2.38	2.25	2.16	2.09	2.04	2.00	1.96	1.94	1.84	1.79	1.74	1.69	1.65	1.61
22	2.95	2.56	2.35	2.22	2.13	2.06	2.01	1.97	1.93	1.90	1.81	1.76	1.70	1.65	1.61	1.57
24	2.93	2.54	2.33	2.19	2.10	2.04	1.98	1.94	1.91	1.88	1.78	1.73	1.67	1.62	1.58	1.53
26	2.91	2.50	2.31	2.17	2.08	2.01	1.96	1.92	1.88	1.86	1.76	1.71	1.65	1.59	1.55	1.50
28	2.89	2.50	2.29	2.16	2.06	2.00	1.94	1.90	1.87	1.84	1.74	1.69	1.63	1.57	1.53	1.48
30	2.88	2.49	2.28	2.14	2.05	1.98	1.93	1.88	1.85	1.82	1.72	1.67	1.61	1.55	1.51	1.46
40	2.84	2.44	2.23	2.09	2.00	1.93	1.87	1.83	1.79	1.76	1.66	1.61	1.54	1.48	1.43	1.38
50	2.81	2.41	2.20	2.06	1.97	1.90	1.84	1.80	1.76	1.73	1.63	1.57	1.50	1.44	1.39	1.33
60	2.79	2.39	2.18	2.04	1.95	1.87	1.82	1.77	1.74	1.71	1.60	1.54	1.48	1.41	1.36	1.29
80	2.77	2.37	2.15	2.02	1.92	1.85	1.79	1.75	1.71	1.68	1.57	1.51	1.44	1.38	1.32	1.24
100	2.76	2.36	2.14	2.00	1.91	1.83	1.78	1.73	1.70	1.66	1.56	1.49	1.42	1.35	1.29	1.21
∞	2.71	2.30	2.08	1.94	1.85	1.77	1.72	1.67	1.63	1.60	1.49	1.42	1.34	1.26	1.18	1.00

$\alpha = 0.05$

f_2	f_1														
	1	2	3	4	5	6	7	8	9	10	12	20	50	100	∞
1	161	200	216	225	230	234	237	239	241	242	244	248	252	253	254
2	18.5	19.0	19.2	19.2	19.3	19.3	19.4	19.4	19.4	19.4	19.4	19.4	19.5	19.5	19.5
3	10.1	9.55	9.28	9.12	9.01	8.94	8.89	8.85	8.81	8.79	8.74	8.66	8.58	8.55	8.53
4	7.71	6.94	6.59	6.39	6.26	6.61	6.09	6.04	6.00	5.95	5.91	5.80	5.70	5.66	5.63
5	6.61	5.79	5.41	5.19	5.05	4.95	4.88	4.82	4.77	4.74	4.68	4.56	4.44	4.41	4.87
6	5.99	5.14	4.76	4.53	4.39	4.28	4.21	4.15	4.10	4.06	4.00	3.87	3.75	3.71	3.67
7	5.59	4.74	4.35	4.12	3.97	3.87	3.79	3.73	3.68	3.64	3.57	3.44	3.32	3.27	3.23
8	5.32	4.46	4.07	3.84	3.69	3.58	3.50	3.44	3.39	3.35	3.28	3.15	3.02	2.97	2.93
9	5.12	4.26	3.86	3.63	3.48	3.37	3.29	3.23	3.18	3.14	3.07	2.94	2.80	2.76	2.71
10	4.96	4.10	3.71	3.48	3.33	3.22	3.14	3.07	3.02	2.98	2.91	2.77	2.64	2.59	2.54
11	4.84	3.98	3.59	3.36	3.20	3.09	2.01	2.95	2.90	2.85	2.79	2.65	2.51	2.46	2.40
12	4.75	3.89	3.49	3.26	3.11	3.00	2.91	2.85	2.80	2.75	2.69	2.54	2.40	2.35	2.30
13	4.67	3.81	3.41	3.18	3.03	2.92	2.83	2.77	2.71	2.67	2.60	2.46	2.31	2.26	2.21
14	4.60	3.74	3.48	3.11	2.96	2.85	2.76	2.70	2.65	2.60	2.53	2.39	2.24	2.19	2.13
15	4.55	3.68	3.29	3.06	2.90	2.79	2.71	2.64	2.59	2.54	2.48	2.33	2.18	2.12	2.07
16	4.49	3.63	3.24	3.01	2.85	2.74	2.66	2.59	2.54	2.49	2.42	2.28	2.12	2.07	2.01
17	4.45	3.59	3.20	2.96	2.81	2.70	2.61	2.55	2.49	2.45	2.38	2.23	2.08	2.02	1.96
18	4.41	3.55	3.16	2.93	2.77	2.66	2.58	2.51	2.46	2.41	2.34	2.19	2.04	1.98	1.92
19	4.38	3.52	3.13	2.90	2.74	2.63	2.54	2.48	2.42	2.38	2.31	2.16	2.00	1.94	1.88
20	4.35	3.49	3.10	2.87	2.71	2.60	2.51	2.45	2.39	2.35	2.28	2.12	1.97	1.91	1.84
21	4.32	3.47	3.07	2.84	2.68	2.57	2.49	2.42	2.37	2.32	2.25	2.10	1.94	1.88	1.81
22	4.30	3.44	3.05	2.82	2.66	2.55	2.46	2.40	2.34	2.30	2.23	2.07	1.91	1.85	1.78
23	4.28	3.42	3.03	2.80	2.64	2.53	2.44	2.37	2.32	2.27	2.20	2.05	1.88	1.82	1.76
24	4.26	3.40	3.01	2.78	2.62	2.51	2.42	2.36	2.30	2.25	2.18	2.03	1.86	1.80	1.73
25	4.24	3.39	2.99	2.76	2.60	2.49	2.40	2.34	2.28	2.24	2.16	2.01	1.84	1.78	1.71
26	4.23	3.37	2.98	2.74	2.59	2.47	2.39	2.32	2.27	2.22	2.15	1.99	1.82	1.76	1.69
27	4.21	3.35	2.96	2.73	2.57	2.46	2.37	2.31	2.25	2.20	2.13	1.97	1.81	1.74	1.67
28	4.20	3.34	9.95	2.71	2.56	2.45	2.36	2329	2.24	2.19	2.12	1.96	1.79	1.73	1.65
29	4.18	3.33	2.93	2.70	2.55	2.43	2.35	2.28	2.22	2.18	2.10	1.94	1.77	1.71	1.64
30	4.17	3.32	2.92	2.69	2.53	2.42	2.33	2.27	2.21	2.16	2.09	1.93	1.76	1.70	1.62
32	4.15	3.29	2.90	3.67	2.51	2.40	2.31	2.24	2.19	2.14	2.07	1.91	1.74	1.67	1.59
34	4.13	3.28	2.88	2.65	2.49	2.38	2.29	2.23	2.17	2.12	2.05	1.89	1.71	1.65	1.57
36	4.11	3.26	2.87	2.63	2.48	2.36	2.28	2.21	2.15	2.11	2.03	1.87	1.69	1.62	1.55
38	4.10	3.24	2.85	2.62	2.46	2.35	2.26	2.19	2.14	2.09	2.02	1.85	1.68	1.61	1.53
40	4.08	3.23	2.84	2.61	2.45	2.34	2.25	2.18	2.12	2.08	2.00	1.84	1.66	1.59	1.51
42	4.07	3.22	2.83	2.59	2.44	2.32	2.24	2.17	2.11	2.06	1.99	1.83	1.65	1.57	1.49
44	4.06	3.21	2.82	2.59	2.43	2.31	2.23	2.16	2.10	2.05	1.98	1.81	1.63	1.56	1.48
46	4.05	3.20	2.81	2.57	2.42	2.30	2.22	2.15	2.09	2.04	1.97	1.80	1.62	1.55	1.46
48	4.04	3.19	1.80	2.57	2.41	2.29	2.21	2.14	2.08	2.03	1.96	1.79	1.61	1.54	1.45
50	4.03	3.18	2.79	2.56	2.40	2.29	2.20	2.13	2.07	2.03	1.95	1.78	1.60	1.52	1.44
60	4.00	3.15	2.76	2.53	2.37	2.25	2.17	2.10	2.04	1.99	1.92	1.75	1.56	1.48	1.39
80	3.96	3.11	2.72	2.49	2.33	2.21	2.13	2.06	2.00	1.95	1.88	1.70	1.51	1.43	1.32
100	3.94	3.09	2.70	2.46	2.31	2.19	2.10	2.03	1.97	1.93	1.85	1.68	1.48	1.39	1.28
150	3.90	3.06	2.66	2.43	2.27	2.16	2.07	2.00	1.94	1.89	1.82	1.64	1.44	1.34	1.22
∞	3.84	3.00	2.60	2.37	2.21	2.10	2.01	1.94	1.88	1.83	1.75	1.57	1.35	1.24	1.00

$\alpha=0.025$

f_2	f_1											
	1	2	3	4	5	6	7	8	10	12	24	∞
1	648	800	854	900	922	937	948	957	969	977	997	1018
2	33.5	39.0	39.2	39.2	39.3	39.9	39.4	39.4	39.4	39.4	39.5	39.5
3	17.4	16.0	15.4	15.1	14.9	14.7	14.5	14.5	14.4	14.3	14.1	13.0
4	12.2	10.6	9.98	9.60	9.36	9.28	9.07	8.98	8.84	8.75	8.51	8.26
5	10.0	8.43	7.76	7.39	7.15	6.90	6.85	6.76	6.62	6.52	6.23	6.02
6	8.81	7.26	6.60	6.23	5.99	5.82	5.70	5.60	5.46	5.37	5.12	4.85
7	8.07	6.54	5.89	5.52	5.29	5.12	4.90	4.90	4.76	4.67	4.42	4.14
8	7.57	6.06	5.42	5.05	4.82	4.65	4.53	4.43	4.30	4.20	3.95	3.67
9	7.21	5.71	5.08	4.72	4.48	4.32	4.20	4.10	3.96	3.87	3.61	3.33
10	6.94	5.46	4.83	4.47	4.24	4.07	3.95	3.85	3.72	3.62	3.37	3.08
11	6.72	5.26	4.63	4.28	4.04	3.88	3.76	3.66	3.53	3.43	3.17	2.88
12	6.55	5.10	4.47	4.12	3.89	3.73	3.61	3.51	3.37	3.28	3.02	2.72
14	6.30	4.86	4.24	3.89	3.66	3.50	3.38	3.29	3.15	3.05	2.79	2.49
16	6.12	4.69	4.08	3.73	3.50	3.34	3.22	3.12	2.99	2.89	2.63	2.32
18	5.98	4.56	3.95	3.61	3.38	3.22	3.10	3.01	2.87	2.77	2.50	2.19
20	5.87	4.46	3.86	3.51	3.29	3.13	3.01	2.91	2.77	2.68	2.41	2.09
24	5.72	4.32	3.72	3.38	3.15	2.99	2.78	2.78	2.64	2.54	2.27	1.94
30	5.57	4.18	3.59	3.25	3.03	2.87	2.75	2.65	2.51	2.41	2.14	1.79
40	5.42	4.05	3.46	3.13	2.90	2.74	2.62	2.53	2.39	2.29	2.01	1.64
60	5.29	3.93	3.34	3.01	2.79	2.63	2.51	2.41	2.27	2.17	1.88	1.48
120	5.15	3.80	3.23	2.89	2.67	2.52	2.39	2.30	2.16	2.05	1.76	
∞	5.02	3.69	3.12	2.79	2.57	2.41	2.29	2.19	2.05	1.94	1.64	

$\alpha=0.01$

f_2	f_1													
	1	2	3	4	5	6	7	8	9	10	20	50	100	∞
1	4052	4999	5403	5625	5764	5859	5928	5982	6022	6056	6209	6303	6334	6366
2	98.5	99.0	99.2	99.2	99.3	99.3	99.4	99.4	99.4	99.4	99.4	99.5	99.5	99.5
3	34.1	30.8	29.5	28.7	28.2	27.9	27.7	27.5	27.3	27.2	26.7	26.4	26.2	26.1
4	21.2	18.0	16.7	16.0	15.5	15.2	15.0	14.3	14.7	14.5	14.0	13.7	13.6	13.5
5	16.3	13.3	12.1	11.4	11.0	10.7	10.5	10.3	10.2	10.1	9.55	9.24	9.13	9.02
6	13.7	10.9	9.78	9.15	8.75	8.47	8.26	8.10	7.98	7.87	7.40	7.09	6.99	6.88
7	12.2	9.55	8.45	7.85	7.46	7.19	6.99	6.84	6.72	6.62	6.16	5.86	5.75	5.65
8	11.3	8.65	7.59	7.01	6.63	6.37	6.18	6.03	5.91	5.81	5.36	5.07	4.96	4.86
9	10.6	8.02	6.99	6.42	6.06	5.80	5.61	5.47	5.35	5.26	4.31	4.52	4.42	4.31
10	10.0	7.56	6.55	5.99	5.64	5.39	5.20	5.06	4.94	4.85	4.41	4.12	4.01	3.91
11	9.65	7.21	6.22	5.67	5.32	5.07	4.89	4.74	4.63	4.54	4.10	3.81	3.71	3.60
12	9.33	6.93	5.95	5.41	5.06	4.82	4.64	4.50	4.39	4.30	3.86	3.57	3.47	3.36
13	9.07	6.70	5.74	5.21	4.86	4.62	4.44	4.30	4.19	4.10	3.66	3.38	3.27	3.17
14	8.86	6.51	5.56	5.04	4.70	4.46	4.28	4.14	4.03	3.94	3.51	3.22	3.11	3.00
15	8.68	6.36	5.42	4.89	4.56	4.32	4.14	4.00	3.89	3.80	3.37	3.08	2.98	2.87
16	8.53	6.23	5.29	4.77	4.44	4.20	4.03	3.89	3.78	3.69	3.26	2.97	2.86	2.75
17	8.40	6.11	5.18	5.67	4.34	4.10	3.93	3.79	3.68	3.59	3.16	2.87	2.76	2.65
18	8.29	6.01	5.09	4.58	4.25	4.01	3.84	3.71	3.60	3.51	3.08	2.76	2.63	2.57
19	8.18	5.39	5.01	4.50	4.17	3.94	3.77	3.63	3.52	3.43	3.00	2.71	2.60	2.49
20	8.10	5.85	4.94	4.43	4.10	3.87	3.70	3.56	3.46	3.37	2.94	2.64	2.54	2.42
21	8.02	5.78	4.87	4.37	4.04	3.81	3.64	3.51	3.40	3.31	2.88	2.58	2.48	2.36
22	7.95	5.72	4.82	4.31	3.99	3.76	3.59	3.45	3.35	3.26	2.83	2.53	2.42	2.31
23	7.88	5.66	4.76	4.26	3.94	3.71	3.54	3.31	3.30	3.21	2.78	2.43	2.37	2.26

续表

f_2	f_1													
	1	2	3	4	5	6	7	8	9	10	20	50	100	∞
24	7.82	5.61	4.72	4.22	3.90	3.67	3.50	3.36	3.26	3.17	2.74	2.44	2.33	2.21
25	7.17	5.57	4.68	4.18	3.86	3.63	3.46	3.32	3.22	3.13	2.70	2.40	2.29	2.17
26	7.72	5.53	4.64	4.14	3.82	3.59	3.42	3.29	3.18	3.09	2.66	2.36	2.25	2.13
27	7.68	5.49	4.60	4.11	3.78	3.56	3.39	3.26	3.15	3.06	2.63	2.33	2.22	2.10
28	7.64	5.45	4.57	4.07	3.75	3.53	3.36	3.23	3.12	3.03	2.60	2.30	2.19	2.06
29	7.60	5.42	4.54	4.04	3.73	3.50	3.33	3.20	3.09	3.00	2.57	2.27	2.16	2.03
30	7.56	5.39	4.51	4.02	3.70	3.47	3.30	3.17	3.07	2.98	2.55	2.25	2.13	2.01
32	7.50	6.34	4.46	3.97	3.65	3.43	3.26	3.13	3.02	2.93	2.50	2.20	2.08	1.96
34	7.44	5.29	4.42	3.93	3.61	3.39	3.22	3.09	2.98	2.89	2.46	2.16	2.04	1.91
36	7.40	5.25	4.38	3.89	3.57	3.35	3.18	3.05	2.95	2.86	2.43	2.12	2.00	1.87
38	7.35	5.21	4.34	3.86	3.54	3.32	3.15	3.02	2.92	2.83	2.40	2.09	1.97	1.84
40	7.31	5.18	4.31	3.83	3.51	3.29	3.12	2.99	2.89	2.80	2.37	2.06	1.94	1.80
42	7.23	5.15	4.29	3.80	3.49	3.27	3.10	2.97	2.86	2.76	2.34	2.03	1.91	1.73
44	7.25	5.12	4.26	3.78	3.47	3.24	3.08	2.95	2.84	2.75	2.32	2.01	1.89	1.75
46	7.22	5.10	4.24	3.76	3.44	3.22	3.06	2.93	2.82	2.73	2.30	1.99	1.86	1.73
48	7.20	5.08	4.22	3.74	3.43	3.20	3.04	2.91	2.80	2.72	2.28	1.97	1.84	1.70
50	7.17	5.06	4.20	3.72	3.41	3.19	3.02	2.89	2.79	2.70	2.27	1.95	1.82	1.68
60	7.08	4.98	4.13	3.65	3.34	3.12	2.95	2.82	2.72	2.63	2.20	1.88	1.75	1.69
80	6.96	4.88	4.04	3.56	3.26	3.04	2.87	2.74	2.64	2.55	2.12	1.79	1.66	1.49
100	6.90	4.82	3.98	3.51	3.21	2.99	2.82	2.69	2.59	2.50	2.07	1.73	1.60	1.43
150	6.81	4.75	3.92	3.45	3.14	2.92	2.76	2.63	2.53	2.44	2.00	1.60	1.52	1.33
∞	6.63	4.61	4.78	3.32	3.02	2.80	2.64	2.51	2.41	2.32	1.88	1.52	1.36	1.00

附表 9 相关系数临界值表

f	α				
	0.10	0.05	0.02	0.01	0.001
1	0.98769	0.99692	0.999507	0.999877	0.9999988
2	0.90000	0.95000	0.98000	0.99000	0.99900
3	0.8054	0.8783	0.93433	0.95873	0.99116
4	0.7293	0.8114	0.8822	0.91720	0.97406
5	0.6694	0.7545	0.8329	0.8745	0.95074
6	0.6215	0.7067	0.7887	0.8343	0.92493
7	0.5822	0.6664	0.7498	0.7977	0.8982
8	0.5494	0.6319	0.7155	0.7646	0.8721
9	0.5214	0.6021	0.6851	0.7348	0.8471
10	0.4973	0.5760	0.6581	0.7079	0.8233
11	0.4762	0.5529	0.6339	0.6835	0.8010
12	0.4575	0.5324	0.6120	0.6614	0.7800
13	0.4409	0.5139	0.5923	0.6411	0.7603
14	0.4259	0.4973	0.5742	0.6226	0.7420
15	0.4124	0.4821	0.5577	0.6055	0.7246
16	0.4000	0.4683	0.5425	0.5897	0.7084
17	0.3887	0.4555	0.5285	0.5751	0.6932
18	0.3783	0.4438	0.5155	0.5614	0.6787
19	0.3687	0.4329	0.5034	0.5487	0.6652
20	0.3598	0.4227	0.4921	0.5368	0.6524
25	0.3233	0.3809	0.4451	0.4869	0.5974
30	0.2960	0.3494	0.4093	0.4487	0.5541

f	α				
	0.10	0.05	0.02	0.01	0.001
35	0.2746	0.3246	0.3810	0.4182	0.5189
40	0.2573	0.3044	0.3578	0.3932	0.4896
45	0.2428	0.2875	0.3384	0.3721	0.4648
50	0.2306	0.2732	0.3218	0.3541	0.4438
60	0.2106	0.2500	0.2948	0.3248	0.4078
70	0.1954	0.2319	0.2737	0.3017	0.3799
80	0.1829	0.2172	0.2565	0.2830	0.3568
90	0.1726	0.2050	0.2422	0.2673	0.3375
100	0.1638	0.1946	0.2301	0.2540	0.3211

附表 10　正交表

（1）二水平表

$L_8(2^7)$

实验号	列　号						
	1	2	3	4	5	6	7
1	1	1	1	1	1	1	1
2	1	1	1	2	2	2	2
3	1	2	2	1	1	2	2
4	1	2	2	2	2	1	1
5	2	1	2	1	2	1	2
6	2	1	2	2	1	2	1
7	2	2	1	1	2	2	1
8	2	2	1	2	1	1	2

$L_{11}(2^{11})$

试验号	列　号										
	1	2	3	4	5	6	7	8	9	10	11
1	1	1	1	1	1	1	1	1	1	1	1
2	1	1	1	1	1	2	2	2	2	2	2
3	1	1	2	2	2	1	1	1	2	2	2
4	1	2	1	2	2	1	2	2	1	1	2
5	1	2	2	1	2	2	1	2	1	2	1
6	1	2	2	2	1	2	2	1	2	1	1
7	2	1	2	2	1	1	2	2	1	2	1
8	2	1	2	1	2	2	2	1	1	1	2
9	2	1	1	2	2	2	1	2	2	1	1
10	2	2	2	1	1	1	1	2	2	1	2
11	2	2	1	2	1	2	1	1	1	2	2
12	2	2	1	1	2	1	2	1	2	2	1

$L_{16}(2^{15})$

试验号	列　号														
	1	2	3	4	5	6	7	8	9	10	11	12	13	14	15
1	1	1	1	1	1	1	1	1	1	1	1	1	1	1	1
2	1	1	1	1	1	1	1	2	2	2	2	2	2	2	2
3	1	1	1	2	2	2	2	1	1	1	1	2	2	2	2
4	1	1	1	2	2	2	2	2	2	2	2	1	1	1	1

续表

试验号	列号														
	1	2	3	4	5	6	7	8	9	10	11	12	13	14	15
5	1	2	2	1	1	2	2	1	1	2	2	1	1	2	2
6	1	2	2	1	1	2	2	2	2	1	1	2	2	1	1
7	1	2	2	2	2	1	1	1	1	2	2	2	2	1	1
8	1	2	2	2	2	1	1	2	2	1	1	1	1	2	2
9	2	1	2	1	2	1	2	1	2	1	2	1	2	1	2
10	2	1	2	1	2	1	2	2	1	2	1	2	1	2	1
11	2	1	2	2	1	2	1	1	2	1	2	2	1	2	1
12	2	1	2	2	1	2	1	2	1	2	1	1	2	1	2
13	2	2	1	1	2	2	1	1	2	2	1	1	2	2	1
14	2	2	1	1	2	2	1	2	1	1	2	2	1	1	2
15	2	2	1	2	1	1	2	1	2	2	1	2	1	1	2
16	2	2	1	1	1	1	2	2	1	1	2	1	2	2	1

$L_{16}(2^{15})$ 二列间交互作用表

列号	列号														
	1	2	3	4	5	6	7	8	9	10	11	12	13	14	15
	(1)	3	2	5	4	7	6	9	8	11	10	13	12	15	14
		(2)	1	6	7	4	5	10	11	8	9	14	15	12	13
			(3)	7	6	5	4	11	10	9	8	15	14	13	12
				(4)	1	2	3	12	13	14	15	8	9	10	11
					(5)	3	2	13	12	15	14	9	8	11	10
						(6)	1	14	15	12	13	10	11	8	9
							(7)	15	14	13	12	11	10	9	8
								(8)	1	2	3	4	5	6	7
									(9)	3	2	5	4	7	6
										(10)	1	6	7	4	5
											(11)	7	6	5	4
												(12)	1	2	3
													(13)	3	2
														(14)	1

(2) 三水平表

$L_9(3^4)$

实验号	列号			
	1	2	3	4
1	1	1	1	1
2	1	2	2	2
3	1	3	3	3
4	2	1	2	3
5	2	2	3	1
6	2	3	1	2
7	3	1	3	2
8	3	2	1	3
9	3	3	2	1

$$L_{18}(3^7)$$

实验号	列 号						
	1	2	3	4	5	6	7
1	1	1	1	1	1	1	1
2	1	2	2	2	2	2	2
3	1	3	3	3	3	3	3
4	2	1	1	2	2	3	3
5	2	2	2	3	3	1	1
6	2	3	3	1	1	2	2
7	3	1	2	1	3	2	3
8	3	2	3	2	1	3	1
9	3	3	1	3	2	1	2
10	1	1	3	3	2	2	1
11	1	2	1	1	3	3	2
12	1	3	2	2	1	1	3
13	2	1	2	3	1	3	2
14	2	2	3	1	2	1	3
15	2	3	1	2	3	2	1
16	3	1	3	2	3	1	2
17	3	2	1	3	1	2	3
18	3	3	2	1	2	3	1

$$L_{27}(3^{13})$$

实验号	列 号												
	1	2	3	4	5	6	7	8	9	10	11	12	13
1	1	1	1	1	1	1	1	1	1	1	1	1	1
2	1	1	1	1	2	2	2	2	2	2	2	2	2
3	1	1	1	1	3	3	3	3	3	3	3	3	3
4	1	2	2	2	1	1	1	2	2	2	3	3	3
5	1	2	2	2	2	2	2	3	3	3	1	1	1
6	1	2	2	2	3	3	3	1	1	1	2	2	2
7	1	3	3	3	1	1	1	3	3	3	2	2	2
8	1	3	3	3	2	2	2	1	1	1	3	3	3
9	1	3	3	3	3	3	3	2	2	2	1	1	1
10	2	1	2	3	1	2	3	1	2	3	1	2	3
11	2	1	2	3	2	3	1	2	3	1	2	3	1
12	2	1	2	3	3	1	2	3	1	2	3	1	2
13	2	2	3	1	1	2	3	2	3	1	3	1	2
14	2	2	3	1	2	3	1	3	1	2	1	2	3
15	2	2	3	1	3	1	2	1	2	3	2	3	1
16	2	3	1	2	1	2	3	3	1	2	2	3	1
17	2	3	1	2	2	3	1	1	2	3	3	1	2
18	2	3	1	2	3	1	2	2	3	1	1	2	3
19	3	1	3	2	1	3	2	1	3	2	1	3	2
20	3	1	3	2	2	1	3	2	1	3	2	1	3
21	3	1	3	2	3	2	1	3	2	1	3	2	1
22	3	2	1	3	1	3	2	2	1	3	3	2	1
23	3	2	1	3	2	1	3	3	2	1	1	3	2
24	3	2	1	3	3	2	1	1	3	2	2	1	3
25	3	3	2	1	1	3	2	3	2	1	2	1	3
26	3	3	2	1	2	1	3	1	3	2	3	2	1
27	3	3	2	1	3	2	1	2	1	3	1	3	2

$L_{27}(3^{13})$ 二列间交互作用表

列号	1	2	3	4	5	6	7	8	9	10	11	12	13
(1)		3 4	2 4	2 3	6 7	5 7	5 6	9 10	8 10	8 9	13 13	11 13	11 12
(2)			1 4	1 3	8 11	9 12	10 13	5 11	6 12	7 13	5 8	6 9	7 10
(3)				1 2	9 13	10 11	8 12	7 12	5 13	6 11	6 10	7 8	5 9
(4)					10 12	8 13	9 11	6 13	7 11	5 12	7 9	5 10	6 8
(5)						1 7	1 6	2 11	3 13	4 12	1 8	4 10	3 9
(6)							1 5	4 13	2 12	3 11	3 10	2 9	4 8
(7)								3 12	4 11	2 13	4 9	3 8	2 10
(8)									1 10	1 9	2 5	3 7	4 6
(9)										1 8	4 7	2 6	3 5
(10)											3 6	4 5	2 7
(11)												1 13	1 12
(12)													1 11

（3）四水平表

$L_{16}(4^5)$

实验号	1	2	3	4	5
1	1	1	1	1	1
2	1	2	2	2	2
3	1	3	3	3	3
4	1	4	4	4	4
5	2	1	2	3	4
6	2	2	1	4	3
7	2	3	4	1	2
8	2	4	3	2	1
9	3	1	3	4	2
10	3	2	4	3	1
11	3	3	1	2	4
12	3	4	2	1	3
13	4	1	4	2	3
14	4	2	3	1	4
15	4	3	2	4	1
16	4	4	1	3	2

注：任意两列间的交互作用出现于其他三列。

$$L_{32}(4^9)$$

实验号	列　号								
	1	2	3	4	5	6	7	8	9
1	1	1	1	1	1	1	1	1	1
2	1	2	2	2	2	2	2	2	2
3	1	3	3	3	3	3	3	3	3
4	1	4	4	4	4	4	4	4	4
5	2	1	1	2	2	3	3	4	4
6	2	2	2	1	1	4	4	3	3
7	2	3	3	4	4	1	1	2	2
8	2	4	4	3	3	2	2	1	1
9	3	1	2	3	4	1	2	3	4
10	3	2	1	4	3	2	1	4	3
11	3	3	4	1	2	3	4	1	2
12	3	4	3	2	1	4	3	2	1
13	4	1	2	4	3	3	4	2	1
14	4	2	1	3	4	4	3	1	2
15	4	3	4	2	1	1	2	4	3
16	4	4	3	1	2	2	1	3	4
17	1	1	4	1	4	2	3	2	3
18	1	2	3	2	3	1	4	1	4
19	1	3	2	3	2	4	1	4	1
20	1	4	1	4	1	3	2	3	2
21	2	1	4	2	3	4	1	3	2
22	2	2	3	1	4	3	2	4	1
23	2	3	2	4	1	2	3	1	4
24	2	4	1	3	2	1	4	2	3
25	3	1	3	3	1	2	4	4	2
26	3	2	4	4	2	1	3	3	1
27	3	3	1	1	3	4	2	2	4
28	3	4	2	2	4	3	1	1	3
29	4	1	3	4	2	4	2	1	3
30	4	2	4	3	1	3	1	2	4
31	4	3	1	2	4	2	4	3	1
32	4	4	2	1	3	1	3	4	3

（4）五水平表

$$L_{25}(5^6)$$

实验号	列　号					
	1	2	3	4	5	6
1	1	1	1	1	1	1
2	1	2	2	2	2	2
3	1	3	3	3	3	3
4	1	4	4	4	4	4
5	1	5	5	5	5	5
6	2	1	2	3	4	5
7	2	2	3	4	5	1
8	2	3	4	5	1	2
9	2	4	5	1	2	3

实验号	列号					
	1	2	3	4	5	6
10	2	5	1	2	3	4
11	3	1	3	5	2	4
12	3	2	4	1	3	5
13	3	3	5	2	4	1
14	3	4	1	3	5	2
15	3	5	2	4	1	3
16	4	1	4	2	5	3
17	4	2	5	3	1	4
18	4	3	1	4	2	5
19	4	4	2	5	3	1
20	4	5	3	1	4	2
21	5	1	5	4	3	2
22	5	2	1	5	4	3
23	5	3	2	1	5	4
24	5	4	3	2	1	5
25	5	5	4	3	2	1

注：任意两列间的交互作用出现于其他三列。

（5）混合水平表

$$L_8(4\times 2^4)$$

实验号	列号				
	1	2	3	4	5
1	1	1	1	1	1
2	1	2	2	2	2
3	2	1	1	2	2
4	2	2	2	1	1
5	3	1	2	1	2
6	3	2	1	2	1
7	4	1	2	2	1
8	4	2	1	1	2

$$L_{12}(3\times 2^4)$$

实验号	列号				
	1	2	3	4	5
1	1	1	1	1	1
2	1	1	1	2	2
3	1	2	2	1	2
4	1	2	2	2	1
5	2	1	2	1	1
6	2	1	2	2	2
7	2	2	1	1	1
8	2	2	1	2	2
9	3	1	2	1	2
10	3	1	1	2	1
11	3	2	1	1	2
12	3	2	2	2	1

$$L_{16}(4^2 \times 2^9)$$

试验号	列 号										
	1	2	3	4	5	6	7	8	9	10	11
1	1	1	1	1	1	1	1	1	1	1	1
2	1	2	1	1	1	2	2	2	2	2	2
3	1	3	2	2	2	1	1	1	2	2	2
4	1	4	2	2	2	2	2	2	1	1	1
5	2	1	1	2	2	1	2	2	1	2	2
6	2	2	1	2	2	2	1	1	2	1	1
7	2	3	2	1	1	1	2	2	2	1	1
8	2	4	2	1	1	2	1	1	1	2	2
9	3	1	2	1	2	2	1	2	2	1	2
10	3	2	2	1	2	1	2	1	1	2	1
11	3	3	1	2	1	2	1	2	1	2	1
12	3	4	1	2	1	1	2	1	2	1	2
13	4	1	2	2	1	2	2	1	2	2	1
14	4	2	2	2	1	1	1	2	1	1	2
15	4	3	1	1	2	2	2	1	1	1	2
16	4	4	1	1	2	1	1	2	2	2	1

$$L_{16}(4^3 \times 2^6)$$

试验号	列 号								
	1	2	3	4	5	6	7	8	9
1	1	1	1	1	1	1	1	1	1
2	1	2	2	1	1	2	2	2	2
3	1	3	3	2	2	1	1	2	2
4	1	4	4	2	2	2	2	1	1
5	2	1	2	2	2	1	2	1	2
6	2	2	1	2	2	2	1	2	1
7	2	3	4	1	1	1	2	2	1
8	2	4	3	1	1	2	1	1	2
9	3	1	3	1	2	2	2	2	1
10	3	2	4	1	2	1	1	1	1
11	3	3	1	2	1	2	2	1	1
12	3	4	2	2	1	1	1	2	1
13	4	1	4	2	1	2	1	2	2
14	4	2	3	2	1	1	2	1	1
15	4	3	2	1	2	2	1	1	1
16	4	4	1	1	2	1	2	2	2

$$L_{16}(4^4 \times 2^3)$$

试验号	列 号						
	1	2	3	4	5	6	7
1	1	1	1	1	1	1	1
2	1	2	2	2	1	2	2
3	1	3	3	3	2	1	2
4	1	4	4	4	2	2	1
5	2	1	2	3	2	1	1
6	2	2	1	4	2	2	2
7	2	3	4	1	1	1	2
8	2	4	3	2	1	2	1
9	3	1	3	3	1	1	2

试验号	列　号						
	1	2	3	4	5	6	7
10	3	2	4	4	1	2	1
11	3	3	1	2	2	1	1
12	3	4	2	1	2	2	2
13	4	1	4	2	2	1	2
14	4	2	3	1	2	2	1
15	4	3	2	4	1	1	1
16	4	4	1	3	1	2	2

$$L_{16}(8\times2^8)$$

试验号	列　号								
	1	2	3	4	5	6	7	8	9
1	1	1	1	1	1	1	1	1	1
2	1	2	2	2	2	2	2	2	2
3	2	1	1	1	1	2	2	2	2
4	2	2	2	2	2	1	1	1	1
5	3	1	1	1	1	1	1	2	2
6	3	2	2	2	2	2	2	1	1
7	4	1	1	1	1	2	2	1	1
8	4	2	2	2	2	1	1	2	2
9	5	1	2	1	2	1	2	1	2
10	5	2	1	2	1	2	1	2	1
11	6	1	2	1	2	2	1	2	1
12	6	2	1	2	1	1	2	1	2
13	7	1	2	2	1	1	2	2	1
14	7	2	1	1	2	2	1	1	2
15	8	1	2	2	1	2	1	1	2
16	8	2	1	1	2	1	2	2	1

$$L_{18}(2\times3^7)$$

试验号	列　号							
	1	2	3	4	5	6	7	8
1	1	1	1	1	1	1	1	1
2	1	1	2	2	2	2	2	2
3	1	1	3	3	3	3	3	3
4	1	2	1	1	2	2	3	3
5	1	2	2	2	3	3	1	1
6	1	2	3	3	1	1	2	2
7	1	3	1	2	1	3	2	3
8	1	3	2	3	2	1	3	1
9	1	3	3	1	3	2	1	2
10	2	1	1	3	3	2	2	1
11	2	1	2	1	1	3	3	2
12	2	1	3	2	2	1	1	3
13	2	2	1	2	3	1	3	2
14	2	2	2	3	1	2	1	3
15	2	2	3	1	2	3	2	1
16	2	3	1	3	2	3	1	2
17	2	3	2	1	3	1	2	3
18	2	3	3	2	1	2	3	1

$$L_{18}(6 \times 3^6)$$

试验号	列 号						
	1	2	3	4	5	6	7
1	1	1	1	1	1	1	1
2	1	2	2	2	2	2	2
3	1	3	3	3	3	3	3
4	2	1	1	2	2	3	3
5	2	2	2	3	3	1	1
6	2	3	3	1	1	2	2
7	3	1	2	1	3	2	3
8	3	2	3	2	1	3	1
9	3	3	1	3	2	1	2
10	4	1	3	3	2	2	1
11	4	2	1	1	3	3	2
12	4	3	2	2	1	1	3
13	5	1	2	3	1	3	2
14	5	2	3	1	2	1	3
15	5	3	1	2	3	2	1
16	6	1	3	2	3	1	2
17	6	2	1	3	1	2	3
18	6	3	2	1	2	3	1

$$L_{32}(2^1 \times 4^9)$$

实验号	列 号									
	1	2	3	4	5	6	7	8	9	10
1	1	1	1	1	1	1	1	1	1	1
2	1	1	2	2	2	2	2	2	2	2
3	1	1	3	3	3	3	3	3	3	3
4	1	1	4	4	4	4	4	4	4	4
5	1	2	1	1	2	2	3	3	4	4
6	1	2	2	2	1	1	4	4	3	3
7	1	2	3	3	4	4	1	1	2	2
8	1	2	4	4	3	3	2	2	1	1
9	1	3	1	2	3	4	1	2	3	4
10	1	3	2	1	4	3	2	1	4	3
11	1	3	3	4	1	2	3	4	1	2
12	1	3	4	3	2	1	4	3	2	1
13	1	4	1	2	4	3	3	4	2	1
14	1	4	2	1	3	4	4	3	1	2
15	1	4	3	4	2	1	1	2	4	3
16	1	4	4	3	1	2	2	1	3	4
17	2	1	1	4	1	4	2	3	4	3
18	2	1	2	3	2	3	1	4	3	4
19	2	1	3	2	3	2	4	1	2	1
20	2	1	4	1	4	1	3	2	1	2
21	2	2	1	4	2	3	4	1	3	2
22	2	2	2	3	1	4	3	2	4	1
23	2	2	3	2	4	1	2	3	1	4
24	2	2	4	1	3	2	1	4	2	3
25	2	3	1	3	3	1	2	4	4	2
26	2	3	2	4	4	2	1	3	3	1
27	2	3	3	1	1	3	4	2	2	4

续表

实验号	列 号									
	1	2	3	4	5	6	7	8	9	10
28	2	3	4	2	2	4	3	1	1	3
29	2	4	1	3	4	2	4	2	1	3
30	2	4	2	4	3	1	3	1	2	4
31	2	4	3	1	2	4	2	4	3	1
32	2	4	4	2	1	3	1	3	4	2

$$L_{24}(3\times4\times2^4)$$

实验号	列 号					
	1	2	3	4	5	6
1	1	1	1	1	1	1
2	1	2	1	1	2	2
3	1	3	1	2	2	1
4	1	4	1	2	1	2
5	1	1	2	2	2	2
6	1	2	2	2	1	1
7	1	3	2	1	1	2
8	1	4	2	1	2	1
9	2	1	1	1	1	2
10	2	2	1	1	2	1
11	2	3	1	2	2	2
12	2	4	1	2	1	1
13	2	1	2	2	2	1
14	2	2	2	2	1	2
15	2	3	2	1	1	1
16	2	4	2	1	2	2
17	3	1	1	1	1	2
18	3	2	1	1	2	1
19	3	3	1	2	2	2
20	3	4	1	2	1	1
21	3	1	2	2	2	1
22	3	2	2	2	1	2
23	3	3	2	1	1	1
24	3	4	2	1	2	2

$$L_{32}(8\times4^6\times2^6)$$

实验号	列 号												
	1	2	3	4	5	6	7	8	9	10	11	12	13
1	1	1	1	1	1	1	1	1	1	1	1	1	1
2	1	2	2	2	2	2	2	1	1	2	2	2	2
3	1	3	3	3	3	3	3	2	2	1	1	2	2
4	1	4	4	4	4	4	4	2	2	2	2	1	1
5	2	1	1	2	3	2	4	2	2	1	2	1	2
6	2	2	2	1	4	1	3	2	2	2	1	2	1
7	2	3	3	4	1	4	2	1	1	1	2	2	1
8	2	4	4	3	2	3	1	1	1	2	1	1	2
9	3	1	3	1	2	3	2	2	2	2	2	1	1
10	3	2	4	2	1	4	1	2	2	1	1	2	2
11	3	3	1	3	4	1	4	1	1	2	2	2	2
12	3	4	2	4	3	2	3	1	1	1	1	1	1

实验号	列　号												
	1	2	3	4	5	6	7	8	9	10	11	12	13
13	4	1	3	2	4	4	3	1	1	2	1	1	2
14	4	2	4	1	3	3	4	1	1	1	2	2	1
15	4	3	1	4	2	2	1	2	2	2	1	2	1
16	4	4	2	3	1	1	2	2	2	1	2	1	2
17	5	1	4	3	1	2	3	2	2	2	2	2	1
18	5	2	3	4	2	1	4	2	2	1	1	1	2
19	5	3	2	1	3	4	1	1	1	2	2	1	2
20	5	4	1	2	4	3	2	1	1	1	1	2	1
21	6	1	4	4	3	1	2	1	1	2	1	2	2
22	6	2	3	3	4	2	1	1	1	1	2	1	1
23	6	3	2	2	1	3	4	2	2	2	1	1	1
24	6	4	1	1	2	4	3	2	2	1	2	2	2
25	7	1	2	3	2	4	4	1	1	1	1	2	1
26	7	2	1	4	1	3	3	1	1	2	2	1	2
27	7	3	4	1	4	2	2	2	2	1	1	1	2
28	7	4	3	2	3	1	1	2	2	2	2	2	1
29	8	1	2	4	4	3	1	2	2	1	2	2	2
30	8	2	1	3	3	4	2	2	2	2	1	1	1
31	8	3	4	2	2	1	3	1	1	1	2	1	1
32	8	4	3	1	1	2	4	1	1	2	1	2	2

参考文献

[1]　[英] O. L. 戴维斯 编. 工业实验的设计与分析. 杨纪珂, 刘垂玗, 张振译. 北京: 化学工业出版社, 1985.

[2]　彭崇慧, 冯建章, 张锡瑜. 定量分析化学简明教程. 北京: 北京大学出版社, 1985.

[3]　黄志宏, 方积乾. 数理统计方法. 北京: 人民卫生出版社, 1987.

[4]　[比利时] D. Luc Massart, Leonard Kaufman 著. 聚类分析法解析分析化学数据. 刘昆元 译. 北京: 化学工业出版社, 1990.

[5]　孙炳耀. 数据处理与误差分析基础. 郑州: 河南大学出版社, 1990.

[6]　白俊仁, 刘凤歧, 姚星一, 陈文敏. 煤质分析. 第2版. 北京: 煤炭工业出版社, 1990.

[7]　安希忠, 林秀梅. 实用多元统计方法. 长春: 吉林科学技术出版社, 1992.

[8]　孙文爽, 陈兰祥. 多元统计分析. 北京: 高等教育出版社, 1994.

[9]　[美]Douglas C Montgomery 著. 实验设计与数据分析. 第3版. 汪仁官, 陈荣昭 译. 北京: 中国统计出版社, 1998.

[10]　姜小鹰, 黄子杰, 吴小楠. SPSS For Windows 简明教程. 福州: 福建教育出版社, 1999.

[11]　国家环保局《水和废水检测分析方法》编委会. 水和废水检测分析方法. 第4版. 北京: 中国环境科学出版社, 2002.

[12]　郝拉娣, 于化东. 标准差与标准误的区别与联系. 编辑学报. 2005, 17(2): 116-118.

[13]　刘文卿. 实验设计. 北京: 清华大学出版社, 2005.

[14]　苏均和. 试验设计. 上海: 上海财经大学出版社, 2005.

[15]　GB/T 4889—2008 数据的统计处理和解释. 正态分布均值和方差的估计与检验.

[16]　GB/T 4883—2008 数据的统计处理和解释. 正态样本离群值的判断和处理.

[17]　GB/T 3358.1—2009 统计学词汇及符号. 第1部分: 一般统计术语与用于概率的术语.

[18]　赵选民. 试验设计方法. 北京: 科学出版社, 2009.

[19]　管宇. 实用多元统计分析. 杭州: 浙江大学出版社, 2011.

[20]　何为, 薛卫东, 唐斌. 优化试验设计方法及数据分析. 北京: 化学工业出版社, 2012.